21世纪高等学校规划教材 | 物联网

物联网工程项目管理

解相吾 编著

U0378666

清华大学出版社

北京

内 容 简 介

本书是一本介绍物联网工程项目管理的综合实践性教材,主要介绍物联网工程的项目立项、项目可行性分析、工程项目招投标管理、成本管理、采购管理、合同管理、进度管理、质量管理、施工管理、环境和安全管理、风险管理、信息管理等知识。

本书理论联系实际,可操作性强,具有很高的实用价值,适合高职院校和其他高等院校物联网专业的学生学习;是项目管理师、监理工程师的案头必备书籍;也可供相关专业的工程技术人员与管理人员参考阅读。

图书在版编目(CIP)数据

物联网工程项目管理/解相吾编著. —北京:清华大学出版社,2018(2022.2 重印)
  (21 世纪高等学校规划教材·物联网)
  ISBN 978-7-302-48282-6

Ⅰ. ①物… Ⅱ. ①解… Ⅲ. ①互联网络-应用 ②智能技术-应用 Ⅳ. ①TP393.4 ②TP18

中国版本图书馆 CIP 数据核字(2017)第 209868 号

责任编辑:魏江江 赵晓宁
封面设计:傅瑞学
责任校对:焦丽丽
责任印制:朱雨萌

出版发行:清华大学出版社
            网   址:http://www.tup.com.cn,http://www.wqbook.com
            地   址:北京清华大学学研大厦 A 座   邮   编:100084
            社 总 机:010-62770175   邮   购:010-83470235
            投稿与读者服务:010-62776969,c-service@tup.tsinghua.edu.cn
            质量反馈:010-62772015,zhiliang@tup.tsinghua.edu.cn
            课件下载:http://www.tup.com.cn,010-83470236
印 装 者:三河市龙大印装有限公司
经   销:全国新华书店
开   本:185mm×260mm   印   张:20.25   字   数:487 千字
版   次:2018 年 1 月第 1 版   印   次:2022 年 2 月第 8 次印刷
印   数:7301~8800
定   价:49.50 元

产品编号:076121-01

出 版 说 明

　　随着我国改革开放的进一步深化,高等教育也得到了快速发展,各地高校紧密结合地方经济建设发展需要,科学运用市场调节机制,加大了使用信息科学等现代科学技术提升、改造传统学科专业的投入力度,通过教育改革合理调整和配置了教育资源,优化了传统学科专业,积极为地方经济建设输送人才,为我国经济社会的快速、健康和可持续发展以及高等教育自身的改革发展作出了巨大贡献。但是,高等教育质量还需要进一步提高以适应经济社会发展的需要,不少高校的专业设置和结构不尽合理,教师队伍整体素质亟待提高,人才培养模式、教学内容和方法需要进一步转变,学生的实践能力和创新精神亟待加强。

　　教育部一直十分重视高等教育质量工作。2007 年 1 月,教育部下发了《关于实施高等学校本科教学质量与教学改革工程的意见》,计划实施"高等学校本科教学质量与教学改革工程"(简称"质量工程"),通过专业结构调整、课程教材建设、实践教学改革、教学团队建设等多项内容,进一步深化高等学校教学改革,提高人才培养的能力和水平,更好地满足经济社会发展对高素质人才的需要。在贯彻和落实教育部"质量工程"的过程中,各地高校发挥师资力量强、办学经验丰富、教学资源充裕等优势,对其特色专业及特色课程(群)加以规划、整理和总结,更新教学内容、改革课程体系,建设了一大批内容新、体系新、方法新、手段新的特色课程。在此基础上,经教育部相关教学指导委员会专家的指导和建议,清华大学出版社在多个领域精选各高校的特色课程,分别规划出版系列教材,以配合"质量工程"的实施,满足各高校教学质量和教学改革的需要。

　　为了深入贯彻落实教育部《关于加强高等学校本科教学工作,提高教学质量的若干意见》精神,紧密配合教育部已经启动的"高等学校教学质量与教学改革工程精品课程建设工作",在有关专家、教授的倡议和有关部门的大力支持下,我们组织并成立了"清华大学出版社教材编审委员会"(以下简称"编委会"),旨在配合教育部制定精品课程教材的出版规划,讨论并实施精品课程教材的编写与出版工作。"编委会"成员皆来自全国各类高等学校教学与科研一线的骨干教师,其中许多教师为各校相关院、系主管教学的院长或系主任。

　　按照教育部的要求,"编委会"一致认为,精品课程的建设工作从开始就要坚持高标准、严要求,处于一个比较高的起点上。精品课程教材应该能够反映各高校教学改革与课程建设的需要,要有特色风格、有创新性(新体系、新内容、新手段、新思路,教材的内容体系有较高的科学创新、技术创新和理念创新的含量)、先进性(对原有的学科体系有实质性的改革和发展,顺应并符合 21 世纪教学发展的规律,代表并引领课程发展的趋势和方向)、示范性(教材所体现的课程体系具有较广泛的辐射性和示范性)和一定的前瞻性。教材由个人申报或各校推荐(通过所在高校的"编委会"成员推荐),经"编委会"认真评审,最后由清华大学出版社审定出版。

目前,针对计算机类和电子信息类相关专业成立了两个"编委会",即"清华大学出版社计算机教材编审委员会"和"清华大学出版社电子信息教材编审委员会"。推出的特色精品教材包括:

(1) 21世纪高等学校规划教材·计算机应用——高等学校各类专业,特别是非计算机专业的计算机应用类教材。

(2) 21世纪高等学校规划教材·计算机科学与技术——高等学校计算机相关专业的教材。

(3) 21世纪高等学校规划教材·电子信息——高等学校电子信息相关专业的教材。

(4) 21世纪高等学校规划教材·软件工程——高等学校软件工程相关专业的教材。

(5) 21世纪高等学校规划教材·信息管理与信息系统。

(6) 21世纪高等学校规划教材·财经管理与应用。

(7) 21世纪高等学校规划教材·电子商务。

(8) 21世纪高等学校规划教材·物联网。

清华大学出版社经过三十多年的努力,在教材尤其是计算机和电子信息类专业教材出版方面树立了权威品牌,为我国的高等教育事业作出了重要贡献。清华版教材形成了技术准确、内容严谨的独特风格,这种风格将延续并反映在特色精品教材的建设中。

清华大学出版社教材编审委员会
联系人:魏江江
E-mail:weijj@tup. tsinghua. edu. cn

前　言

　　物联网工程项目管理是物联网工程实施中的重要内容。当今社会,项目十分普遍。各层次的管理人员和工程技术人员都会以某种形式参与工程项目和项目管理。根据当前物联网专业人才培养要求,为迎接产业优化升级转型对专业人才培养带来的机遇和挑战,我们根据物联网专业实际工作的需要,使学生能掌握物联网工程项目管理的基本理论与方法,并能在物联网工程项目管理的实践中加以正确运用,从而取得实效,结合我国近几年来项目管理、施工管理体制的改革成果以及作者的多年实践体会,编写了本书。

　　本书立足高校实际,遵循"必需、够用"的原则,在内容上注重先进性和新颖性,从工程案例入手,对当前物联网工程项目管理实务进行了详细的介绍;在语言上力求通俗易懂、简明扼要、形象直观;在结构编排上,注意体系的完整性;与一般项目管理教材不同的是,本书结合物联网工程项目管理的实际要求,在介绍物联网工程项目管理的同时,及时介绍了有关物联网工程项目立项和招投标等方面的知识,紧密结合项目管理师、监理工程师的执业资格考试的要求,注重实用性和可操作性,力求做到内容全面、科学规范、富有特色,具有适合高等职业教育的特点,使培养出来的学生符合企业用人要求,为学生的就业与职业生涯发展提供可靠保证。

　　本书由解相吾主编,解文博、廖文婷、徐小英、关天军、陈炯尧、杨远辉、钟科科等参编。本书在编写过程中得到了广东岭南职业技术学院电子信息工程学院物联网专业教师们的大力支持和帮助,同时,本书在编写过程中参考了许多相关书籍和文献资料,并得到了清华大学出版社的大力支持,在此一并表示衷心的感谢。

　　物联网工程项目管理是一门新兴的学科,涉及知识面宽,实践性强,需要在实践中不断提高和完善。由于编者水平有限,书中难免有疏漏和局限,不足之处在所难免,敬请各位读者、同行批评指正。

编　者

2017 年 6 月

目　录

第 1 章
物联网工程项目立项

学习目标

知识目标

(1) 了解项目以及工程项目的定义和基本特征。

(2) 掌握项目管理与工程项目管理的概念和特点。

(3) 熟悉工程项目管理的类型。

(4) 了解物联网工程建设项目的类别和设计文件的内容。

(5) 了解物联网工程建设程序。

(6) 了解工程项目管理的发展趋势。

能力目标

(1) 明了工程项目管理的主要任务。

(2) 熟悉物联网工程建设程序,包括整个工程从立项、实施到验收投产各个阶段的工作流程。

(3) 掌握工程项目可行性研究报告的撰写方法。

工程案例

1. 背景

某物联网建设公司的小刘工作踏实,认真负责,被公司任命为项目管理部经理。项目管理部是公司新设的部门,主要任务是监督和管理各个项目组,对项目总监和公司总经理负责。

在日常工作中,小刘发现,很多项目组成员并不重视自己领导的项目管理部。他们只服从项目经理、项目总监和公司总经理领导,对项目管理部门提出的合理化建议置之不理,项目管理部门要求他们定期提交的报告和材料也往往拖延,定期组织的汇报会也往往缺席。

项目管理部门由于得不到足够有效的数据和材料,所以无法及时知道各个项目组的实际情况,无法作出正确的统计结果和决策,也无法正确指导各个项目组的实际工作。鉴于此,项目管理部对各个项目组提出的建议往往与他们的意愿相左,使项目管理部向上级提交的材料和各个项目组向上级提交的材料往往有些不符,这种情况使项目管理部遭到项目组和主管上级两方面的反感,处境极其被动。

为此小刘要求项目管理部门人员深入项目组,一方面培养感情、化解矛盾,另一方面获得各个项目组的实际资料。但在策略实施过程中,项目组成员把项目管理部的成员视为上级的"耳目"和"监工",工作上不予配合。他们认为项目管理部成员挑错是故意找事,在错误是否应该修改这个问题上和项目管理部成员争执十分激烈,有时差点要大打出手。

小刘把这些情况反映给上级领导后,上级领导认为项目管理部没有存在的价值,决定要撤销这个部门。小刘有些想不通,通过项目过程管理,可以提高产品的质量,这是个不容置疑的事实,可是到了这里怎么行不通了呢?

2. 问题

(1)在物联网工程建设企业中,项目管理部门究竟有没有存在的价值,试说明原因,在300字以内回答。

(2)如果想使公司项目管理部门继续存在,发挥其应有的作用,试述小刘应该怎么做。

现代社会中,项目十分普遍。项目实际就是一个计划要解决的问题,或是一个计划要完成的任务,有开始的起点和结束的终点,可以分解为多个子任务,对于企业来说就是在预定的期限和适当的预算内要完成的目标,是一个涉及跨部门、跨专业的团队的组织活动。

1.1　项目管理

项目管理是一门新兴的管理科学,是现代工程技术、管理理论与项目建设实践相结合的产物,经过数十年的发展和完善已日趋成熟,并以其明显的经济效益在各发达工业国家得到广泛应用。实践证明,在建设领域中实行项目管理,对于提高项目质量、缩短建设周期、节约建设资金具有十分重要的意义。

1.1.1　项目及特征

1. 项目

项目是指在一定的约束条件下(如质量、进度、投资、安全等)具有专门组织和特定目标的一次性工作或任务。可以具体描述为:项目是一项具有特定目标的有待完成的专门任务;是在一定的组织构架内、在限定的资源条件下、在计划的时间内,按满足一定的质量、进度、投资、安全等要求完成的一次任务。人们在日常生活中经常听到和接触到各种各样的项目,如开发项目、科研项目、航天项目、建筑工程项目等。重复进行的、大批量的、目标不明确的、局部的任务都不能叫做项目。

项目是由一组有起止时间的、相互协调的受控活动所组成的特定过程,该过程要达到符合规定要求的目标,包括时间、成本和资源的约束条件。

项目的范围非常广泛,它包括了很多内容,最常见的有:科学研究项目,如基础科学研究项目、应用科学研究项目、科技攻关项目等;开发项目,如资源开发项目、新产品开发项目、园区开发项目等;建设项目,如工业与民用建筑工程、交通工程、水利工程等。

2. 项目特征

1) 项目的一次性

项目的特定性也可称为单件性或一次性,是项目最主要的特征。即项目所处的时间、地点、环境、参与者各不相同,也就是每个项目都有其特定的过程、目标和内容。重复的、大批的生产活动及其成果不能称为项目。每个项目都有自己的特定过程,都有自己的目标和内容,因此也只能对它进行单件处置(或生产),不能批量生产,不具重复性。只有认识到项目的特定性,才能有针对性地根据项目的具体特点和要求,进行科学的管理,以保证项目一次成功。这里所说的"过程",是指一组将输入转化为输出的相互关联或相互作用的活动。

当一个项目的目标已经实现,或该项目的目标不再需要完成,或者已不可能实现时,该项目即到达了它的终点。一次性并不意味着时间短,有的项目只需几天甚至几小时便可完成,而有的项目可能要持续几年甚至几十年。然而,在任何情况下项目的期限都是确定的。

2) 项目目标的明确性

项目具有明确的目标和一定的约束条件,这些目标并不完全相同。项目的目标有成果性目标和约束性目标。成果性目标指项目应达到的功能性要求。例如,建设一座钢铁厂,建设完成后的炼钢能力及其技术经济指标即是成果性目标;或是兴建一所学校可容纳的学生人数、医院的床位数、宾馆的房间数等都是成果性目标;约束性目标是指项目必须满足的约束条件,凡是项目都有自己的约束条件,项目只有满足约束条件才能成功,因而约束条件是项目目标完成的前提。一般项目的约束条件包括限定的时间、限定的资源(包括人员、资金、设施、设备、技术和信息等)和限定的质量标准。目标不明确的过程不能称为"项目"。

一个项目只达到成果性目标而没有达到约束性目标,不能算完成,有时甚至失去其价值。

3) 项目过程的周期性

项目过程的一次性决定了每个项目都具有自己的生命周期,任何项目都有其产生时间、发展时间和结束时间,在不同的阶段都有特定任务、程序和工作内容。如建设项目的生命周期包括项目建议书、可行性研究、设计工作、建设准备、建设实施、竣工验收与交付使用;施工项目的生命周期包括投标与签订合同、施工准备、施工、交工验收、用后服务。成功的项目管理是将项目作为一个整体系统,进行全过程管理和控制,是对整个项目生命周期的系统管理。

4) 项目的整体性

项目的整体性是指项目包含着一系列相互独立、相互联系、相互依赖的活动,由此形成一个完整的系统。一个项目既是一项任务整体,又是一项管理整体。在按其需要配置生产要素时,必须以总体效益的提高为标准,做到数量、质量、结构的总体优化。由于内外环境是变化的,所以管理和生产要素的配置是动态的。项目中的一切活动都是相关的,构成一个整体,缺少某些活动必将损害项目目标的实现,但多余的活动也没有必要。

5) 项目的不可逆性

项目按照一定的程序进行,其过程不可逆转,必须一次成功,失败了不可挽回,因而项目的风险很大,与批量生产过程(重复的过程)有着本质的差别。

1.1.2　项目管理概述

1. 项目管理的概念

项目管理是以项目为对象,通过一个临时性的专门组织机构,运用系统的观点、方法和理论,对项目涉及的全部工作进行高效率的计划、组织、协调和控制等一系列有效的管理,以实现对项目建设全过程的动态监控和优化,最终实现建设目标。

项目管理就是运用各种知识、技能、手段和方法去满足客户对某个项目的要求。项目的组织实施必须通过建立严格的管理制度来规范,对于从承接任务、组织准备、技术设计、生产作业直至交付使用的整个项目必须实施科学有效的质量管理。项目执行过程中,生产主管要经常进行质量、时间、成本和安全检查,及时解决实施中的问题;项目完成后,由质管部门和生产主管对项目成果进行内部审查验收,评定成果质量;合格的成果,经有关责任人签字、加盖公章并统一装订后,移交市场部门并提交用户,同时收集用户的反馈意见,并办理项目结算与请求用户付款等手续。

一定的约束条件是制订项目目标的依据,也是对项目控制的依据。项目管理的目的就是力求项目目标的实现。项目管理的对象是项目,由于项目具有单件性或一次性,要求项目管理具有针对性、系统性、程序性和科学性。只有用系统的观点、方法和理论对项目进行管理,才能保证项目的顺利完成。

2. 项目管理的特点

1) 项目管理的目标明确

每个项目都具有特定的管理程序和管理步骤。项目管理的目标就是要满足业主提出的各项要求。项目管理的所有工作都是围绕着这个目标进行的,项目的一次性或单件性决定了每个项目都有其特定的目标,而项目管理的内容和方法要针对项目目标而定,项目目标不同,则项目的管理程序和步骤就不同。

2) 项目管理是以项目经理为中心的管理

由于项目管理具有较大的责任和风险,并且项目管理是开放式的管理,管理过程中会涉及企业内部各个部门之间的关系,还需要处理与外单位的多元化关系,其管理涉及人力、技术、设备、资金等多方面因素,为了更好地进行计划、组织、指挥、协调和控制,必须实施以项目经理为中心的管理模式,由项目经理承担项目实施的主要责任,在项目实施过程中应授予项目经理较大的权力,以使其能及时处理项目实施过程中出现的各种问题。

3) 项目管理应综合运用多种管理理论和方法

现代项目特别是大型项目,都是一个庞大的系统工程,横跨多学科、多领域,要使项目圆满地完成,就必须综合运用现代化管理方法和科学技术,如决策技术、网络与信息技术、网络计划技术、价值工程、系统工程、目标管理等。

4) 项目管理过程中实施动态管理

项目管理的目的是保证项目目标的实现,在项目实施过程中采用动态控制的方法,阶段性地检查实际值与计划目标值的差异,采取措施纠正偏差,制订新的计划目标值,使项目的实施结果逐步向最终目标逼近。

3. 项目管理的知识领域

在"项目管理知识体系指南"(Project Management Body Of Knowledge,PMBOK)中,将项目管理划分为 9 个知识领域,即范围管理、时间管理、成本管理、质量管理、人力资源管理、沟通管理、采购管理、风险管理和整体管理。其中范围、时间、成本和质量是项目管理的四大核心领域。

4. 项目中的干系人

1) 用户

由于与项目有关的不同客户在项目范围、时间、费用、质量及其他目标上的要求不尽相同，而且在多数情况下，客户期待的所有要求与项目确定或可能实现的目标往往也不完全一致。因此，项目管理就是要充分考虑各类客户的利益，采取措施进行协调，以求达到均衡，尽量满足客户的要求。项目的有关客户是项目的利害关系者，是那些积极参与该项目的个人和组织，项目管理者必须知道客户的需要和期望，按照这些目标和目的，对项目进行管理和施加影响，以确保项目获得成功。一般项目的客户及其要求有以下几类。

(1) 业主。要求项目投资少、收益高、时间短、质量好等。

(2) 咨询机构。要求报酬合理、支付按时、进度宽松、提供信息资料及时、决策迅速等。

(3) 承包商。要求利润优厚、及时提供施工图样、变更少、原材料和设备及时送达、无公众抱怨、自行选择建筑方案、不受其他承包商干扰、支付进度款及时、发放执照迅速、提供及时的服务等。

(4) 供货商。要求项目所需材料规格明确、非标准件少、质量要求合理、供货时间充裕、利润优厚等。

(5) 金融机构。要求贷款安全、按预定日期支付、项目能盈利和及时清偿债务等。

(6) 公众。要求项目建设和运营期间无公害、无污染、社会效益明显、项目产出的产品或提供的服务优良、价格或收费合理等。

(7) 政府机构。要求项目要与政府的目标、政策和国家立法相符合等。

(8) 施工单位。要求施工图样及时送达、设计变动小、原材料和设备及时送到工地、建设指令明确、进度宽松、无其他承包商干扰、执照发放迅速、提供服务及时、肯定工作成绩等。

2) 项目经理

项目经理是负责施工管理和施工合同履行的代表，是项目的直接负责人。确定项目经理时应考虑项目的难度、特点、工作量、工期要求及工程地点等要素。具有承担相应项目的能力和完成类似项目的经验是成为项目经理必不可少的条件，一般要求工程师以上的技术人员担任项目经理。对于大型项目或涉及工序较多的项目，根据需要可按子项目分类设立子项目经理。项目经理在单位生产主管的直接领导下工作，项目经理的主要权限和职责如下。

(1) 根据项目工作需要组成项目组，报生产主管批准，对项目实施的质量、工期和安全等负责。

(2) 负责制订技术实施方案、工作计划、成本计划、质量与安全保证措施以及设备使用计划，经生产主管批准后组织项目的全面实施。

(3) 负责填报项目进展情况统计表等施工文件。

(4) 组织成果质量自检，负责将全部成果提交质管部门审查，并按照有关要求负责处理质量管理部门和用户发现的需要解决的问题。

(5) 负责项目技术报告的编写和成果归档。

(6) 负责项目组人员的津贴与奖励的分配。

项目部成员组成如图 1-1 所示。

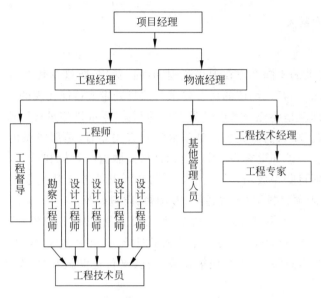

图 1-1　项目部成员组成

1.1.3　工程项目管理

工程项目管理是以工程项目为对象的项目管理,工程项目管理是为使工程项目在一定的约束条件下取得成功,对项目的所有活动实施决策与计划、组织与指挥、控制与协调、教育与激励等一系列工作的总称。其实质是运用系统工程的观点、理论和方法,对工程建设进行全过程和全方位的管理,以实现工程项目的最终目标。工程项目管理通常也简称为项目管理。除了具有一般项目管理的特征外,工程项目管理还具有以下特点。

1. 工程项目管理是一种一次性管理

这是由工程项目的单件性所决定的。在工程项目管理过程中,如果出现差错或失误,要改正或弥补非常困难,会造成不可挽回的损失。这和工厂的车间管理或一般的企业管理等有很大的不同。所以确定项目经理的人选、设置项目管理机构以及人员的配备就显得尤为重要。

2. 工程项目管理是一种全过程的综合性管理

工程项目的周期一般都很漫长,项目建设的各个阶段既有明显的界限,又相互有机衔接、连续不断,所以工程项目管理必须从头到尾贯穿始终。由于生产力不断发展进步,社会分工更加细化,工程项目建设的不同阶段如勘察、设计、施工、采购等都分别由专业企业或独立的部门来完成。在这种情况下,工程项目管理包括对项目全过程的统一管理,也包括对各个阶段分别进行的管理。

3. 工程项目管理是一种具有很强约束力的管理

工程项目的建设目标必须达到,但同时工程造价、建设时间等条件又受到严格限制,无形中对管理者提出了很高的要求,其必须在约束条件下,运用掌握的资源,既要完成任务实现目标,又不能超出限制条件;否则项目管理就失去其意义。

另外,工程项目管理与工程施工管理是不同的,工程项目管理的对象是一个工程项目,管理的范围可能是工程项目建设的全过程,也可能是某一个或几个阶段;而工程施工管理的对象虽然也是一个具体的工程项目,也具有一次性的特点,但其管理的范围仅限于工程项目的施工阶段。

总的来说,工程项目管理的任务就是在科学决策的基础上对工程项目实施全方位、全过程的管理活动,使其在一定约束条件下,达到进度、质量和成本的最佳实现。具体来讲,有以下几个方面。

(1) 建立项目管理组织。明确本项目各参加单位在项目实施过程中的组织关系和联系渠道,并选择合适的项目组织机构及实施形式;做好项目各阶段的计划准备和具体组织工作;建立单位的项目管理班子;聘任项目经理及各有关职能人员。

(2) 投资控制。编制投资计划(业主编制投资分配计划,施工单位编制施工成本计划),采用一定的方式、方法,将投资控制在计划目标内。

(3) 进度控制。编制满足各种需要的进度计划,把那些为了达到项目目标所规定的若干时间点,连接成时间网络图,安排好各项工作的先后顺序和开工、完工时间,确定关键线路的时间;经常检查进度计划执行情况,处理执行过程中的问题,协调各有关方面的工作进度,必要时对原计划作适当调整。

(4) 质量管理。规定各项工作的质量标准;对各项工作进行质量监督和验收;处理质量问题。质量管理是保证项目成功的关键任务之一。

(5) 合同管理。起草合同文件,参加合同谈判,签订修改合同;处理合同纠纷、索赔等事宜。

(6) 信息管理。明确参与项目的各单位以及本单位内部的信息流,相互间信息传递的形式、时间和内容;确定信息收集和处理的方法、手段。

1.1.4　工程项目管理的类型

根据管理主体、管理对象、管理范围的不同,工程项目管理可分为不同的类型。常见的是按管理主体不同进行分类,主要有以下三类。

1. 业主方的项目管理

业主方(又称甲方或建设单位)的项目管理是由建设单位实施的工程项目管理,业主是管理主体,它的管理活动包括组织协调,合同管理,信息管理,投资、质量、进度目标的控制等。其目的是追求最佳的经济效益和使用效益,实现投资目标。

工程项目的建设过程包括项目的决策阶段和实施阶段,业主方在这两个阶段的任务有以下几个。

1) 项目的决策阶段

(1) 提出项目建议书。项目建议书是业主向国家或上级主管部门提出要求建设某一工程项目的建议文件。在项目建议书中要说明拟建项目的必要性和可能性,并要介绍工程项目的概况。

（2）进行可行性研究。可行性研究是分析和论证在技术上和经济上是否能满足工程项目的建设要求，讨论建设阶段可能遇到的各种问题，研究如何解决的方法，以及分析建设该工程项目经济效益和社会效益的大小等。最后要形成可行性研究报告，送上级部门审批，为项目决策提供依据。

（3）立项决定。立项决定是在可行性研究报告被国家或上级主管部门审查批准后，业主最后作出的正式项目确立决定。被审批的可行性研究报告，不得随意修改和变更，它是工程项目初步设计的依据。

2）项目的实施阶段

项目的实施阶段包括设计、实施和终结阶段。

（1）设计阶段。通常业主通过招标或直接委托设计院或设计事务所等单位进行项目设计。编制设计文件时，应根据批准的可行性研究报告，将建设项目的要求具体化，绘制编写指导施工的工程施工图及设计说明书。

（2）实施阶段。

① 组织项目施工招标。

② 做好开工建设准备，包括征地、拆迁和场地平整，保证将水、电等输送到施工现场，修筑到施工现场的道路，协助施工单位组织劳动力、材料、机具设备等。

③ 协助施工单位做好各个阶段的生产准备工作。

④ 对各施工阶段进行监督与控制。

（3）终结阶段。

① 进行竣工验收，工程项目建设完成后，首先施工单位要进行自检自评，认为工程质量已达到验收标准以及合同要求后，提出竣工验收申请，再由业主、设计、施工和监理等单位共同检查正式验收，合格后由上级主管部门批准。

② 编制竣工结算书、决算书。

③ 核定资产，即将全部建设投资形成的所有资产，根据其性质进行分类核定。编制交付使用的财产总表和明细表。

④ 交付使用与后评定，工程项目建设全部完成后，将按单项工程、单位工程组织分期分批验收和交付使用，并在交付使用后的一定时期内，对工程项目目标、项目运行情况、经济效益等各项技术经济指标进行后评定。

2. 设计方的项目管理

设计方的项目管理是由设计单位实施的工程项目管理，设计单位是管理主体。设计单位受业主委托承担工程项目的设计任务，为实现设计合同规定的目标，设计单位要对复杂的设计工作进行有效管理，从而保证设计任务顺利完成。虽然其地位、作用和利益追求与项目业主不同，但它也是工程项目管理的重要一环。

3. 施工方的项目管理

施工方的项目管理是由施工企业实施的工程项目管理，施工单位是管理主体。施工单位通过竞标拿到工程项目的施工合同，取得施工权，同样为实现施工合同规定的目标，对工程项目的各个施工阶段进行有序管理，保证圆满完成施工任务，并力争取得最大的经济效益。

施工企业运用管理学知识,科学地对项目施工的全过程开展系统的管理,在项目施工的各个阶段要进行计划、组织、监督、控制、协调等工作。其在各阶段的具体任务有以下几个。

1) 承揽工程项目阶段

(1) 获取工程项目信息。一般建设单位(业主、甲方)在拟建工程项目的准备工作进行到一定程度,即具备招标条件以后,会通过媒体等宣传工具发出招标公告。施工单位通过各种渠道获得招标信息后,要从企业的角度全面考量,对是否参加该工程项目的投标作出决策。

(2) 决定投标之后,要深入调查,收集工程项目设计资料、项目施工现场的自然情况以及技术经济条件等相关信息资料,还要收集市场情况,以及其他参加投标单位的情况,做到知己知彼。

(3) 确定投标策略,编制投标文件。投标文件包括商务标、技术标等内容。

(4) 如果中标,则与建设单位签订工程项目承包合同。

2) 施工准备阶段

(1) 组建工程项目管理机构即项目经理部,配备相应的管理人员。

(2) 编制施工组织设计。对施工活动进行有计划的管理,确保工程项目目标的实现。

(3) 施工现场准备。包括施工机械的布置,搭建临时设施,现场道路铺设,施工现场水、电等管线的敷设等。

(4) 准备工作完成后,提出开工申请报告。

3) 工程施工阶段

(1) 根据编制的施工组织设计组织施工。

(2) 施工中加强对工程质量、工程进度、工程造价、工程安全的管理与控制,以实现项目建设目标。

(3) 做好工程合同管理工作,严格履行相关合同规定,控制合同变更,把握工程索赔等,处理好与各有关单位的关系。

(4) 及时、准确地做好工程技术档案资料的管理工作。

4) 工程项目竣工验收阶段

(1) 完成工程项目收尾工作。

(2) 配合各方完成验收以及项目试运行工作。

(3) 整理、移交竣工文件资料,完成竣工结算、竣工总结工作。

5) 项目用后服务阶段

在工程项目交工验收后,按合同规定完成用后服务、回访与保修工作。具体有以下几项工作。

(1) 为使项目正常使用而进行的技术咨询与服务。

(2) 进行回访,征求用户意见,进行必要的维护。

(3) 进行抗震及沉陷等情况的观察,积累第一手资料,为有关部门的工作提供信息。

1.2　物联网建设工程项目管理

物联网建设工程是指物联网系统网络建设和设备施工,包括物联网线路光(电)缆架设或敷设、物联网设备安装调试、物联网附属设施的施工等。

1.2.1　物联网工程项目划分

1. 工程分类标准

根据项目类型或投资金额的不同,物联网建设工程可划分为一类工程、二类工程、三类工程和四类工程。每类工程对设计单位和施工企业级别都有严格的规定,不允许级别低的单位或企业承建高级别的工程。具体分类标准如下。

(1) 符合下列条件之一者为一类工程:大、中型项目或投资在 5000 万元以上的物联网工程项目;省际物联网工程项目;投资在 2000 万元以上的部定物联网工程项目。

(2) 符合下列条件之一者为二类工程:投资在 2000 万元以下的部定物联网工程项目;省内物联网干线工程项目;投资在 2000 万元以上的省定物联网工程项目。

(3) 符合下列条件之一者为三类工程:投资在 2000 万元以下的省定物联网工程项目;投资在 500 万元以上的物联网工程项目;地市局工程项目。

(4) 符合下列条件之一者为四类工程:县局工程项目;其他小型项目。

2. 类别划分

1) 一般施工项目

一般施工项目(合作施工项目)一般是雇主与施工队伍相互配合协作,施工团队根据雇主的设计文件进行施工的工程。

2) 交钥匙工程

交钥匙工程(Turnkey 项目)包括规划、设计、生产、线缆建设、基础建设(机房、环境建设)、配套建设、系统集成等施工中所有的工程工作。在施工工程中,雇主基本不参与工作。即在施工结束之后,"交钥匙"时,提供一个配套完整、可以运行的设施。

3. 单项工程项目划分

单项工程是指具有单独的设计文件、建成后能够独立发挥生产能力或效益的工程,是建设项目的组成部分。工业建设项目的单项工程一般是指能够生产出符合设计规定的主要产品的车间或生产线;非工业建设项目的单项工程一般是指能够发挥设计规定的主要效益的各个独立工程,如教学楼、图书馆等。物联网建设工程概(预)算应按单项工程编制。

1.2.2　物联网工程设计文件

设计文件是指根据批准的设计任务书,按照国家的有关政策、法规、技术规范,考虑拟建工程的可行性、先进性及其社会效益、经济效益,结合客观条件并应用相关的科学技术成果和长期积累的实践经验,按照建设项目的需要,利用查勘、测量所取得的基础资料和国家技术标准等,把可行性研究中推荐的最佳方案具体化,能够为工程施工提供依据的文件。设计文件是决定项目建成投产后能否发挥经济效益的重要保证,是物联网工程建设中的重要环节。

根据项目的规模、性质等的不同情况,工程设计分为以下三种方式。

(1)大型、特殊工程项目或技术上比较复杂而缺乏设计经验的项目,采用由初步设计、技术设计和施工图设计构成的三阶段设计。

(2)一般大中型工程采用两阶段设计,即初步设计和施工图设计。

(3)小型工程项目采用只有施工图设计的一阶段设计,如设计施工比较成熟的市内光缆物联网工程项目等。

编制设计文件的目的是使设计任务具体化,并为工程的施工、安装建设提供准确而可靠的依据。设计文件的主要内容一般由设计说明、概预算文件和图样三部分组成。

(1)设计说明。设计说明应通过简练、准确的文字反映该工程的总体概况,如工程规模、设计依据、主要工作量及投资情况、对各种可选用方案的比较及结论、单项工程与全程全网的关系、物联网系统的配置和主要设备的选型等。

(2)概预算文件。建设工程项目的设计概预算是初步设计概算和施工图设计预算的统称,是以初步设计和施工图设计为基础编制的。编制时,应按相应的设计阶段进行。当建设项目采用两阶段设计时,初步设计阶段编制概算,施工图设计阶段编制预算;采用三阶段设计的技术设计阶段应编制修正概算;采用一阶段设计时,只编制施工图预算。概预算是确定和控制固定资产投资规模、安排投资计划、确定工程造价的主要依据,也是签订承包合同、实行投资包干及核定贷款额及结算工程价款的主要依据,同时又是筹备设备、材料,签订订货合同和考核工程设计技术、经济合理性及工程造价的主要依据,也是设计文件的重要组成部分。

(3)图样。设计文件中的图样是用符号、文字和图形等形式表达设计者意图的文件。不同的工程项目,图样的内容及数量不尽相同。因此,要根据具体工程项目的实际情况,准确绘制相应的图样。

1.3 物联网工程建设程序

建设程序是建设项目从酝酿、构思和策划开始,通过可行性研究、论证决策、计划立项之后,进入项目设计和施工阶段,直至竣工验收、投入使用整个建设过程中,各项工作必须遵守的先后次序的法则。这个法则是在人们认识客观规律的基础上制定出来的,是建设项目科学决策和顺利进行的重要保证,是多年来从事建设管理经验总结的高度概括,也是取得较好投资效益必须遵循的工程建设管理方法。

按照建设项目发展的内在联系和发展过程,建设程序分成若干阶段,各阶段有不同的工作内容,它们有机地联系在一起。

具体到物联网行业基本建设项目和技术改造建设项目,尽管其投资管理、建设规模等有所不同,但建设过程中的主要程序基本相同。物联网工程的大中型和限额以上的建设项目从建设前期工作到建设、投产要经过立项、实施和验收投产三个阶段,如图1-2所示。

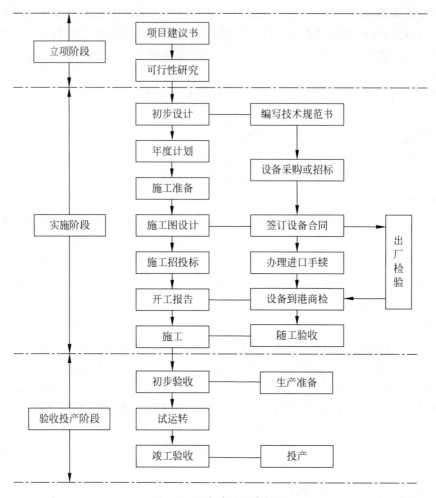

图 1-2　基本建设程序框图

1.3.1　立项阶段

立项阶段是物联网工程建设的第一阶段，这一阶段的主要任务是进行项目论证和评估。

项目论证主要包括四个阶段，分别是机会研究阶段、初步可行性研究阶段、详细可行性研究阶段、评价和决策阶段。

（1）机会研究阶段。项目机会研究是项目立项的第一步，其目的是选择投资机会、鉴别投资方向。国外投资者一般从市场和技术两方面寻找项目投资机会，但在国内必须首先考虑到国家有关政策和产业导向。项目机会研究的政策导向性依据主要包括国家、行业和地方的科技发展和经济社会发展的长期规划与阶段性规划，这些规划一般由国务院、各部委、地方政府及主管厅局发布。这一阶段的工作比较粗略，一般是根据条件和背景相似的工程项目来估算投资额和生产成本，初步分析建设投资效果，提供一个或一个以上可能进行建设的投资项目或投资方案，这个阶段的工作成果主要是项目建议书。如果投资者对这个项目感兴趣，则可再进行下一步的可行性研究工作。

（2）初步可行性研究阶段。在项目建议书被计划部门批准后，对于投资规模大、技术比较复杂的大中型项目,需要先进行初步可行性研究。初步可行性研究也称为预可行性研究,是正式的详细可行性研究前的预备性研究阶段。经过投资机会研究认为可行的建设项目值得继续研究,但又不能肯定是否值得进行详细可行性研究时,就要做初步可行性研究,进一步判断这个项目是否有生命力、是否有较高的经济效益。初步可行性研究作为投资项目机会研究与详细可行性研究的中间性或过渡性研究阶段,主要目的有:确定是否进行详细可行性研究;确定哪些关键问题需要进行辅助性专题研究。初步可行性研究内容和结构与详细可行性研究基本相同,主要区别是所获资料的详尽程度不同、研究深度不同。

(3) 详细可行性研究阶段。详细可行性研究又称为技术经济可行性研究,是可行性研究的主要阶段,是建设项目投资决策的基础。它为项目决策提供技术、经济、社会、商业方面的评价依据,为项目的具体实施提供科学依据。这一阶段的主要目标有:提出项目建设方案、效益分析和最终方案选择、确定项目投资的最终可行性和选择依据标准。这一阶段的内容比较详尽,所花费的时间和精力都比较大,而且本阶段还为下一步工程设计提供基础资料和决策依据。

(4) 评价和决策阶段。评价和决策是由投资决策部门组织和授权有关咨询公司或有关专家,代表项目业主和出资人对建设项目可行性研究报告进行全面的审核和再评价。其主要任务是对拟建项目的可行性研究报告提出评价意见,最终决策该项目投资是否可行,确定最佳投资方案。项目评价与决策是在可行性研究报告的基础上进行的,其内容包括以下几项。

① 全面审核可行性研究报告中反映的各项情况是否属实。

② 分析项目可行性研究报告中各项指标计算是否正确,包括各种参数、基础数据、定额费率的选择。

③ 从企业、国家和社会等方面综合分析和判断工程项目的经济效益和社会效益。

④ 分析判断项目可行性研究的可靠性、真实性和客观性,对项目作出最终的投资决策。

⑤ 写出项目评估报告。

由于基础资料的占有程度、研究深度与可靠程度要求不同,可行性研究的各个工作阶段的研究性质、工作目标、工作要求、工作时间与费用各不相同。一般来说,各阶段的研究内容由浅入深,项目投资和成本估算的精度要求由粗到细,研究工作量由小到大,研究目标和作用逐步提高。

综上所述,立项阶段应完成项目建议书、可行性研究和专家评估等工作内容。

1. 项目建议书

项目建议书是对拟建项目的一个轮廓设想,主要作用是说明项目建设的必要性、条件的可行性和获利的可能性。项目建议书是工程建设程序中最初阶段的工作,包括以下主要内容。

(1) 项目提出的背景、建设的必要性和主要依据,介绍国内外主要产品的对比情况和引进理由,以及几个国家同类产品的技术、经济分析。

(2) 建设规模、地点等初步设想。

(3) 工程投资估算和资金来源。

（4）工程进度和经济、社会效益估计。

项目建议书提出后，可根据项目的规模、性质报送相关主管部门审批。对项目建议书的审批即为立项。按照国家计委计资(1984)684号《国家计委关于简化基本建设项目审批手续的通知》，凡列入长期计划或建设前期工作计划的项目，应该有批准的项目建议书。各部门、各地区、各企业根据国民经济和社会发展的长远规划、行业规划、地区规划等要求，经过调查、预测、分析，提出项目建议书。根据国民经济中长期发展规划和产业政策，由审批部门确定是否立项，立项批准后即可进行可行性研究工作。

项目建议书的审批，视建设规模按国家相关规定执行。

国务院关于投资体制改革的决定（摘录）2004/07/29

（一）改革项目审批制度，落实企业投资自主权。彻底改革现行不分投资主体、不分资金来源、不分项目性质，一律按投资规模大小分别由各级政府及有关部门审批的企业投资管理办法。对于企业不使用政府投资建设的项目，一律不再实行审批制，区别不同情况实行核准制和备案制。其中，政府仅对重大项目和限制类项目从维护社会公共利益角度进行核准，其他项目无论规模大小，均改为备案制，项目的市场前景、经济效益、资金来源和产品技术方案等均由企业自主决策、自担风险，并依法办理环境保护、土地使用、资源利用、安全生产、城市规划等许可手续和减免税确认手续。对于企业使用政府补助、转贷、贴息投资建设的项目，政府只审批资金申请报告。各地区、各部门要相应改进管理办法，规范管理行为，不得以任何名义截留下放给企业的投资决策权利。

（二）规范政府核准制。要严格限定实行政府核准制的范围，并根据变化的情况适时调整。《政府核准的投资项目目录》（以下简称《目录》）由国务院投资主管部门会同有关部门研究提出，报国务院批准后实施。未经国务院批准，各地区、各部门不得擅自增减《目录》规定的范围。

企业投资建设实行核准制的项目，仅需向政府提交项目申请报告，不再经过批准项目建议书、可行性研究报告和开工报告的程序。政府对企业提交的项目申请报告，主要从维护经济安全、合理开发利用资源、保护生态环境、优化重大布局、保障公共利益、防止出现垄断等方面进行核准。对于外商投资项目，政府还要从市场准入、资本项目管理等方面进行核准。政府有关部门要制定严格规范的核准制度，明确核准的范围、内容、申报程序和办理时限，并向社会公布，提高办事效率，增强透明度。

（三）健全备案制。对于《目录》以外的企业投资项目，实行备案制，除国家另有规定外，由企业按照属地原则向地方政府投资主管部门备案。备案制的具体实施办法由省级人民政府自行制定。国务院投资主管部门要对备案工作加强指导和监督，防止以备案的名义变相审批。

2. 可行性研究

可行性研究的是根据国民经济长期规划和地区、行业规划的要求，对拟建项目在技术上是否可行、经济上是否盈利、环境上是否允许，项目建成需要的时间、资源、投资以及资金来源和偿还能力等全面进行系统地分析、论证与评价，其研究结论直接影响到项目的生存和投资效益。

可行性研究报告由审批部门对项目进行审批，经批准的可行性研究报告是进行初步设计的依据。

工业和信息化部对物联网基建项目规定：凡是大中型项目、利用外资项目、技术引进项目、主要设备引进项目、国际出口局新建项目、重大技术改造项目等都要进行可行性研究。有些项目也可以将提出项目建议书同可行性研究合并进行，但对于大中型项目还是应分两个阶段进行。

在可行性研究的基础上编写可行性研究报告，依据可行性研究报告编制初步设计概算和修正概算。

可行性研究报告的内容根据行业的不同而各有所侧重，物联网建设工程的可行性研究报告一般应包括以下主要内容。

(1) 总论。概述项目提出的背景、投资的必要性和意义以及可行性研究的依据和范围。

(2) 需求预测与拟建规模。包括线路容量和数量的预测，提出拟建规模和发展规划。

(3) 建设与技术方案论证。包括线路组织方案、光缆和设备选型方案以及配套设施。

(4) 建设可行性条件。对于试点性质的工程尤其应阐述其理由。

(5) 配套及协调建设项目的建议。

(6) 建设进度安排的建议。

(7) 维护组织、劳动定员与人员培训。

(8) 主要工程量与投资估算及资金筹措。

(9) 经济及社会效果评价。包括财务评价和国民经济评价。

(10) 需要说明的有关问题。

在进行可行性分析报告的编制时，必须有一个分析结论。结论可以是以下几种之一。

(1) 项目可以立即开始实施。

(2) 需要推迟到某些条件(如资金、人力、设备等)落实之后才能开始实施。

(3) 需要对开发目标进行某些修改之后才能开始实施。

(4) 不能实施或不必实施(如技术上不成熟、经济上不合算等)。

完成可行性研究报告一般要进行以下几个步骤的工作。

(1) 筹划、准备及资料搜集。

(2) 现场条件调研与勘察。

(3) 确立技术方案。

(4) 投资估算和经济评价分析。

(5) 编写报告书。

(6) 项目审查与评估。

3. 专家评估

专家评估是由项目主要负责部门组织有理论、有实际经验的专家，对可行性研究的内容进行技术、经济等方面的评价，并提出具体的意见和建议，专家评估报告是主管领导决策的依据之一。对于重点工程、技术引进项目等进行专家评估是十分必要的。

评估是项目立项前的最后一关，"先论证，后决策"是现代项目管理的一项基本原则。

项目论证与评估可以分步进行，也可以合并进行。实际上，项目论证与评估的内容、程序和依据都是大同小异的，只是侧重点稍有不同，论证的对象可以是未完成的或未选定的方案,而评估的对象一般需要正式的"提交";论证时着重于听取各方专家意见,评估时更强调要得出权威的结论。项目评估完成之后,应编写正式的项目评估报告。项目评估报告一般应包括以下内容。

(1) 项目概况。

(2) 评估目标。

(3) 评估依据。

(4) 评估内容。

(5) 评估机构与评估专家。

(6) 评估过程。

(7) 详细评估意见。

(8) 存在或遗漏的重大问题。

(9) 潜在的风险。

(10) 评估结论。

(11) 进一步的建议。

因评估机构并无决策权,因此评估结论一般以建议的方式给出,如"建议立项""建议不立项""建议补充材料,重新评估"等。

1.3.2　实施阶段

建设实施阶段的主要任务就是工程设计、施工并对施工工程进行监理,是建设程序最关键的阶段。

1. 工程设计

设计是依据审批的可行性研究报告对建设工程实施的计划与安排,决定建设工程的轮廓与功能。一般分为初步设计和施工图设计两个阶段。

工程设计的主要任务就是编制设计文件并对其进行审定。

1) 初步设计

初步设计是根据批准的可行性研究报告,以及有关的设计标准、规范,并通过现场勘察,在取得可靠的设计基础资料后进行编制的。初步设计的主要任务是确定项目的建设方案、进行设备选型、编制工程项目的总概算。其中,初步设计中的主要设计方案及重大技术措施等应通过技术经济分析,进行多方案比较论证,未采用方案的扼要情况及采用方案的选定理由均应写入设计文件。

每个建设项目都应编制总体设计部分的总体设计文件(即综合册)和各单项工程设计文件,其内容深度要求如下。

(1) 总体设计文件内容包括设计总说明及附录、各单项设计总图、总概算编制说明及概算总表。设计总说明的具体内容可参考各单项工程设计内容择要编写。

(2) 各单项工程设计文件一般由文字说明、图纸和概算三部分组成。具体内容依据各专业的特点而定。

另外,在初步设计阶段还应另册提出技术规范书、分交方案,说明工程要求的技术条件及有关数据等。其中,引进设备的工程技术规范书应用中、外文编写。

2）技术设计

技术设计是根据已批准的初步设计,对设计中比较复杂的项目、遗留问题或特殊需要,通过更详细的设计和计算,进一步研究和阐明其可靠性和合理性,准确地解决各个主要技术问题。设计深度和范围,基本上与初步设计一致,应编制修正概算。

3）施工图设计

施工图设计文件应根据批准的初步设计文件和主要设备订货合同进行编制,应绘制施工详图,标明建筑物和设备的结构尺寸,注明安装设备的配置关系和布线、施工工艺,提供设备、材料明细表,并编制施工图预算。

施工图设计文件一般由文字说明、图纸和预算三部分组成。各单项工程施工图设计说明应简要说明批准的本单项工程部分初步设计方案主要内容并对修改部分进行论述,注明有关批准文件的日期、文号及文件标题;提出详细的工程量表;测绘出完整的线路(建筑安装)施工图纸、设备安装施工图纸,包括建设项目各部分工程的详图和零部件明细表等。它是初步设计(或技术设计)的完善和补充,是据以施工的依据。施工图设计的深度应满足设备和材料的订货、施工图预算的编制、设备安装工艺及其他施工技术要求等。施工图设计可不编总体部分的综合文件。

各个阶段的设计文件编制完成后,将根据项目的规模和重要性组织主管部门、设计、施工建设单位、物资、银行等单位的人员进行会审,然后上报审批。工程设计文件一经批准,执行中不得任意修改变更。施工图设计是承担工程实施部门(即具有施工执照的线路工程或设备安装工程施工队)完成项目建设的主要依据。

4）年度计划

年度计划包括基本建设拨款计划、设备和主材(采购)储备贷款计划、工期组织配合计划等,是编制保证工程项目总进度要求的重要文件。

2．工程施工

建设项目具备开工条件后,可以申报开工,经批准开工建设,即进入了建设实施阶段,按照合同要求全面开展施工活动。

物联网工程的施工阶段包括施工准备、施工招标、开工报告、施工及工程监理等过程。

1）施工准备

施工准备是工程开工前对工程的各项准备工作。是基本建设程序中的重要环节,是衔接基本建设和生产的桥梁。建设单位应根据建设项目或单项工程的技术特点,适时组成机构,做好以下几项工作。

(1) 制定建设工程管理制度,落实管理人员。

(2) 汇总拟采购设备、主材的技术资料。

(3) 落实施工和生产物资的供货来源。

(4) 落实施工环境的准备工作,如征地、拆迁、"三通一平"(水通、电通、路通和平整土地)等。包括征地拆迁、五通一平、组织建设工程招标投标、修建工程临时设施、办理工程开工手续等工作。

2）施工招标

施工招标是建设单位将建设工程发包,鼓励施工企业投标竞争,从中评定出技术和管理水平高、信誉可靠且报价合理的中标企业。推行施工招标对于择优选择施工企业、确保工程质量和工期具有重要意义。

按照《中华人民共和国招投标法》规定，建设工程招标由建设单位编制标书，公开向社会招标，预先明确在拟建工程的技术、质量和工期要求的基础上，建设单位与施工企业各自应承担的责任与义务；依法组成合作关系。

3）开工报告

经过施工招标、签订承包合同，建设单位在落实了年度资金拨款、设备和主材供货及工程管理组织后，应于开工前一个月会同施工单位向主管部门提出建设项目开工报告。在项目开工报批前，应由审计部门对项目的有关费用计取标准及资金渠道进行审计后，方可正式开工。

4）施工及工程监理

施工是按施工图设计的内容、合同书的要求和施工组织设计文件，由施工总承包单位组织与工程量相适应的一个或几个持有物联网工程施工资质证书的施工单位组织施工。

施工单位应按批准的施工图设计进行施工。在施工过程中，对隐蔽工程在每一道工序完成后应由建设单位委派的物联网工程监理工程师随工验收，验收合格后才能进行下一道工序。

1.3.3　验收投产阶段

为了保证物联网工程的施工质量，工程结束后，必须经过验收才能投产使用。这个阶段的主要工作包括初步验收、生产准备、试运行以及竣工验收等方面。

1．初步验收

初步验收通常是指单项工程完工后，为检验单项工程各项技术指标是否达到设计要求的过程。初步验收一般是由施工企业完成施工承包合同工程量后，依据合同条款向建设单位申请项目完工验收，提出交工报告，由建设单位或委托监理公司组织，相关设计、施工、维护、档案及质量管理等部门参加。

除小型建设项目外，其他所有新建、扩建等基本建设项目以及属于基本建设性质的技术改造项目，都应在完成施工调测之后进行初步验收。初步验收的时间应在原定计划建设工期内进行，初步验收工作包括检查工程质量、审查交工资料、分析投资效益、对发现的问题提出处理意见，并组织相关责任单位落实解决。

2．生产准备

生产准备是指工程项目交付使用前必须进行的生产、技术和生活等方面的必要准备，应包括以下方面。

（1）培训生产人员。一般在施工前配齐人员，并可直接参加施工、验收等工作，便于熟悉工艺过程、方法，为今后独立维护打下坚实的基础。

（2）按设计文件配置好工具、器材及备用维护材料。

（3）组织好管理机构、制定规章制度以及配备好办公、生活等设施。

3. 试运转

试运转由建设单位负责组织，供货厂商、设计、施工和维护部门参加，对设备、系统的性能、功能和各项技术指标以及设计和施工质量等进行全面考核。经过试运转，如发现有质量问题，由相关责任单位负责免费返修。在试运转期（三个月）内，网路和电路运行正常即可组织竣工验收的准备工作。

试运行是指工程初验后到正式验收、移交之间的设备运行。由建设单位负责组织，供货厂商、设计单位、施工单位和维护单位参加，对设备、系统功能等各项技术指标以及设计和施工质量进行全面考核。经过试运转，如发现有质量问题由相关责任单位负责免费返修。一般试运行期为三个月，大型或引进的重点工程项目，试运行期可适当延长。试运行期内，应按维护规程要求检查，并证明系统已达到设计文件规定的生产能力和传输指标。试运行期满后写出系统使用情况报告，提交给工程竣工验收部门。

4. 竣工验收

竣工验收是工程建设过程的最后一个环节，由相关部门组织对工程进行系统验收。竣工验收是全面考核建设成果、检验设计和工程质量是否符合要求，审查投资使用是否合理的重要步骤；竣工验收是对整个物联网系统进行全面检查和指标抽测，对保证工程质量、促进建设项目及时投产、发挥投资效益、总结经验教训有重要作用。

当系统试运行结束并具备了验收交付使用的条件后，建设单位应向主管部门提出竣工验收报告，编制项目工程总决算（小型项目工程在竣工验收后的一个月内将决算报上级主管部门；大中型项目工程在竣工验收后的三个月内将决算报上级主管部门），并系统整理出相关技术资料（包括竣工图纸、测试资料、重大障碍和事故处理记录），清理所有财产和物资等，报上级主管部门审查。实施项目竣工验收，保证项目按设计要求投入使用。竣工项目经验收交接后，应迅速办理固定资产交付使用的转账手续（竣工验收后的三个月内应办理固定资产交付使用的转账手续），技术档案移交维护单位统一保管。

1.4　项目管理的历史及发展

1. 项目管理的发展史

项目管理最早始于20世纪40年代，比较典型的案例是美国军方研制原子弹的曼哈顿计划。但直到80年代，项目管理主要还限于建筑、国防、航天等少数行业。我国和世界其他各国历史上都有许多成功的项目管理范例。项目管理的实践可以追溯到古代的一些主要基础设施如埃及金字塔、运河、大桥、欧洲的古教堂、道路、城堡等的建设之中。对于项目管理的出现，有说服力的特别事件有以下几个。

（1）1917年，亨利·甘特发明了著名的甘特图，使项目经理按日历制作任务图表，用于日常工作安排。

（2）1957年，杜邦公司将关键路径法（CPM）应用于设备维修，使维修停工时间由125h锐减为7h。

（3）1958 年,在北极星导弹设计中,应用计划评审技术(PERT),将项目任务之间的关系模型化,将设计完成时间缩短了 2 年。

20 世纪 60 年代著名的阿波罗登月计划,采用了网络计划技术使此耗资 300 亿美元、2 万家企业参加、40 万人参与、700 万个零部件的项目顺利完成。

进入 20 世纪 70 年代,各类项目日益复杂,建设规模日趋庞大,项目外部环境变化频繁,项目管理的应用也从传统的军事、航天逐渐拓广到建筑、石化、电力、水利等各个行业,项目管理成为政府和大企业日常管理的重要工具。同时,随着信息技术的飞速发展,现代项目管理的知识体系和职业逐步完善。

（1）项目管理是第二次世界大战以后发展起来的综合性管理科学分支。

（2）1965 年第一个专业性国际项目管理组织(International Project Management Association,IPMA)在瑞士洛桑成立。

（3）1969 年,美国成立项目管理学会(Project Management Institute,PMI)。

（4）1976 年,PMI 在蒙特利尔会议开始制定项目管理的标准,形成项目管理职业雏形。

（5）1984 年美国项目管理协会推出项目管理知识体系(Project Management Body Of Knowledge,PMBOK)和基于 PMBOK 的项目管理专业证书(Project Management Professional Certification,PMPC)两项创新。

项目管理因此作为一门学科和专业化管理职业在全球得到迅速的推广和普及。

2. 项目管理的应用

实际上任何创新和改革都是项目活动。由于这些任务具有一次性和独特性的共同特征,人们日益认识到采用常规的管理是难以应付的,必须组成专门的项目班子,采用项目管理方法。因此,在企事业单位和政府管理机构中也同样出现了对项目管理的强烈要求。

1）国外市场

世界银行把每一笔贷款作为一个项目来管理。在美国,DEO(能源部)、DOT(交通部)等政府部门,在项目建设时不但自己使用项目管理软件,并规定参与方也得用项目管理软件对项目进行管理;摩托罗拉是世界著名的物联网设备和服务供应商,在 20 世纪 90 年代就启动了一个旨在改善其项目管理能力的计划;总部设在瑞士的国际 ABB 工程公司,在 90 多个国家运营,要求公司的大部分工作实行良好的项目管理;英国、德国、加拿大、法国等国家的政府机构,其投资的项目都要求使用项目管理软件进行管理。

（1）自 1983 年以来,美国政府投资的所有项目,不论军用还是民用,都要求用项目管理软件进行管理。其效果十分明显,为国家节省了大量的财富及资源。在国外,项目管理软件已拥有一个非常成熟的市场。

（2）业界排名第一的 Primavera 公司业绩。

（3）所应用管理的项目总值超过 4 万亿美元。

（4）第 25 位 PC 软件公司(2001 年软件排行榜前 100 位)。

（5）全球 85 个国家均有授权经销商。

（6）超过 35 万用户。

（7）典型用户包括 Boeing、Chevron、Exxon Mobil、Federal Express、Ford-Jaguar、General Motors、Honeywell IAC、Intel、Lucent Technologies、Motorola、Ontario Hydro、

Raytheon、Glaxo SmithKline、Westin Hotels & Resorts。

（8）大客户：香港机场，伦敦地铁，旧金山机场，国内三峡工程。

2）国内市场

随着我国经济日益融入全球经济体系，国际竞争日趋激烈。我国涉外项目的比例也将越来越高，国内外形势的发展要求项目管理采用国际通用方式，这就使得对项目管理的需求更为迫切。

我国在第一个五年计划时期，就投资建设了156个重点建设项目，到2002年预计在各种项目上的投资将以万亿元计，其中大型项目投资将达到2000个，几乎涵盖了经济、文化、科教、国防等所有重要领域，诸如银行贷款项目，能源、交通、水利等基础设施项目，房地产项目，农业发展项目，工业企业技改项目，环保项目，扶贫项目，科研、教育项目，体制改革项目以及体育、文化活动项目等。

（1）每年政府拨数千亿元专款用于各类政策性项目。

（2）省、市地方政府捐助至少1000亿元的专款。

（3）每年都有2000个新的1亿元以上的大项目。

（4）我国每年从世界银行获得约30亿美元的贷款。

（5）亚洲银行贷款、国际经济援助、出口信贷等，利用外资数额每年都在几百亿美元。

此外，还有许多项目要通过国际招标、采购、咨询等方式来运作。

随着改革开放的深入，中国经济在高速增长中日益深刻地融入全球市场，在国际化大背景下，国内大中型项目的数量、投资额度、资金来源和币种的多元化以及管理上的复杂性都大大超过以往。

现代化、国际化的项目建设必须用科学的方法进行管理，现在我国已经开始实行政府采购制度、招投标制度、项目监理制度、政府审批制度等都是国家加大监管力度、杜绝暗箱操作、确保项目建设质量的具体措施。现在，传统大型企业（导入案例中的汽车制造企业）、高新技术企业（如IT企业）、政府机关、社会团体都开始把项目管理模式作为解决问题一个重要的工具和方法，项目管理的人才和应用热潮已经扑面而至。

小结

工程建设项目是指按一个总体设计进行建设，经济上实行统一核算，行政上具有独立的组织形式，实行统一管理的建设单位。凡属于一个总体设计中分期分批进行建设的主体工程和附属配套工程、综合利用工程等都应作为一个建设项目。

项目实际就是一个计划要解决的问题，或是一个计划要完成的任务，有开始的起点和结束的终点，可以分解为多个子任务，对于企业来说就是在预定的期限和适当的预算下要完成的目标，是一个涉及跨部门、跨专业的团队的组织活动。

项目管理是以项目为对象，通过一个临时性的专门的组织机构，运用系统的观点、方法和理论，对项目涉及的全部工作进行高效率的计划、组织、协调和控制等一系列有效的管理，以实现对项目建设全过程的动态监控和优化，最终实现建设目标。

工程项目管理是以工程项目为对象的项目管理，工程项目管理是为使工程项目在一定的约束条件下取得成功，对项目的所有活动实施决策与计划、组织与指挥、控制与协调、教育与激励等一系列工作的总称。

物联网建设工程是指物联网系统网络建设和设备施工,包括物联网线路光(电)缆架设或敷设、物联网设备安装调试、物联网附属设施的施工等。

物联网工程的大中型和限额以上的建设项目从建设前期工作到建设、投产要经过立项、实施和验收投产三个阶段。

立项阶段是物联网工程建设的第一阶段,这一阶段的主要任务是进行项目论证和评估。

项目论证主要包括四个阶段,分别是机会研究阶段、初步可行性研究阶段、详细可行性研究阶段、评价和决策阶段。

思考与练习

1-1　什么叫项目?它有哪些基本特征?

1-2　工程项目是如何进行分类的?

1-3　简述工程项目管理的类型。

1-4　物联网建设工程是怎样进行划分的?

1-5　物联网工程建设程序分成哪几个阶段?

1-6　物联网工程的施工阶段包括哪些过程?

1-7　物联网建设工程的可行性研究报告一般应包括哪些主要内容?

1-8　可行性研究的步骤是什么?请使用列举的形式,不超过100字回答。

1-9　在可行性研究的基础上,还需要请第三方根据国家颁布的政策、法律法规等,从项目、国民经济、社会角度出发,对拟建项目进行各方面的评估。请简述项目评估报告主要包含什么内容?

1-10　对一个项目而言,项目一经确定投资实施,必定要产生一个项目的目标,而且这个目标是经过仔细分析得出的,是一个清晰的目标,尽管对于项目的不同利益方,如客户方、承包商或其他相关厂商又有不同目标和把握的重点,但其最终结果是实现项目整体目标。简单地讲,项目目标就是实施项目所要达到的期望结果,即项目所能交付的成果或服务。项目的三个基本目标是(　　)。

  A. 时间、成本、质量标准　　　　　　B. 时间、功能、成本

  C. 成本、功能、质量标准　　　　　　D. 时间、功能、质量标准

1-11　项目经理为了有效地管理项目,需掌握的软技能不包括(　　)。

  A. 有效的沟通　　　　　　　　　　　B. 激励

  C. 领导能力　　　　　　　　　　　　D. 后勤和供应链

1-12　为了成功地管理一个项目,项目经理必须承担管理者和领导者的双重角色。作为管理者的角色,下面的选项中,除(　　)外,都是项目经理应重点关注的。

  A. 制订流程　　　　　　　　　　　　B. 团结人员

  C. 为项目干系人提供所需要的成果　　D. 关注组织及其机构

1-13　以下关于项目可行性研究内容的叙述,不正确的是(　　)。

  A. 技术可行性是从项目实施的技术角度,合理设计技术方案,并进行评审和评价

　　B. 经济可行性主要是从资源配置的角度衡量项目的价值,从项目的投资及所产
生的经济效益进行分析

　　C. 可行性研究不涉及合同责任、知识产权等法律方面的可行性问题

　　D. 社会可行性主要分析项目对社会的影响,包括法律道德、民族宗教、社会稳定
型等

1-14　在论证的最初阶段,一般情况下不会涉及(　　　)。

　　A. 调研了解新一代网络操作系统的市场需求

　　B. 分析论证是否具备相应的开发技术

　　C. 详细估计系统开发周期

　　D. 结合企业财务经济情况进行论证分析

1-15　以下关于项目评估的叙述中,正确的是(　　　)。

　　A. 项目评估的最终成果是项目评估报告

　　B. 项目评估在项目可行性研究之前进行

　　C. 项目建议书作为项目评估的唯一依据

　　D. 项目评估可由项目申请者自行完成

1-16　项目论证一般分为机会研究、初步可行性研究和详细可行性研究三个阶段。以
下叙述中(　　　)是正确的。

　　A. 机会研究的内容为项目是否有生命力,能否盈利

　　B. 详细可行性研究是要寻求投资机会,鉴别投资方向

　　C. 初步可行性研究阶段在多方案比较的基础上选择出最优方案

　　D. 项目论证是确定项目是否实施的前提

1-17　可行性研究主要从(　　　)等方面进行研究。

　　A. 技术可行性、经济可行性、操作可行性

　　B. 技术可行性、经济可行性、系统可行性

　　C. 经济可行性、系统可行性、操作可行性

　　D. 经济可行性、系统可行性、时间可行性

第 2 章 物联网工程招投标

学习目标

知识目标

（1）了解招投标的概念和作用。

（2）弄清工程招投标的类别。

（3）熟悉工程招投标的工作标准。

（4）了解《中华人民共和国招标投标法》和《工程建设项目施工招标投标办法》的主要内容。

能力目标

（1）熟悉招投标工作流程。

（2）掌握招投标文件的编制方法。

（3）掌握现场勘查的具体方法。

工程案例

1. 背景

某大学的"智慧校园综合系统"建设项目经主管部门批准立项，建设资金也已落实，学校决定采用公开招标方式采购项目建设所需的计算机设备、通信设备、网络设备和综合处理专用软件（要求根据学校实际情况做二次开发）。学校信息设备处草拟了以下的评标标准和方法。

1）评估项及其权重

评估项及其权重如表 2-1 所列。

表 2-1　评标标准

评 估 项	所占权重/%
资质与技术能力	10
经验与信誉	15
技术方案的先进性、成熟性与可行性	25
报价	50

2）评标方法

（1）由评标委员会专家对投标人的资质与技术能力、经验与信誉以及技术方案的先进性、成熟性与可行性分项打分，去掉最高分和最低分之后，取其平均分作为该评估项的得分。

（2）通过计算得到投标人的报价得分。

（3）将各评估项得分与其权重相乘。

（4）将以上乘积求和得到投标人的总分数。

具体如表 2-2 所列。

表 2-2　计算方式

X	P
$X>3\%$	$100-400X$
$0<X\leqslant3\%$	$100-300X$
$X=0$	100
$-5\%\leqslant X<0$	$100+100X$
$X<-5\%$	$100+200X$

3）报价分计算方法

（1）预先估算项目标的价格 MQ。

（2）计算投标人报价的平均值 AQ＝所有投标人报价之和/投标人个数。

（3）计算评标基准价格 BQ＝0.6MQ＋0.4AQ。

（4）计算投标人报价差异 X＝（投标人报价－BQ）/BQ。

（5）按表 2-2 确定投标人的报价得分 P。

学校李总工程师审查了信息设备处草拟的评标标准后，感觉不妥，指示将系统的硬件部分和软件部分分开招标，并分别制定硬件和软件的评标标准。李总工程师还提醒，在软件招标采购中，应防止个别投标人恶意抬价或恶意压价。

2．问题

（1）李总工程师为何指示将系统硬件部分和软件部分分开招标？

（2）对于技术处草拟的评标标准，原则上应该怎样修改才能适应硬件设备的招标采购？

（3）在非通用软件招标采购中，为防止个别投标人恶意抬价或恶意压价，应该怎样修改"报价分计算方法"？

在确定物联网工程项目承包人的过程中，需要进行招标和投标。招标和投标是指以契约的方式确定双方在工程项目建设中的合作关系。

工程招标是建设单位选择施工单位的重要活动，招标单位、招标项目以及投标人必须具备相应的条件才可以进行工程项目的招标和投标工作。工程招标可按工程性质、工作内容确定招标范围，可按工程项目建设程序、工程发包承包的范围、行业类型进行分类。工程招标具有强调建设资金的充分到位、强调公开招标、强调标底作用等特点。

2.1　招投标概述

招投标包括两个基本过程，即以招标方为主体的招标和以投标方为主体的竞标。

1．招标

一般而言，对物联网工程建设单位称为甲方，对物联网工程承建施工单位称为乙方。甲方需要建设物联网工程,可以联系相关的物联网施工单位,这个过程称为招标。招标通常可分为公开招标和邀标两种方式。按各地的规定,一般在 50 万元以上的物联网工程都要求公开招标。

公开招标可通过媒体征询或委托工程招投标专业机构进行。本着公正、公平、公开的原则,接到标书后,在规定的时间内召开揭标大会,在甲方和所有参加竞标单位及有关专家和公证机构的监督下,公开标底,然后进一步与中标施工单位签订有关合同和协议。

邀标一般用于规模较小、造价不高、需要尽快施工的小型物联网工程。一般邀请知名的或者有过业务往来的物联网工程公司参加,通过公开的标书论证,从施工资质、施工经验、技术能力、企业信誉、工程造价等方面进行全面衡量,汰劣选优,最后确定中标施工单位。

2. 投标

工程投标是争取工程业务的重要步骤。乙方在得到有关工程项目信息后,即可按照甲方的要求制作标书。物联网工程的标书格式与一般建筑工程类似,主要内容包括:项目工程的整体解决方案;技术方案的可行性和先进性论证;工程实施步骤;工程的设备材料详细清单;工程竣工后所能达到的技术标准、作用、功能等;线路及设备安装费用;工程整体报价;样板工程介绍等。

制作标书一般由具有相关经验的工程技术人员负责。制作前要充分了解市场行情,掌握甲方的具体需求,尽量搞清参与竞标的其他工程公司的优势和劣势所在,以便扬长避短、克敌制胜。同时要精心测算,诚实报价,既不能报价太高失去机会,也不能过低估价,造成中标后难以实施。

2.1.1　招标投标的含义与作用

1. 招投标的含义

招标是指招标人采取招标通知或者招标公告的方式,向不特定的人发出的,以吸引投标人投标的意思表示。建设工程招标是指发包人率先提出工程的条件和要求,发布招标广告吸引或直接邀请众多投标人参加投标并按照规定格式从中选择承包人的行为。

投标是指投标人按照招标人的要求,在规定的期限内向招标人发出的包括合同全部条款的意思表示。建设工程投标是指投标人在同意招标人拟定好的招标条件的前提下,对招标项目提出自己的报价和相应条件,通过竞争努力被招标人选中的行为。

招投标过程的主要参与者是招标人与投标人。招标人是指依照《中华人民共和国招标投标法》的规定提出招标项目、进行招标的法人或其他组织。投标人是指响应投标、参加投标竞争的法人或其他组织。根据《中华人民共和国招标投标法》,自然人不能成为工程建设项目的投标人。

除招标人和投标人以外,建设工程招投标的参与人还包括招标代理机构、评标委员会等。

建设工程招标与投标是一种国际上普遍采用的市场采购行为和买卖竞争方式。严格地讲,"招标"与"投标"是买方与卖方两个方面的工作。从招标方的角度看,招标是一项有组织的采购活动,作为买方的业主,主要应分析招标的程序和组织方法,以及相关的法律法规;从投标方的角度看,投标是利用商业竞争机会进行竞卖的活动,主要应侧重于投标的竞争手段和策略的研究。为了规范我国建设工程招投标管理,中华人民共和国第九届全国人民代表大会常务委员会第十一次会议于 1999 年 8 月 30 日通过了《中华人民共和国招标投标法》,该法从 2000 年 1 月 1 日起正式执行。

2. 招投标的作用

招投标是竞争的一种具体方式,是竞争机制的具体运用。工程招投标作为一种有规范的、有约束的竞争活动,具有以下几个方面的特殊作用。

1) 确立了竞争的规范准则,有利于开展公平竞争

这种公平不仅体现在招标人与投标人的地位上,更体现在投标人之间的地位上。作为投标人的建筑施工企业,综合技术、经济实力就是其地位,是与企业行政级别毫无关系的,这更加体现了社会主义市场经济中的公平竞争原则。

任何竞争都是自发的,从而都具有一定的盲目性。然而,现代竞争与原始竞争的根本区别在于,现代竞争遵循着已经形成的规范准则。

(1) 平等准则。现代竞争强调竞争主体的法律地位一律平等,不容忽视。

(2) 信誉准则。市场经济是一种契约经济,它要求发生经济关系的各方具有良好的信誉保证。

(3) 正当准则。竞争只能是质量、价格、技术、服务等的竞争,而不允许竞争主体采用损人利己、敲诈与欺骗等不正当的行为和手段进行竞争。

(4) 合法准则。各种竞争行为形成的竞争关系,都必须符合有关法律、法规的条款,违法的行为要受到禁止和制裁。

2) 扩大了竞争范围,可以使业主更充分地获得市场利益

发包人在招标时明确规定了项目的质量标准、工期要求等,通过投标报价来确定工程的建设投资,保证了自身的利益。这种市场定价方式与其他模式相比,是对资本利益的承认,更体现了社会主义市场经济中消费者利益至上的原则。

采用招标方式采购货物、服务或进行工程发包,招标人预先都要通过报纸及其他渠道,向社会公布招标项目的有关信息,邀请符合条件的投标人参加投标。同时,投标截止日期还应使有兴趣的投标人有足够的时间来准备投标。这些做法可以广泛地吸引投标人参与投标,从而扩大竞争范围。

竞争范围的扩大,将使招标人有可能以更低的价格采购到所需的货物、服务或付出更少的工程建设投资,可使项目更早地投入生产运营,从而更充分地获得市场利益。

3) 有利于引进先进技术和管理经验,提高发展中国家的国际竞争力

通过国际竞争性招标,发展中国家不仅可以节省大量外汇,而且还可以引进发达国家的一些先进技术和管理经验。

4) 促进业主做好工程前期工作

实行招投标制度,发包方始终处于主导地位。但是招标人必须做好前期的工程规划、落实投资资金、编写招标文件和拟定合同条件等一系列工程建设前期的准备工作,才能进行招标工作。这些前期工作,为工程建设的后续工作奠定了基础。

5）有利于降低工程成本

发包人在众多的报价者面前选择的余地增大，因此，可以优先选择相对合理的报价。这种选择可以使工程建设成本控制在合理的范围内，同时可以使业主对工程的可控性大大增加。

6）有利于发包人目标的实现

在工程进行的整个过程中，发包人是建设过程的指导者，承包人是工程任务的执行者。采用招标的方式确定工程承包人，就可以在招标时将工程建设的具体目标向投标人加以明确。更重要的是，与招投标制度相协调的各种担保制度，保证了投标人在中标之后的履约行为的可靠性，保证了发包人建设目标的顺利实现。

7）最大限度地避免了人为因素的干扰

招投标是公开进行的，是广泛的投标者实力与利益的竞争。在这种竞争中，参与其中的投标者以及中标者是不能够以"内定"的方式来确定的，这就大大避免了人为因素对市场公正性的影响。

8）有利于施工方在竞争中不断完善自己

报价就是竞争，而且《中华人民共和国招标投标法》第三十三条中也明确提出："投标人不得以低于成本的报价竞标"，因此，投标人的竞争主要表现为技术的进步和管理水平的提高。投标人通过这些手段带来成本的降低，可以在投标中获得主动，更可以促进自身的建设与发展。

2.1.2　工程招标的范围和标准

按照《中华人民共和国招标投标法》第三条的规定，在中华人民共和国境内进行下列工程建设项目包括项目的勘察、设计、施工、监理以及与工程建设有关的重要设备、材料等的采购，必须进行招标。

1．关系社会公共利益、公众安全的基础设施工程建设项目

这些项目主要包括以下几种类型。
（1）煤炭、石油、天然气、电力、新能源等能源项目。
（2）铁路、公路、管道、水运、航空以及其他交通运输业等交通运输项目。
（3）邮政、电信、信息网络等邮电通信项目。
（4）防洪、灌溉、排涝、引（供）水、水土治理等水利项目。
（5）道路、桥梁、污水排放及处理、垃圾处理、地下管道、公共停车场等城市设施项目。
（6）生态环境保护项目。
（7）其他相关基础设施项目。

2．关系社会公共利益、公众安全的公用事业项目

这些项目的范围包括以下几种类型。
（1）供水、供电、供气、供热等市政工程项目。
（2）科技、教育、文化、卫生、社会福利、体育、旅游等项目。
（3）广播电视、新闻出版项目。

（4）商品住宅，包括经济适用住房。

（5）其他相关公用事业项目。

3. 全部或者部分使用国有资金投资或者国家融资的项目

这些项目主要包括以下几种。

（1）使用各级财政预算资金的项目。

（2）使用纳入财政管理的各种政府性专项建设基金的项目。

（3）使用国有企业事业单位自有资金，并且国有资产投资者实际拥有控制权的项目。

（4）使用国家发行债券所筹资金、国家政策性贷款、国家对外借款或者担保所筹资金的建设项目，国家授权投资主体融资、国家特许的融资项目。

4. 使用国际组织或者外国政府贷款、援助资金的项目

这些项目包括以下几种。

（1）世界银行、亚洲开发银行等国际性银行贷款资金的项目。

（2）使用外国政府及其机构贷款资金的项目。

（3）使用国际组织或者外国政府援助资金的项目。

根据国家发展改革委员会2000年颁布的《工程建设项目招标范围和规模标准规定》第七条的规定，上述各类工程建设项目，包括项目的勘察、设计、施工、监理以及与工程建设有关的重要设备、材料等的采购，达到下列标准之一的，必须进行招标。

（1）施工单项合同估算价在200万元人民币以上的。

（2）重要设备、材料等货物的采购，单项合同估算价在100万元人民币以上的。

（3）勘察、设计、监理等服务的采购，单项合同估算价在50万元人民币以上的。

（4）单项合同估算价低于第（1）、（2）、（3）项规定的标准，但项目总投资额在3000万元人民币以上的。

2.1.3 招投标的种类

按照《中华人民共和国招标投标法》的规定，招投标分为公开招标与邀请招标两种类别。

1. 公开招标

公开招标又称为无限竞争性招标，是指由招标人通过报刊、广播、电视、网络等公共传播媒体，介绍、发布招标公告或信息，邀请不特定的法人或者其他组织参加投标的方式。

由于采用这种招投标方式时的投标者众多，而且技术、经济实力参差不齐，一般招标方在正式招标以前，会采用"资格预审"的方式来审查潜在投标人，从而最终确定有资格的正式投标人。

因此，这种招标方式可能导致资格预审和评标的工作量加大，招标费用增加，同时也使投标人中标概率减小，从而增加其投标风险。

1）公开招标的优点

公开招标的优点是承包单位投标竞争激烈，利于业主获得有竞争性的商业报价，招标人有较大的选择范围，业主选择承包单位的范围较广，择优率较高，可在众多的投标人中选择

报价合理、工期较短、信誉良好的承包商实施工程项目的建设,这有助于打破垄断,实行公平竞争;同时也可以在很大程度上避免招标过程中的贿赂行为。

2) 公开招标的缺点

由于投标申请单位较多,业主对投标申请单位进行资格预审和评标的工作量大,组织工作复杂,需投入较多的人力、物力,招标费用高,招标过程所需时间较长;同时,参加的投标者越多,每个投标者中标的机会就越小,风险也越大,损失的费用相应越多,这种费用的损失必然反映在标价上,最终由招标人承担。

实行公开招标的工程,必须在建设行政主管部门指定的报刊、信息网络等介质上发布招标公告,也可以同时在其他全国性或国际性的报刊上刊登招标公告。

2. 邀请招标

邀请招标又称为有限竞争性招标,是指招标人以投标邀请书的方式邀请特定的法人或者其他组织投标。

邀请招标的特点在于邀请,也就是将拟参加投标的潜在投标人限定在一定的范围内。

根据《中华人民共和国招标投标法》的规定,采用邀请招标方式时,招标人应向三家以上(含三个)特定的、具备承担施工招标项目的能力且资信良好的特定的法人或其他组织发出投标邀请书。

邀请招标不意味着对投标人不予资质审查,在投标邀请书中,招标人也要求投标人提供有关的资质证明文件和业绩情况,并对潜在投标人进行资格审查。

相对于公开招标而言,邀请招标降低了招标的费用,减少了招标的工作量,同时也增加了投标人中标的概率。

1) 邀请招标的优点

邀请招标的优点是目标集中,招标的组织工作较容易,工作量比较小。不发布招标广告,不进行资格预审,节约了招标费用,简化了投标程序,缩短了招标时间。

2) 邀请招标的缺点

投标竞争的激烈程度较低,由于参加投标的单位较少,竞争性较差,可能会排除某些在技术上或报价上有竞争力的承包商参与投标,也有可能被迫提高中标的合同价。

2.1.4 招标投标的一般程序

施工项目招标应当经过以下主要环节。

1. 招标申请

招标单位填写"施工项目施工招标申请表"并经上级主管部门批准后,连同"工程建设项目报建登记表"报招标管理机构审批。招标管理机构应审查建设单位是否具备招标条件,不具备有关条件者,须委托具有相应资质的招标代理机构代理招标,建设单位与招标代理机构签订委托代理招标的协议,报招标管理机构备案。

2. 资格预审文件、招标文件的编制与送审

公开招标时,要求进行资格预审的,只有通过资格预审的施工单位才可以参加投标。资格预审文件和招标文件须报招标管理机构审查,审查同意后可刊登资格预审通告、招标通告。

3.工程标底的编制

《工程建设项目施工招标投标办法》第三十四条规定:"招标人可根据项目特点决定是否编制标底。编制标底的,标底编制过程和标底必须保密。"

招标项目编制标底的,应根据批准的初步设计、投资概算,依据有关计价办法,参照有关工程定额,结合市场供求状况,综合考虑投资、工期和质量等方面的因素合理确定。

标底可由招标人自行编制或委托中介机构编制。一个工程只能编制一个标底。任何单位和个人不得强制招标人编制或报审标底,或干预其确定标底。招标项目可以不设标底,进行无标底招标。

4.刊登招标公告或发出投标邀请书

公开招标可通过报刊或信息网络发布招标公告。采用邀请招标方式的,招标人应当向三个以上(含三个)具备承担招标项目能力的、资信良好的特定的法人或者其他组织发出投标邀请书。根据《工程建设项目施工招标投标办法》第十四条的规定,招标公告或者投标邀请书应当至少载明下列内容。

(1) 招标人的名称和地址。

(2) 招标工程的名称、内容、规模、资金来源。

(3) 招标项目的实施地点和工期。

(4) 获取招标文件或者资格预审文件的地点和时间。

(5) 对招标文件或者资格预审文件收取的费用。

(6) 对招标人的资质等级的要求。

《工程建设项目施工招标投标办法》第十五条还规定:"招标人应当按招标公告或者投标邀请书规定的时间、地点出售招标文件或资格预审文件。自招标文件或者资格预审文件出售之日起至停止出售之日止,最短不得少于五个工作日。

招标人可以通过信息网络或者其他媒介发布招标文件,通过信息网络或者其他媒介发布的招标文件与书面招标文件具有同等法律效力,但出现不一致时以书面招标文件为准。招标人应当保持书面招标文件原始正本的完好。

对招标文件或者资格预审文件的收费应当合理,不得以盈利为目的。对于所附的设计文件,招标人可以向投标人酌收押金;对于开标后投标人退还设计文件的,招标人应当向投标人退还押金。

招标文件或者资格预审文件售出后,不予退还。招标人在发布招标公告、发出投标邀请书后或者售出招标文件或资格预审文件后不得擅自终止招标。"

5.资格审查

《中华人民共和国招标投标法》规定,招标人可根据招标项目的要求,在招标公告或投标邀请书中,要求潜在投标人提供有关资质证明文件和业绩情况,并对潜在投标人进行资格审查。资格审查分为资格预审和资格后审。资格预审,是指在投标前对潜在投标人进行的资格审查。资格后审,是指在开标后对投标人进行的资格审查。进行资格预审的,一般不再进行资格后审,但招标文件另有规定的除外。招标人不得以不合理的条件限制或者排斥潜在投标人,不得对潜在投标人实行歧视待遇。资格审查主要审查潜在投标人是否符合下列条件。

(1)具有独立订立合同的权利。

(2)具有履行合同的能力,包括专业、技术资格和能力,资金、设备和其他物质设施状况,管理能力,经验、信誉和相应的从业人员。

(3)没有处于被责令停业,投标资格被取消,财产被接管、冻结,破产状态。

(4)在最近三年内没有骗取中标和严重违约及重大工程质量问题。

(5)法律、行政法规规定的其他资格条件。

《工程建设项目施工招标投标办法》第十九条规定:"经资格预审后,招标人应当向资格预审合格的潜在投标人发出资格预审合格通知书,告知获取招标文件的时间、地点和方法,并同时向资格预审不合格的潜在投标人告知资格预审结果。资格预审不合格的潜在投标人不得参加投标。经资格后审不合格的投标人的投标应作废标处理。"

6. 发售招标文件

招标人根据施工招标项目的特点和需要编制招标文件。根据《工程建设项目施工招标投标办法》第二十四条的规定,招标文件一般包括下列内容。

(1)投标邀请书。

(2)投标人须知。

(3)合同主要条款。

(4)投标文件格式。

(5)采用工程量清单招标的,应当提供工程量清单。

(6)技术条款。

(7)设计图纸。

(8)评标标准和方法。

(9)投标辅助材料。

招标人应当在招标文件中规定实质性要求和条件,并用醒目的方式标明。招标文件要明确规定评标时除价格以外的所有评标因素,以及如何将这些因素量化或者据以进行评估。在评标过程中,不得改变招标文件中规定的评标标准、方法和中标条件。

招标文件、图纸和有关技术资料发售给通过资格预审获得投标资格的投标单位,投标单位收到招标文件、图纸和有关技术资料后,应认真核对,核对无误后以书面形式予以确认。

需要注意的是,《中华人民共和国招标投标法》第二十三条规定:"招标人对已发出的招标文件进行必要的澄清或者修改的,应当在招标文件要求提交投标文件截止时间至少十五日前,以书面形式通知所有招标文件收受人。该澄清或者修改的内容为招标文件的组成部分。"

7. 组织勘察现场

招标单位根据招标项目的具体情况,可以组织投标单位进行现场勘察,目的是让投标人了解周围环境和工程场地情况,以获取投标人认为有必要的信息。潜在投标人依据招标人介绍的情况作出的判断和决策,由投标人自行负责。招标人不得单独或者分别组织任何一个投标人进行现场踏勘。为便于投标单位提出问题并得到解答,勘察现场一般安排在投标预备会的前1~2天。投标单位若在勘察现场有疑问,应在投标预备会前以书面形式向招标单位提出。

8. 组织投标预备会

投标预备会的目的在于澄清招标文件中的疑问,解答投标单位对招标文件和勘察现场中所提出的问题。在投标预备会上还应对图纸进行交底和解释。

投标预备会结束后,由招标单位整理会议记录和解答内容,报招标管理机构核准同意后,尽快以书面形式将问题及解答送到所有获得招标文件的投标单位,该解答的内容为招标文件的组成部分。

2.2 招标的程序

2.2.1 招标流程

① 成立招标组织,由招标人自行招标或委托招标。
② 编制招标文件和招标标底(如果有)。
③ 发布招标公告或发出投标邀请书。
④ 对潜在投标人进行资格审查,并将审查结果通知各潜在投标人。
⑤ 发售招标文件。
⑥ 组织投标人踏勘现场,并对招标文件答疑。
⑦ 确定投标人编制投标文件所需要的合理时间。
⑧ 接受投标书。
⑨ 开标。
⑩ 评标。
⑪ 定标,签发中标通知书。
⑫ 签订合同。
招标程序如图2-1所示。

2.2.2 招标条件

凡按照规定应该招标的工程不进行招标的,应该公开招标的工程不进行公开招标的,招标单位所确定的承包单位一律无效,并追究相关单位及人员的法律责任。

根据《工程建设项目施工招标投标办法》第十一条的规定:由国务院发展计划部门确定的国家重点建设项目和各省、自治区、直辖市人民政府确定的地方重点建设项目,以及全部使用国有资金投资或者国有资金投资占控股或者主导地位的工程建设项目,应当公开招标;有下列情形之一的,经批准可以进行邀请招标。

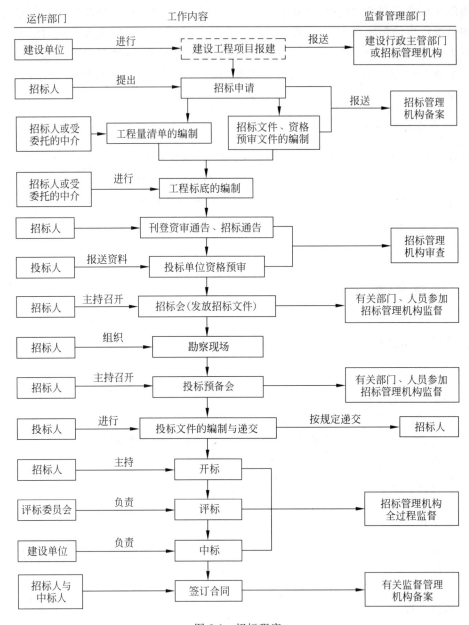

图 2-1　招标程序

（1）项目技术复杂或有特殊要求，只有少量几家潜在投标人可供选择的。

（2）受自然地域环境限制的。

（3）涉及国家安全、国家秘密或者抢险救灾，适宜招标但不宜公开招标的。

（4）拟公开招标的费用与项目的价值相比，不值得的。

（5）法律、法规规定不宜公开招标的。

国家重点建设项目的邀请招标，应当经国务院发展计划部门批准；地方重点建设项目的邀请招标，应当经各省、自治区、直辖市人民政府批准。

全部使用国有资金投资或者国有资金投资占控股或者主导地位的并需要审批的工程建

设项目的邀请招标,应当经项目审批部门批准,但项目审批部门只审批立项的,由有关行政监督部门批准。

有下列情况之一者,经批准可以不进行施工招标。

(1) 涉及国家安全、国家秘密或者抢险救灾而不适宜招标的。

(2) 属于利用扶贫资金实行以工代赈,需要使用农民工的。

(3) 施工主要技术采用特定的专利或者专有技术的。

(4) 施工企业自建自用的工程,且该施工企业资质等级符合工程要求的。

(5) 在建工程追加的附属小型工程或者主体加层工程,原中标人仍具备承包能力的。

(6) 法律、行政法规规定的其他情形。

(7) 不需要审批但依法必须招标的工程建设项目,有前款规定情形之一者。

2.2.3 编制招标文件

招标人需要根据施工招标项目的特点和需要编制招标文件。招标文件需要对招标要求和条件进行实质性的规定,确定投标的有效期和合理的编制投标文件时间。招标文件的编审要遵循一定的原则,一般情况下,招标文件在形式上主要包括正式文本、对正式文本的解释两个部分;在投标截止日期前,招标人可以主动对招标文件进行修改,或为解答投标人要求澄清的问题而对招标文件进行修改。

1. 招标文件

招标人根据施工招标项目的特点和需要编制招标文件。招标文件一般包括下列内容。

① 投标邀请书。

② 投标人须知。

③ 合同主要条款。

④ 投标文件格式。

⑤ 采用工程量清单招标的,应当提供工程量清单。

⑥ 技术条款。

⑦ 设计图纸。

⑧ 评标标准和方法。

⑨ 投标辅助材料。

招标人应当在招标文件中规定实质性要求和条件,并用醒目的方式标明。

施工招标项目需要划分标段、确定工期的,招标人应当合理划分标段、确定工期,并在招标文件中载明。在工程技术上紧密相联、不可分割的单位工程不得分割标段。

招标文件应当规定一个适当的投标有效期,以保证招标人有足够的时间完成评标,并与中标人签订合同。投标有效期从投标人提交投标文件截止之日起计算。在原投标有效期结束前,出现特殊情况的,招标人可以书面形式要求所有投标人延长投标有效期。投标人同意延长的,不得要求或被允许修改其投标文件的实质性内容,但应当相应延长其投标保证金的有效期;投标人拒绝延长的,其投标失效,但投标人有权收回其投标保证金。

施工招标项目工期超过 12 个月的,招标文件中可以规定工程造价指数体系、价格调整因素和调整方法。

招标人应当确定投标人编制投标文件所需要的合理时间。依法必须进行招标的项目，自招标文件开始发出之日起至投标人提交投标文件截止之日止，最短不得少于 20 日。

2. 招标文件格式

招标文件正式文本的结构通常分卷、章、条目，格式如表 2-3 所示。

表 2-3　招标文件格式

工程招标文件
第 1 卷　投标须知、合同条件和合同格式
第 1 章　投标须知
第 2 章　合同条件
第 3 章　合同协议条款
第 4 章　合同格式
第 2 卷　技术规范
第 5 章　技术规范
第 3 卷　投标文件
第 6 章　投标书和投标书附录
第 7 章　工程量清单与报价表
第 8 章　辅助资料表
第 4 卷　图纸
第 9 章　图纸
⋮

3. 对招标文件的解释

其形式主要是书面答复和投标预备会记录等。投标人在收到招标文件后，如果认为招标文件有疑问需要澄清，应在收到招标文件后及时以文字、电传、电报或传真等书面形式向招标人（或招标代理机构）提出，招标人及招标代理机构根据投标人所提出的澄清问题将以文字、电传、电报或传真等书面形式或以投标预备会的方式给予解答。招标人解答包括对询问的解释，但不说明询问来源。解答意见经招标投标管理机构核准后，将在投标截止时间十五日前以书面形式通知所有投标人。

澄清（答疑）纪要作为招标文件的组成部分，对投标人起约束作用。

4. 对招标文件的修改

招标文件修改的主要形式是补充通知、修改书等。招标文件发出后，如确需变更的，在投标截止日期前，招标人可以主动对招标文件进行修改，或为解答投标人要求澄清的问题而对招标文件进行修改。

修改意见经招标投标管理机构核准，由招标人以文字、电传、电报或传真等书面形式发给所有获得招标文件的投标人。

对招标文件的修改也是招标文件的组成部分，对投标人起约束作用。投标人收到修改意见后应立即以书面形式（回执）通知招标人，确认已收到修改意见。

为了给投标人足够的时间，使其在编制投标文件时将修改意见考虑进去，招标人可以酌情推迟递交文件的截止日期。

招标文件及其澄清、修改有效性的规定如下。

（1）招标文件、招标文件澄清（答疑）纪要、招标文件修改补充通知内容均以书面内容为准，同时须报政府采购监督管理机构备案。当招标文件、修改补充通知、澄清（答疑）纪要内容相互矛盾时，以最后发出的通知（或纪要）为准。

（2）招标人及招标代理机构保证招标文件澄清（答疑）纪要和招标文件修改补充通知在投标截止时间十五日前以书面形式发给所有投标人；否则，澄清（答疑）纪要或修改补充通知无效。如果时间来不及或为使投标人在编制投标文件时把修改补充通知内容考虑进去，招标人可以推迟递交投标文件的截止日期，具体时间将在修改补充通知中写明。

5. 招标文件的编审规则

（1）遵守法律、法规、规章及有关方针、政策的规定，符合有关贷款组织的合法要求。

招标文件的合法性保证是编制和审定招标文件必须遵循的一个根本原则。不合法的招标文件是无效的，且不受法律保护。

（2）要真实可靠、具体明确、完整统一、诚实信用。招标文件反映的情况及要求必须真实可靠，招标必须讲求信用，不得欺骗或误导投标人。招标人或招标代理人要对招标文件的真实性负责。

招标文件的内容应当全面、系统、完整、统一，各部分之间必须一致，避免相互矛盾或冲突。招标文件确定的目标及提出的要求必须具体明确，不能产生分歧或模棱两可。招标文件的形式应规范，且符合格式化要求，不得杂乱无章。

（3）适当分标。工程分标是指就工程建设项目全过程中的勘察、设计和施工等分阶段招标，分别编制招标文件，或者就工程建设项目全过程招标或勘察、设计和施工等阶段招标中的单位工程及特殊专业工程，分别编制招标文件。

工程分标必须保证工程的完整性和专业性，正确选择编制招标文件，不允许任意肢解工程，一般不对单位工程再分部、分项招标，编制分部、分项招标文件。对单位工程分部、分项单独编制的招标文件，建设工程招标管理机构不予设定认可。

（4）兼顾招标人和投标人双方的利益。招标文件的规定要公平、合理，不可将招标人的风险转移给投标人。

2.2.4 编制标底

标底是招标工程的预期价格，工程施工招标必须编制标底。标底由招标单位根据工程项目的特点决定是否编制标底。

一个工程只能编制一个标底。标底可以自行编制或委托主管部门认定具有编制标底能力的咨询、监理单位编制。标底必须报经招标投标办事机构进行审定。标底一经审定应密封保存至开标时，所有接触过标底的人员负有保密责任，不得泄露。

标底是由业主组织专门人员为准备招标的那一部分工程或设备，或工程和设备而计算出的一个合理的基本价格。它不等于工程（或设备）的概（预）算，也不等于合同价格。招标项目编制标底，应根据批准的初步设计、投资概算，参照有关工程定额，依据有关计价办法，结合市场供求状况，综合考虑投资、质量和工期等方面的因素确定。

任何个人和单位不得强制招标人编制或报审标底,或干预其确定标底。

招标项目可不设标底,进行无标底招标。

1. 编制标底的目的

工程招标标底是业主为了掌握工程造价,控制工程投资的基础数据,并以此为依据评出各投标单位工程报价的准确与否。

在工程量清单招投标模式下,形成了由招标人按照国家统一的工程量计算规则计算提供工程数量,由投标人自主报价,并按照经评审低价中标的工程造价模式。标底价格的作用在招标投标中的重要性逐渐趋于弱化,这也是工程造价管理与国际接轨的必然趋势。经评审低价中标的工程造价管理模式最终必然会引导我国建筑市场工程招投标,形成国际上一般的无标底价格的工程招投标模式。

2. 标底价格编制依据

① 《建设工程工程量清单计价规范》(GB 50500—2013)。

② 招标文件的商务条款。

③ 工程设计文件。

④ 有关工程施工规范及工程验收规范。

⑤ 施工组织设计及施工技术方案。

⑥ 施工现场地质、水文、气象以及地上情况的有关资料。

⑦ 招标期间建筑安装材料及工程设备的市场价格。

⑧ 工程项目所在地劳动力市场的价格。

⑨ 由招标方采购的材料、设备的到货计划。

⑩ 由招标方制订的工期计划。

3. 标底编制的原则

(1) 根据设计图纸及有关资料和招标文件,参照国家规定的技术、经济标准定额及规范,确定工程量和编制标底。

(2) 标底价格应由成本、税金、利润组成,通常应控制在批准的总概算(或修正概算)及投资包干的限额内。

(3) 标底价格作为建设单位的期望计划价,应力求与市场的实际变化相吻合,要有利于竞争和保证工程质量。

(4) 标底价格应考虑材料、人工、机械台班等价格变动因素,还应包括施工包干费、不可预见费和措施费等。工程要求优良的,还应增加相应费用。

(5) 一个工程只能编制一个标底。

4. 标底的类型

施工招标的标底有以下几种常见类型。

① 按发包工程总造价包干的标底。

② 按发包工程每平方米造价包干的标底。

③ 按发包工程扩大初步设计总概算包干的标底。

④ 按发包工程施工图预算加系数包干的标底。

⑤ 按发包工程的工程量单位造价包干的标底。

⑥ 按发包工程施工图预算包干、报部分材料的标底。

目前的工程招标标底实践中,常用的主要是以综合单价计价的标底和以供料单价计价的标底。

5．标底编制的方法

标底的编制方法与工程概预算的编制方法基本相同,实践中应用的标底编制方法主要有以下三种。

1）以施工图为基础

根据设计图纸和技术说明,按照预算定额规定的分部分项工程子目,逐项计算工程量,再套用定额单价确定直接费,然后按规定的系数计算间接费、独立费、计划利润和不可预见费等,从而计算工程预期总造价,即标底。

2）以概算为基础

根据扩大初步设计与概算定额计算工程造价。概算定额是在预算定额基础上将某些次要子目归并于主要工程子目之中,并综合计算其单价。用此种方法编制标底可以减少计算工作量,提高编制工作效率,且有利于避免重复和漏项。

3）以最终成品单位造价包干为基础

此种方法主要适用于采用标准设计大量兴建的工程,一般住宅工程按每平方米建筑面积实行造价包干;园林建设中的植草工程和喷灌工程也可按每平方米面积实行造价包干。具体工程的标底即以此为基础,并考虑现场条件和工期要求等因素来确定。

6．标底文件的组成

建设工程招标标底文件是对一系列反映招标人对招标工程交易预期控制要求的文字说明、数据、指标和图表的统称,是有关标底的定性和定量要求的各种书面表达形式。其核心内容是一系列数据指标。由于工程交易最终主要是以价格或酬金来体现的,因此,在实践中,建设工程招标投标标底文件主要是指有关标底价格的文件。通常来说,建设工程招标标底文件主要由标底报审表和标底正文两部分组成,其格式见表2-4。

表 2-4 建设工程招标标底文件格式

建设工程招标标底文件
第1章 标底报审表
第2章 标底正文
第1节 总则
第2节 标底诸要求及其编制说明
第3节 标底价格计算用表
第4节 施工方案及现场条件
⋮

1) 标底报审表

标底报审表是招标文件和标底正文内容的综合摘要。一般包括以下内容。

(1) 招标工程综合说明。包括招标工程的名称、结构类型、报建建筑面积、建筑物层数、设计概算或修正概算总金额、施工质量要求、计划工期、定额工期、计划开工竣工时间等，必要时要附上招标工程(单项工程、单位工程等)一览表。

(2) 标底价格。包括招标工程的总造价、单方造价，木材、钢材、水泥等主要材料的总用量及其单方用量。

(3) 招标工程总造价中各项费用的说明。包括对不可预见费用、包干系数、工程特殊技术措施费的说明，以及对增加或减少项目的审定意见和说明。

采用综合单价和工料单价的标底报审表在内容上是不同的，工料单价报审表见表 2-5。

表 2-5　标底报审表(采用工料单价)

建设单位		建设项目名称		报建建筑面积/m²		层数		结构类型	
标底价格编制单位			编制人员		报审时间	年　月　日		工程类别	
报送标底价格	建筑面积/m²				审定标底价格	建筑面积/m²			
	项目		单方价/(元/m²)	合价/元		项目		单方价/(元/m²)	合价/元
	工程直接费合计					工程直接费合计			
	工程间接费					工程间接费			
	利润					利润			
	其他费					其他费			
	税金					税金			
	标底价格总价					标底价格总价			
	主要材料总量	钢材/t	木材/m³	水泥/t		主要材料总量	钢材/t	木材/m³	水泥/t
审定意见					审定说明				
增加项目　小计　　元			减少项目　小计　　元						
合计　　元									
审定人		复核人		审定单位盖章		审定时间		年　月　日	

2) 标底正文

标底正文是详细反映招标人对工程价格与工期等的预期控制数据和具体要求的部分。通常包括以下内容。

(1) 总则。

主要是说明标底编制单位的名称、持有的标底编制资质等级证书，标底编制的人员及其执业资格证书，标底具备条件，编制标底的原则及方法，标底的审定机构，对标底的封存和保密要求等内容。

（2）标底诸要求及其编制说明。

主要说明招标人在方案、质量、价金、期限、措施、方法等诸方面的综合性预期控制指标或要求，并要阐释其依据、包括和不包括的内容以及各有关费用的计算方式等。

在标底诸要求中，要注意明确各单位工程、单项工程、室外工程的名称、建筑面积、方案要点、工期、质量、单方造价（或技术经济指标）以及总造价，明确钢材、水泥、木材等的直接费、企业经营费、工资及主材的调价和利税取费等。

（3）标底价格。

计算用表采用工料单价的标底价格计算用表和采用综合单价的标底价格计算用表有所不同。前者主要有标底价格汇总表（表 2-6），工程量清单汇总表及取费表，工程量清单表，设备清单及价格表，材料清单及材料差价表，现场因素、施工技术措施及赶工措施费用表等。后者主要有标底价格汇总表，工程量清单表，设备清单及价格表，材料清单及材料差价表，现场因素、施工技术措施及赶工措施费用表，人工工日及人工费用表，机械台班及机械费用表等。

表 2-6　标底价格汇总表　　　　　　　　　　　　　　　单位：元

项　目		标底价格组成						
序号	内　容	工程直接费合计	工程间接费合计	利润	其他费	税金	合计	备注
1	工程量清单汇总及取费							
2	材料差价							
3	设备价（含运杂费）							
4	现场因素、施工技术、措施及赶工措施费							
5	其他费用							
6	风险费							
7	合计							

（4）施工方案及现场条件。

主要说明工程建设地点现场条件、施工方法给定条件及列明临时设施布置及临时用地表等。

① 关于施工方法的给定条件。包括：第一，各分部分项工程的完整施工方法和保证质量的措施；第二，各分部分项工程的施工进度计划；第三，施工机械的进场计划；第四，工程材料的进场计划；第五，施工现场平面布置图与施工道路平面图；第六，冬、雨期施工措施；第七，地下管线及其他地上地下设施的加固措施；第八，保证安全生产、文明施工、减少扰民，降低环境污染和噪声的措施。

② 关于工程建设地点现场条件。现场自然条件包括现场环境、地貌、地形、水文、地质、地震烈度及气温、雨雪量、风力、风向等。现场施工条件包括建设用地面积、建筑物占用面积、场地拆迁及平整情况、施工用水电及有关勘探资料等。

③ 关于临时设施布置及临时用地表。对于临时设施布置，招标人应提交一份施工现场临时设施布置图表并附文字说明，说明临时设施、现场办公、加工车间、设备及仓储、供水、供电、卫生、生活等设施的情况和布置。对临时用地，招标人要列表表明全部临时设施用地的

面积、详细用途及需要的时间。

2.2.5　确认投标资格

招标人可以根据招标项目本身的特点和需要,要求潜在投标人或者投标人提供满足其资格要求的文件,对潜在投标人或者投标人进行资格审查。

资格审查分为资格预审和资格后审。

资格预审是指在投标前对潜在投标人进行的资格审查。资格后审是指在开标后对投标人进行的资格审查。如已进行资格预审,一般不再进行资格后审。

采取资格预审的,招标人可以发布资格预审公告。资格预审公告适用于有关招标公告的规定。采取资格预审的,招标人应当在资格预审文件中载明资格预审的条件、标准和方法;采取资格后审的,招标人应当在招标文件中载明对投标人资格要求的条件、标准和方法。

资格审查应主要审查潜在投标人或者投标人是否符合下列条件。

① 具有独立订立合同的权利。

② 具有履行合同的能力,包括专业、技术资格和能力,资金、设备和其他物质设施状况、管理能力、经验、信誉和相应的从业人员。

③ 没有处于被责令停业,投标资格被取消,财产被接管、冻结,破产状态。

④ 在最近三年内没有骗取中标和严重违约及重大工程质量问题。

⑤ 法律、行政法规规定的其他资格条件。

经资格预审后,招标人应当向资格预审合格的潜在投标人发出资格预审合格通知书,告知获取招标文件的时间、地点和方法,并同时向资格预审不合格的潜在投标人告知资格预审结果。资格预审不合格的潜在投标人不得参加投标。

经资格后审不合格的投标人的投标应作废标处理。

2.2.6　开标、评标与定标

开标、评标和定标的是招标投标工作中的重要环节,开标在公开的时间、确定的地点进行,投标文件在某些情形下可能会被视为废标或者不予受理。评标由招标人依法组建的评标委员会负责,评标委员会提出书面评标报告,评标委员会根据评审结果推荐中标候选人。

1. 开标

开标应在招标文件确定的提交投标文件截止时间公开进行。开标地点应为招标文件中确定的地点。

投标文件有下列情形之一者,招标人将不予受理。

① 逾期送达的或者未送达指定地点的。

② 未按招标文件要求密封的。

投标文件有下列情形之一的,将由评标委员会初审后按废标处理。

① 未按规定的格式填写，内容不全或关键字迹模糊，无法辨认的。

② 无单位盖章并无法定代表人或法定代表人授权的代理人签字或盖章的。

③ 投标人递交两份或多份内容不同的投标文件，或在一份投标文件中对一招标项目有两个或多个报价，且未声明哪一个有效，按招标文件规定提交备选投标方案的除外。

④ 未按招标文件要求提交投标保证金的。

⑤ 投标人名称或组织结构与资格预审时不一致的。

⑥ 联合体投标未附联合体各方共同投标协议的。

开标相关事项如下。

1) 相关要求

(1) 招标人按照招标文件"前附表"第十项规定的时间和地点公开举行开标会议，并邀请所有投标人和有关部门代表参加开标会议。

(2) 按规定提交合格撤回通知的投标文件不予开封，并退给投标人；按本投标须知规定宣布为无效的投标文件，不予送交评审。

(3) 开标会议在政府采购监督管理机构的监督下，由招标代理机构组织并主持。

2) 开标会议程序

(1) 主持人宣布开标会议开始。

(2) 主持人介绍出席开标会议的招标人代表。

(3) 主持人介绍参加会议的监督管理部门等有关单位和代表。

(4) 主持人宣读开标、评标期间的工作纪律等有关事项要求。

(5) 经确认密封无误的所有在投标截止时间前收到的投标文件，由工作人员当众拆封并进行唱标。

(6) 投标人和有关部门共同对唱标结果确认并签字。

(7) 开标会议结束。

2. 评标

评标由招标人依法组建的评标委员会负责。

评标委员会由招标人的代表和有关技术、经济等方面的专家组成，且成员人数为五人以上的单数。其中招标人、招标代理机构以外的技术和经济等方面的专家不能少于成员总数的三分之二。评标委员会的专家成员，应由招标人从建设行政主管部门及其他有关政府部门确定的专家名册或者工程招标代理机构的专家库内相关专业的专家名单中确定。

评标委员会可以书面方式要求投标人对投标文件中含义不清楚、对同类问题表达不一致或者有明显文字和计算错误的内容作必要的说明、澄清或补正。评标委员会不得向投标人提带暗示性或诱导性的问题，或向其明确投标文件中的遗漏和错误。

评标委员会对实质上响应招标文件要求的投标进行报价评估时，除招标文件另有约定外，应按以下原则进行修正。

① 用数字表示的数额与文字表示的数额不一致时，以文字数额为准。

② 单价与工程量的乘积与总价之间不一致时，以单价为准。若单价有明显的小数点错

位,应以总价为准,并修改单价。

招标人设有标底的,标底在评标中应当作为参考,但不能作为评标的唯一依据。

评标委员会完成评标以后,应向招标人提出书面评标报告。评标报告应由评标委员会全体成员签字。

评标委员会推荐的中标候选人应当限定在1~3人,并标明排列顺序。

1) 评标会议

开标会议结束后,即召开评标会议,评标会议采用保密方式进行。评标工作在政府采购监督管理机构等有关部门监督下,由招标代理机构组织进行,评标委员会负责评标。

2) 评标内容的保密

(1) 公开开标后,直到宣布授予中标人合同为止,凡属于对投标文件的评审和比较、中标候选人的推荐情况以及与评标有关的其他情况均不得向投标人或与该工程无关的其他人泄露。

(2) 在投标文件的评审和比较、中标候选人推荐以及授予合同过程中,投标人对招标人和评标委员会施加影响的任何行为,都将导致被取消投标资格。

3) 评标定标工作程序

(1) 招标人依法组建评标委员会。

(2) 投标文件澄清(如评标委员会认为有必要)。

① 为了有助于投标文件的审查、评价和比较,评标委员会可以书面形式要求投标人对投标文件含义不明确、对同类问题表述不一致或者有明显文字和计算错误的内容做必要的澄清、说明和补正。有关澄清、说明与补正,投标人应以书面形式进行,但澄清或说明不得超出投标文件的范围和改变投标文件的实质性内容。

② 评标委员会不得向投标人提出带有暗示性、诱导性的问题,或向其明确投标文件的遗漏和错误。

(3) 投标文件的符合性检查。

① 在详细评标之前,评标委员会将首先评定每份有效投标文件是否在实质上响应了招标文件的要求。

评定投标文件的完整性:无投标报价、法定代表人委托授权书、投标资格证明文件、具有标价的报价细目清单、施工组织设计及项目经理简介的投标文件无效。

评定投标文件与招标文件的一致性:超工期、质量标准和目标达不到招标文件要求、对招标文件未做实质性响应的投标无效。

对投标人的业绩、信誉进行评审。近三年同类业绩不满足招标文件规定的、近两年内因有工程劣迹受到市级以上建设行政管理部门处罚的投标无效。

② 如果投标文件实质上不响应招标文件要求的,评标委员会将予以拒绝,并且不允许投标单位通过修正或撤销其不符合要求的差异或保留,使之成为具有响应性的投标。

就本条款而言,实质上响应要求的投标文件应该与招标文件的所有规定要求、条件、条款和规范相符,无显著差异或保留。显著差异或保留是指对工程的发包范围、质量标准及运用产生实质性影响;或者对合同中规定的招标人的权利及招标人的责任造成实质性限制,而且纠正这种差异或保留,将会对其他实质上响应要求的投标人的竞争地位产生不公正的影响。

(4)错误的修正。

评标委员会将对确定为实质上响应招标文件要求的投标文件进行校核,看其是否有计算上或累计上的算术错误,修正错误的原则如下。

① 如果用数字表示的数额与用文字表示的数额不一致时,以文字数额为准。

② 当单价与工程量的乘积与合价之间不一致时,以标出的单价为准,除非评标委员会认为有明显的小数点错位,此时应以标出的合价为准,并修改单价。

③ 按上述修改错误的方法,调整投标书中的投标报价。经投标人确认同意后,调整后的报价对投标人起约束作用。如果投标单位不接受修正后的投标报价则其投标将被拒绝,其投标保证金将被没收,并不影响原评标工作。

④ 对投标文件中含义不明确、同类问题表述不一致或者有明显文字和计算错误的内容,评标委员会可以书面形式(应当由评标委员会专家签字)要求投标人作出必要的澄清、说明或者补正。投标人的澄清、说明或者补正应当采用书面形式,由其授权的授权代表签字,并不得超出投标文件规定的范围或者改变投标文件的实质性内容。

4)投标文件的评价和比较

(1)评标委员会仅对实质上响应招标文件要求的投标文件进行评价和比较。

(2)评标委员会依据本工程规定的评标方法进行评审,向招标人提交评审意见并推荐中标候选人。

(3)对所有投标人的评标、评估,都采用相同的程序和标准,遵循公开、公平、公正、科学、择优的原则。

(4)评标方法:本标工程采用合理低价量化评分法,不保证最低投标报价中标,并不向投标人做任何解释。

(5)评标期间,投标人应派人(法定代表人或其授权委托人、拟派往该工程的项目经理、技术负责人、工程造价师(员)等相关人员,最多不超过5人)等待参加询标。

(6)评标委员会根据评审结果推荐中标候选人。

3. 定标

评标委员会提出书面评标报告以后,招标人应在十五日内确定中标人,最迟也应在投标有效期结束三十个工作日前确定。

招标人应当接受评标委员会推荐的中标候选人,不得在评标委员会推荐的中标候选人之外确定中标人。

招标人应当确定排名第一的中标候选人为中标人。排名第一的中标候选人放弃中标,因不可抗力提出不能履行合同,或者招标文件规定应当提交履约保证金而在规定的期限内未能提交的,招标人可以确定排名第二的中标候选人为中标人。排名第二的中标候选人因上述同样原因不能签订合同的,招标人可以确定排名第三的中标候选人为中标人。

招标人可以授权评标委员会直接确定中标人。

中标通知书由招标人发出。

招标人和中标人应当自中标通知书发出之日起三十日内,按招标文件和中标人的投标文件订立书面合同。招标人和中标人不得再行订立背离合同实质性内容的其他协议。

招标人与中标人签订合同五个工作日内,应向未中标的投标人退还投标保证金。

招标人应当自发出中标通知书之日起十五日内,向有关行政监督部门提交招标投标情况的书面报告。书面报告应至少包括下列内容。

① 招标范围。

② 招标方式和发布招标公告的介质。

③ 招标文件中投标人须知、技术条款、评标标准和方法、合同主要条款等内容。

④ 评标委员会的组成和评标报告。

⑤ 中标结果。

招标人不得直接指定分包人。如发现中标人转包或违法分包时,可要求中标人改正;拒不改正者,可终止合同,并报请有关行政监督部门查处。

2.3　投标的程序

按照《中华人民共和国招标投标法》的规定,投标人必须是响应招标,参加投标竞争的法人或者其他组织。投标人应具备承担招标项目的能力,国家有相关规定或者招标文件对投标人资格条件有规定的,投标人应当具备规定的资格条件。

《中华人民共和国招标投标法》规定,两个以上法人或者其他组织可以组成一个联合体,以一个投标人的身份共同投标。联合体各方均应具备承担招标项目的能力,国家有关规定或者招标文件对投标人资格条件有规定的,联合体各方均应具备规定的资格条件。

2.3.1　投标流程

投标人收到招标文件后,以承接施工任务为目的编制投标文件,在规定的时间内参加投标。在这个过程中,主要包括申请资格审查、组织投标班子、参加踏勘现场和投标预备会、编制和递交投标文件、出席开标会议、参加评标期间的澄清会谈、签订合同等环节。

投标工作程序如图 2-2 所示。

1. 组建投标机构

为了在投标竞争中获胜,投标人平时就应该设置投标工作机构,掌握市场动态、积累有关资料。

在建筑施工企业决定要参加某工程项目投标之后,最重要的工作是组建强有力的投标班子。参加投标的人员要经过认真挑选,并具备以下条件。

(1) 熟悉投标工作。会拟订合同文稿,对投标、合同谈判和签约有丰富的经验。

(2) 熟悉建设法律、法规。

(3) 要有经济、技术人员参加。

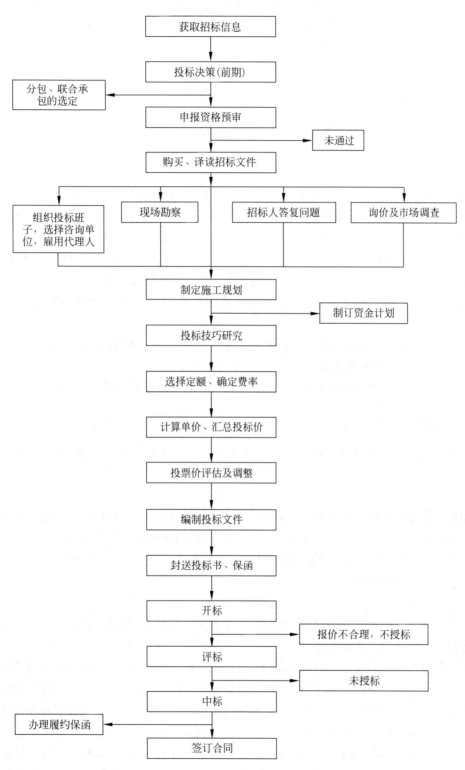

图 2-2 投标工作程序

建筑施工企业应建立一个按专业和承包地区分组的、稳定的投标班子,但应避免把投标人员和工程实施人员完全分开,即部分投标人员必须参加所投标项目的实施。这样才能减少工程失误和损失,不断总结经验,提高投标人员的水平,并有利于后续工程施工的顺利进行。

2. 接受资格审查

根据《中华人民共和国招标投标法》第十八条的规定,招标人可以对投标人进行资格预审。投标人在获取招标信息后,可以从招标人处获得资格预审调查表,投标工作从填写资格预审调查表开始。

(1) 为了顺利通过资格预审,投标人应在平时就将一般资格预审的有关资料准备齐全,如企业的财务状况、施工经验、人员能力等,最好储存在计算机中。若要填写某个项目资格预审调查表,可将有关文件调出来加以补充完善。

(2) 在投标决策阶段,研究并确定本公司所要发展的地区和项目,注意收集相关信息。如有合适项目,及早动手做资格预审的申请准备工作,并根据相应的资格预审方法,为自己打分,找出差距。如果自己不能解决,则应考虑寻找合适的合作伙伴组成联合体来参加投标。

(3) 填表时要加强分析,即针对工程特点,填好重要信息。特别是要反映出本公司施工经验、施工水平和施工组织能力,这往往是业主考虑的重点。

(4) 做好递交资格预审调查表后的跟踪工作,以便及时发现问题,补充资料。

3. 研究招标文件

投标人通过了资格审查,取得了招标文件后,首要的工作就是认真仔细地研究招标文件。

1) 分析招标文件

招标文件是投标的主要依据,应该进行仔细分析。分析应主要放在投标人须知、设计图纸、工程范围以及工程量表上,理解其特殊要求,包括投标书的语言要求、投标范围、投标书的格式和签署方式、投标书的密封方法和标志、投标截止日期等,还应特别注意对报价计算可能产生较大影响的问题。

2) 校核工程量清单

对于招标文件中的工程量清单,投标人一定要进行校核,因为这直接影响到中标的机会和投标报价。对于无工程量清单的招标工程,应当计算工程量,其项目一般可以分部分项工程划分为依据。在校核中如发现相差较大,投标人不能随便改变工程量,而应致函或直接找业主澄清。尤其对于总价合同要特别注意,如果业主在投标前不给予更正,而且是对投标人不利的情况,投标人应在投标时附上说明。投标人在核算工程量时,应结合招标文件中的技术规范明确工程量的具体内容,避免在计算单位工程量价格时出现错误。如果招标工程属于大型项目,而且投标时间又比较短,投标人至少要对工程量大而且造价高的项目进行核实。必要时,可以采取不平衡报价的方法来避免由于业主提供工程量清单的错误而带来的损失。

3）研究招标文件中有关价款方面的规定

首先,掌握将来所签的合同形式是总价合同还是单价合同,而且价格是否可以调整;其次,分析工期延误罚款、保修期的长短和保修金的额度;再次,研究付款方式、货币种类、违约责任等。

4．调查投资环境

1）施工现场考察

投标者在投标过程中必须充分研究招标文件,调查现场,尽量避免承担风险。现场考察主要指的是去拟施工现场进行考察,招标人一般在招标文件中要注明现场考察的时间和地点,在招标文件发出后就要安排投标人进行现场考察。现场考察既是投标人的权利,又是其责任。因此,投标人在报价前必须认真地进行施工现场考察,全面、仔细地调查了解工地及其周围的地理环境等情况。进入现场应从以下几个方面进行考察。

（1）工程的性质以及与其他工程之间的关系。

（2）投标人所投标的工程与其他承包商或分包商之间的关系。

（3）工地地貌、地质、气候、交通、电力、水源等情况,有无障碍物等。

（4）工地附近有无住宿条件,料场开采条件,其他加工条件,设备维修条件以及工地附近治安情况等。

2）调查项目环境

投标人在报价前不仅要勘察施工现场,还要详尽地了解项目所在地的环境,主要包括政治形势、经济形势、法律法规、风俗习惯、自然条件、生产和生活条件等。对政治形势的调查应着重了解工程所在地和投资方所在地政局的稳定性,如果是国际工程,还要调查工程所在国与邻国的关系、和我国是否友好等。对经济形势的调查应着重了解工程所在地和投资方所在地的经济发展情况,工程所在地金融方面的换汇限制、官方和市场汇率、主要银行及其存款和信贷利率、管理制度等。对自然条件的调查应着重了解工程所在地的水文地质情况、交通运输条件、是否多发自然灾害、气候状况如何等。对法律法规和风俗习惯的调查应着重了解工程所在地政府对施工的安全、环保、时间限制等各项管理规定,宗教信仰和节假日等。对生产和生活条件的调查应着重了解施工现场周围情况,如道路、供电、给排水、通信是否便利,工程所在地的劳务和材料资源是否丰富,生活物资的供应是否充足等。

3）调查业主和竞争对手

对业主的调查应着重了解资金来源是否可靠,项目开工手续是否齐全,有无明显的授标倾向。对竞争对手的调查应明确参加投标的竞争对手有几个,其中有威胁性的是哪些,特别是工程所在地的承包商,可能会享有的评标优惠。投标人必须知己知彼才能制定切实可行的投标策略,提高中标的可能性。

5．参加投标预备会并提出疑问

在投标前招标人一般都要召开投标预备会,投标人在参加投标预备会之前应把招标文件或踏勘现场中存在的问题整理为书面文件,传真、邮寄或送到招标文件指定的地点,招标人收到各个投标人的问题后,可能随时予以解答,也可能在投标预备会上集中解答。有时业主也允许投标人在投标预备会现场口头提问。但是,招标人的解答一定以书面内容为准,不能仅凭招标人的口头解答编制报价和方案。提出疑问时应注意提问的方式和时机,特别要注意不要对招标人的失误进行攻击和嘲笑,以免使招标人产生反感。对招标文件中出现的对承包商有利的矛盾或漏洞,不应提请澄清;否则提醒了招标人的注意,反而失去了中标后索赔的机会。

6. 编制投标文件

投标文件应完全按照招标文件的各项要求编制,根据《工程建设项目施工招标投标办法》第三十六条的规定,投标人应当按照招标文件的要求编制投标文件。投标文件应当对招标文件提出的实质性要求和条件作出响应。

投标文件一般包括下列内容。

(1) 投标函。

(2) 投标报价。

(3) 施工组织设计。

(4) 商务和技术偏差表。

投标人根据招标文件载明的项目实际情况,拟在中标后将中标项目的部分非主体、非关键性工作进行分包的,应当在投标文件中载明。

除按照招标文件的图纸和规范编制投标书之外,有时招标人还欢迎投标人根据其经验以更加科学合理的替代方案再编制一份投标书。如果替代方案能够以较低的价格达到同样的效果,招标人可能就会选择该投标人。

7. 投标文件的报送

《中华人民共和国招标投标法》规定,投标人应当在招标文件要求的提交投标文件的截止时间前,将投标文件送达投标地点,招标人收到投标文件后,应当向投标人出具标明签收人和签收时间的凭证,在开标前任何单位和个人不得开启投标文件。在招标文件要求提交投标文件的截止时间后送达的投标文件,招标人有权拒收。投标人少于三个的,招标人应当重新组织招标。重新招标后投标人仍少于三个的,如果属于必须审批的工程建设项目,报经原审批部门批准后可以不再进行招标;其他工程建设项目,招标人可自行决定不再进行招标。

投标人在招标文件要求提交投标文件的截止时间前,可以补充、修改、替代或者撤回已提交的投标文件,并书面通知招标人。补充、修改的内容为投标文件的组成部分。在提交投标文件截止时间后到招标文件规定的投标有效期终止之前,投标人不得补充、修改、替代或者撤回其投标文件。投标人补充、修改、替代投标文件的,招标人不予接受;投标人撤回投标文件的,其投标保证金将被没收。

2.3.2　投标申请

投标人在得知招标公告或获得投标邀请后,应当按招标公告或投标邀请书中所提出的资格审查要求,向招标人申报资格审查。资格审查是投标人在投标过程中的第一关。

在我国建设工程招标中,投标人在被允许参加投标前通常都要进行资格审查,但资格审查的具体内容和要求有所区别。公开招标一般要按照招标人编制的资格预审文件进行资格审查。

邀请招标一般是通过对投标人按照投标邀请书的要求提交或出示的相关文件和资料进行审查、验证,确认自己的经验和所掌握的有关投标人的情况是否可靠、有无变化等。

投标人申报资格审查,应当严格按照招标公告或投标邀请书的要求,向招标人提供有关资料。经招标人审查后,招标人应将符合条件的投标人的资格审查资料,报建设工程招标投标管理机构复查。复查合格后,才能具有参加投标的资格。

投标人的条件必须符合以下规定。

(1) 投标人是响应招标、参加投标竞争的法人或其他组织。招标人的任何不具独立法人资格的附属机构(单位),或者为招标项目的前期或者监理工作提供设计、咨询服务的任何法人及其任何附属机构(单位),都无资格参加该招标项目的投标。

(2) 两个以上法人或者其他组织可以组成一个联合体,以一个投标人的身份共同投标。联合体各方签订共同投标协议后,不得再以自己的名义单独投标,也不得组成新的联合体或参加其他联合体在同一项目中投标。

(3) 联合体各方必须指定牵头人,授权其代表所有联合体成员投标和合同实施阶段的主办、协调工作,并应向招标人提交所有联合体成员法定代表人签署的授权书。

2.3.3 组建投标班子

投标人在通过资格审查、购领了招标文件和有关资料之后,就要按招标文件确定的投标准备时间着手开展各项投标准备工作。投标准备时间是指从开始发放招标文件之日起至投标截止时间止的期限,它由招标人根据工程项目的具体情况确定。一般在二十八天之内。然而为了能够按时进行投标,并尽最大可能地使投标获得成功,投标人在购领招标文件后需要有一个有经验的投标班子,以便对投标的全部活动进行通盘筹划、多方沟通并有效地组织实施。投标班子一般都是常设的,但也有的是针对特定项目临时设立的。

投标人参加投标,是一场激烈的市场竞争。这场竞争不仅比报价的高低,而且比技术、质量、实力、经验、服务和信誉。特别是随着现代科技的快速发展,工程越来越多的是技术密集型项目,势必要求投标人具有现代先进的科学技术水平和组织管理能力,能够完成高、新、难、尖的工程,能够以较低价中标,靠管理和索赔获利。因此,投标人组织什么样的投标班子,对投标成败有直接影响。

从实践来看,投标人的投标班子一般应包括下列三类人员。

(1) 经营管理类人员。一般是从事工程承包经营管理的行家里手,熟悉工程投标活动的筹划和安排,具有相当的决策水平。

(2) 专业技术类人员。指从事各类专业工程技术的人员,如建筑师、监理工程师、结构工程师、造价工程师等。

(3) 商务金融类人员是从事有关贸易、金融、财税、保险、会计、采购、合同、索赔等项工作的人员。

2.3.4　现场勘查

招标人根据招标项目的具体情况,可以组织潜在投标人踏勘项目现场,向其介绍工程场地和相关环境的有关情况。潜在投标人依据招标人介绍的情况作出的判断和决策,由投标人自行负责。

招标人不得单独或者分别组织任何一个投标人进行现场踏勘。

投标人拿到招标文件后,应进行全面、细致的调查研究。若有疑问或不清楚的问题需要招标人予以澄清和解答的,应在收到招标文件后的七天内以书面形式向招标人提出。为获取与编制投标文件有关的必要信息,投标人要按照招标文件中注明的现场踏勘和投标预备会的时间和地点,积极参加现场踏勘和投标预备会。因此,现场踏勘是投标人正式编制、递交投标文件前必须参加的重要准备工作,投标人必须予以高度重视。

投标人在去现场踏勘之前,应先仔细研究招标文件有关概念的含义和各项要求,特别是招标文件中的工作范围、专用条款以及设计图纸和说明等,然后有针对性地拟订出踏勘提纲,确定重点需要澄清和解答的问题,做到心中有数。

潜在投标人在阅读招标文件和现场踏勘中提出的疑问,招标人可以书面形式或召开投标预备会的方式进行解答,同时也需将解答以书面形式通知所有购买招标文件的潜在投标人。该解答的内容为招标文件的组成部分。

投标预备会,又称答疑会、标前会议,一般在现场踏勘之后的1~2天内举行。答疑会的目的是解答投标人对招标文件和在现场中提出的各种问题,并对图纸进行交底和解释。

2.3.5　投标文件的编制

经过现场踏勘和投标预备会后,投标人可以着手编制投标文件。投标人着手编制标书的具体步骤和主要要求如下。

① 结合现场踏勘和投标预备会的结果,进一步分析招标文件。

② 校核招标文件中的工程量清单。

③ 根据工程类型编制施工规划或施工组织设计。

④ 根据工程价格构成进行工程估价,确定利润方针,计算并确定报价。

⑤ 形成、制作投标文件。

投标人应按照招标文件的要求编制投标文件,所编制的投标文件应对招标文件提出的实质性要求和条件作出响应。投标文件有商务标和技术标,商务标主要是指投标的工程造价,技术标则指针对投标工程拟采取的技术措施。

投标单位根据招标文件及有关计价办法,计算出投标报价,并在此基础上研究投标策略,提出更有竞争力的报价。可以说,投标报价对投标单位竞标的成败和将来实施工程的盈亏起着决定性的作用。

1. 编制投标报价的依据

①《建设工程工程量清单计价规范》(GB 50500—2008)。

② 国家或省级、行业建设主管部门颁发的计价办法。

③ 企业定额,国家或省级、行业建设主管部门颁发的计价定额。

④ 招标文件、工程量清单及其补充通知、答疑纪要。

⑤ 建设工程设计文件及相关资料。

⑥ 施工现场情况、工程特点及拟定的投标施工组织设计或施工方案。

⑦ 与建设项目相关的标准、规范等技术资料。

⑧ 市场价格信息或工程造价管理机构发布的工程造价信息。

⑨ 其他的相关资料。

2. 编制投标报价的步骤

承包商通过资格预审,购买到全套招标文件之后,即可根据工程性质、大小进行投标报价。承包工程有固定总价合同、单价合同、成本加酬金合同等几种主要形式。不同的合同形式计算报价是有差别的。具有代表性的单价合同报价计算主要分为以下九个步骤。

① 研究招标文件。

② 现场考察。

③ 复核工程量。

④ 编制施工方案和工程进度计划。

⑤ 计算工、料、机单价。

⑥ 计算分项工程基本单价。

⑦ 计算间接费。

⑧ 考虑上级企业管理费、风险费、预计利润。

⑨ 确定投标价格。

3. 投标报价的计算方式

建设工程施工工程量标价方式有两种：一种是工料单价方式；另一种是综合单价方式。

(1) 按工料单价法计算标价。根据已审定的工程量,按定额的或市场的单价,逐项计算每个项目的合价,分别填入招标单位提供的工程量清单内,计算出全部工程直接费,再根据各项费率、税率,依次计算出间接费、计划利润及税金,得出工程总造价。

(2) 按综合单价法计算标价。所填入工程量清单中的单价,应包括人工费、材料费、机械费、其他直接费、间接费、利润、税金以及材料差价及风险金等全部费用。将全部单价汇总后,即得出工程总造价。

4. 编制投标报价时应注意的问题

工程量清单计价包括了按招标文件规定完成工程量清单所需的全部费用,包括分部分项工程量清单费、措施项目清单费、其他项目清单费、规费和税金。由于工程量清单计价规范在工程造价的计价程序、项目的划分和具体的计量规则上与传统的计价方式有较大的区别,因此,施工单位应注意以下问题。

（1）在推行工程量清单计价的初期，各施工单位应花一定的精力去吃透清单计价规范的各项规定，明确各清单项目所包含的工作内容和要求、各项费用的组成等，投标时仔细研究清单项目的描述，真正把自身的管理优势、技术优势、资源优势等落实到细微的清单项目报价中。

（2）注意建立企业内部定额，提高自主报价能力。企业定额是指根据本企业施工技术和管理水平以及有关工程造价资料制定的，供本企业使用的人工、材料和机械台班的消耗量标准。通过制定企业定额，施工企业可以清楚地计算出完成项目所需耗费的成本与工期，从而可以在投标报价时做到心中有数，避免盲目报价导致最终亏损现象的发生。

（3）在投标报价书中，没有填写单价和合价的项目将不予支付，因此投标企业应仔细填写每一单项的单价和合价，做到报价时不漏项、不缺项。

（4）若需编制技术标及相应报价，应避免技术标报价与商务标报价出现重复，尤其是技术标中已经包括的措施项目，投标时应注意区分。

（5）掌握一定的投标报价策略和技巧，根据各种影响因素和工程具体情况灵活机动地调整报价，提高企业的市场竞争力。

5. 投标技巧

投标技巧是指在投标报价中采用既能使招标人接受，而中标后又能获得更多利润的方法。投标人在工程投标时，主要应该在先进合理的技术方案和较低的投标价格上下工夫，以争取中标，但还有一些投标技巧对中标及中标后的获利有一定的帮助。

1）不平衡报价法

不平衡报价法是指一个工程项目的投标报价，在总价基本确定后，如何调整内部各个分项目的报价，以达到既不提高总价，不影响中标，又能在结算时得到更理想的经验效益的目的。不平衡报价法一定要建立在对工程量仔细核对的基础上，同时一定要控制在合理的幅度内（一般在10%左右）。以下几种情况，可采取不平衡报价法。

（1）能够早日结账的项目（如开办费、基础工程等）可以报得较高，后期工程项目（如装饰、机电设备安装等）可适当降低。

（2）将工程量核算或设计图纸不明确，预计今后工程量可能会增加的项目，单价适当提高，这样在最终结算时可多赚钱；将工程量可能会减少的项目，单价适当降低，这样在工程结算时损失较少。

（3）暂定项目又叫任意项目或选择项目，对这类项目要做具体分析。这类项目要在开工后由业主研究决定是否实施，由哪一家承包商实施，如果工程不分标，只由一家承包商施工，则其中肯定要做的单价可高些，不一定要做的单位则应低些；如果工程分标，该暂定项目也可能由其他承包商施工时，则不宜报高价，以免抬高总价。

（4）在单价包干混合制合同中，业主要求有些项目采用包干报价时，宜报高价。一则这类项目风险较大，二则这类项目在完成后可全部按报价结账，即可以全部结算回来。而其余单价项目报价则可适当降低。

（5）有的招标文件要求投标者对工程量大的项目报"单价分析表"。投标时可将单价分析表中的人工费及机械设备费报得较高，而材料费报得较低。这主要是为了今后补充项目报价时可以参考选用"单价分析表"中的较高的人工费和机械设备费；而材料则往往采用市场价，因而可获得较高的效益。

（6）在投标时，承包商一般要压低单价，这时应该首先压低那些工程量小的项目的单价。因为即使压低了很多个单价，总的报价也不会降低很多，而给业主的感觉却是工程量清单上的单价大幅度下降，承包商很有让利的诚意。

（7）如果有单纯报计工日或计台班机械单价，可以高些，以便在日后业主用工或者使用机械时可多盈利。但如果计工日表中有一个假定"名义工程量"时，则需要具体分析是否报高价，以免抬高总报价。总之，要分析业主在开工后，可能使用的计工日数量确定报价技巧。

2）突然降价法

突然降价法是指先按一般情况报价或表现出对该工程兴趣不大，到快要投标截止时再突然降价，为最后中标打下基础。采用这种方法时，一定要在准备投标报价的过程中考虑好降价的幅度，在临近投标截止日前，根据情报信息与分析判断，做最后的决策。如果中标，因为开始只降总价，在签订合同后可采用不平衡报价的思想调整工程量表内的各项单价或价格，以期取得更高的效益。

3）根据招标项目的不同特点采用不同的报价

投标人在投标报价时，既要考虑自身的优势和劣势，也要分析招标项目的特点。

（1）下列情况可报高价。施工条件差的工程；专业要求高的技术密集型工程，而本企业在这方面又有专长，声誉也较高；总价低的小工程，以及自己不愿做，又不方便不投标的工程；工期要求急的工程；投标对手少的工程；支付条件不理想的工程；特殊的工程，如港口码头、地下开挖工程等。

（2）下列情况应报低价。施工条件好的工程；工作简单、工程量大而一般企业都可以做的工程；本企业目前急于打入某一市场、某一地区，或在该地区面临工程结束，机械设备等无工地转移时；本企业所在地附近有工程，而本项目又可利用该工程的设备、劳务，或有条件短期内突击完成的工程；投标对手多，竞争激烈的工程；非急需工程；支付条件好的工程。

4）多方案报价法

有时招标文件中规定，可以提一个建议方案；或对于一些招标文件，如果发现工程范围不很明显、条款不清楚或很不公正、技术规范要求过于苛刻时，则要在充分估计风险的基础上，按多方案报价法处理。即按原招标文件报一个价，然后再提出如果某条款作某些变动，报价可降低的额度。这样可降低总价，吸引业主。

这时投标者应组织有经验的技术专家，对原招标文件的设计和施工方案仔细研究，提出合理的方案以吸引业主，促成自己的方案中标。这种新方案立足于降低造价或缩短工期或含有其他合理化建议。增加建议方案时，不要将方案写得太具体，要保留方案的技术关键，防止业主将此方案交给其他承包商。同时建议方案一定要比较成熟，或过去有这方面的实践经验，以免引起后患。

5）先亏后盈法

对大型分期施工项目，在第一期工程投标时，可以将部分间接费用摊到第二期工程中去,少计算利润以争取中标。这样在第二期工程投标时,凭借第一期工程的经验、临时设施及树立的信誉,比较容易拿到第二期工程。另外,投标人为了打入某一地区也可采用先亏后盈法。

6) 许诺优惠条件

投标报价附带优惠条件是行之有效的一种手段。招标人评标时,除了主要考虑报价和技术方案外,还要分析其他条件,如工期、质量、支付条件等。在投标时投标人主动提出提前竣工、低息贷款、赠给施工设备、免费转让新技术、免费技术协作、代为培训人员等,均是吸引业主、利于中标的有效手段。

7) 争取评标奖励

有时招标文件规定,对某些技术指标的评标,投标人若提供优于规定标准的指标值时,给予适当的评标奖励。投标人应该使业主比较注重的指标适当地优于规定标准,可以获得适当的评标奖励,有利于在竞争中取胜。

附:

1. 商务标编制内容

商务标的文本格式较多,各地一般都有自己的文本格式,我国《建设工程工程量清单计价规范》(GB 50500—2013)规定的商务标应包括以下内容。

① 投标总价及工程项目总价表。

② 单项工程费汇总表。

③ 单位工程费汇总表。

④ 分部分项工程量清单计价表。

⑤ 措施项目清单计价表。

⑥ 其他项目清单计价表。

⑦ 计日工表。

⑧ 分部分项工程量清单综合单价分析表。

⑨ 项目措施费分析表和主要材料价格表。

2. 技术标编制内容

技术标通常由施工组织设计、项目管理班子配备情况、项目拟分包情况、替代方案及报价四部分组成。具体内容如下。

1) 施工组织设计

投标前施工组织设计的主要内容有:主要施工方法、拟在该工程投入的施工机械设备情况、劳动力安排计划、主要施工机械配备计划、确保工程质量的技术组织措施、确保工期的技术组织措施、确保安全生产的技术组织措施、确保文明施工的技术组织措施等,并应包括以下附表。

① 拟投入的主要施工机械设备表。

② 劳动力计划表。

③ 计划开、竣工日期和施工进度网络图。

④ 施工总平面布置图及临时用地表。

2）项目管理班子配备情况

项目管理班子配备情况的主要内容包括项目管理班子配备情况表、项目经理简历表、项目技术负责人简历表和项目管理班子配备情况辅助说明等材料。

3）项目拟分包情况

技术标投标文件中必须包括项目拟分包情况。

4）替代方案及其报价

投标文件中应列明替代方案及其报价。

2.3.6 投标文件的递送

投标人应当在招标文件要求提交投标文件的截止时间前，将投标文件密封送达投标地点。招标人收到投标文件后，应当向投标人出具标明签收人和签收时间的凭证，在开标前任何单位和个人不得开启投标文件。在招标文件要求提交投标文件的截止时间后送达的投标文件，为无效投标文件，招标人应当拒收。

投标人在招标文件要求提交投标文件的截止时间前，可以补充、修改、替代或者撤回已提交的投标文件，并书面通知招标人。补充、修改的内容为投标文件的组成部分。

在提交投标文件截止时间后到招标文件规定的投标有效期终止之前，投标人不得补充、修改、替代或者撤回其投标文件。投标人补充、修改、替代投标文件的，招标人不予接受；投标人撤回投标文件的，其投标保证金将被没收。

提交投标文件的投标人少于三个的，招标人应当依法重新招标。重新招标后投标人仍少于三个的，属于必须审批的工程建设项目，报经原审批部门批准后可再次进行招标；其他工程建设项目，招标人可自行决定是否再进行招标。

投标人递交投标文件不宜过早，一般在招标文件规定的截止日期前一两天内密封送交指定地点较好。

2.3.7 参加开标会议

投标人在编制、递交了投标文件后，要积极准备出席开标会议。参加开标会议对投标人来说，既是权利也是义务。投标人不参加开标会议的，视为弃权，其投标文件将不予启封，不予唱标，不允许参加评标。投标人参加开标会议，要注意其投标文件是否被正确启封、宣读，对于被错误地认定为无效的投标文件或唱标出现的错误，应当场提出异议。

在评标期间，评标组织要求澄清投标文件中不清楚问题的，投标人应积极予以说明、解释、澄清。澄清招标文件一般可以采用向投标人发出书面询问，由投标人书面作出说明或澄清的方式，也可以采用召开澄清会的方式。澄清会是评标组织为有助于对投标文件的审查、评价和比较，而个别要求投标人澄清其投标文件而召开的会议。在澄清会上，评标组织有权对投标文件中不清楚的问题，向投标人提出询问。有关澄清的要求和答复，最后均应以书面形式进行。所说明、澄清和确认的问题，经招标人和投标人双方签字后，作为投标书的组成部分。在澄清会谈中，投标人不得更改标价、工期等实质性内容，开标后和定标前提出的任何修改声明或附加优惠条件，一律不得作为评标的依据。

2.3.8 签订合同

经过评标，被确定为中标人的投标人应接受招标人发出的中标通知书。未中标的投标人有权要求招标人退还其投标保证金。中标人收到中标通知书后，应在规定的时间和地点与招标人签订合同。在合同正式签订之前，应先将合同草案报招标投标管理机构审查。经审查通过后，中标人与招标人应在规定的期限内签订合同，并同时按照招标文件的要求，提交履约保证金或履约保函。招标人还应同时退还中标人的投标保证金。若中标人拒绝在规定的时间内签订合同和提交履约担保，招标人可报请招标投标管理机构批准同意后取消其中标资格，并按规定不退还其投标保证金，并考虑在其余投标人中重新确定中标人，并与之签订合同，或重新招标。中标人与招标人正式签订合同后，应按要求将合同副本送有关主管部门备案。

2.3.9 附件：投标文件范本

1. 投标函

×××招标公司：

_____（投标单位全称）授权 _____（全权代表姓名）_____（职务、职称）为全权代表，参加贵公司组织的 _____（招标编号、招标项目名称）招标的有关活动，并对 _____项目进行投标。为此：

（1）提供投标人须知规定的全部投标文件。

① 投标书正本 1 份，副本 3 份。

② 资格证明文件各 2 份。

（2）投标项目的总标价为（大写）：_____元人民币。

（3）保证遵守招标文件中的有关规定和收费标准。如果我们中标，我们保证在签订合同后十五天内，将中标金额 15% 的服务费付给贵公司。

（4）保证忠实地执行贵我双方所签的经济合同，并承担合同规定的责任义务。

（5）愿意向贵方提供任何与该投标有关的数据、情况和技术资料。

（6）本投标自开标之日起 _____天内有效。

（7）与本投标有关的一切往来物联网请寄：

地址：_____

邮编：_____ 电话：_____ 传真：_____

投标单位（盖章）：

全权代表（签字）：

日期：

2. 正本封面

中国××集团公司广东××××分公司
××××年××××××第×批工程施工
（××××）服务采购

技术商务投标文件

正　本

建 设 单 位：中国××集团公司广东××××分公司

招标代理机构：广东××建设监理有限公司

投 标 单 位：广东××××××

法人授权代表：

二○××年××月××日

3. 副本封面

中国××集团公司广东××××分公司
××××年×××××第×批工程施工
（××××）服务采购

技术商务投标文件

副　本

建 设 单 位：中国××集团公司广东××××分公司

招标代理机构：广东××建设监理有限公司

投 标 单 位：广东××××××

法人授权代表：

二〇××年××月××日

4. 目录

目　录

三、项目组织结构

（一）组织架构图

（二）项目人员组织计划

（三）工程项目管理规定

（四）施工管理流程

四、施工力量组织

（一）施工力量组织机构图

（二）岗位职责说明

（三）项目现场负责人简历表

（四）现场施工队伍综合素质

（五）财务状况表

五、施工准备

（一）施工进度的管理

（二）施工质量的管理

（三）材料、设备的管理

六、施工总体计划

（一）工程进度

（二）工程质量目标

（三）生产要素的配备

（四）工程前期准备

（五）施工重点、难点的预见及处理措施

（六）施工步骤、工艺的技术措施

（七）工程割接开通方案

（八）工程交工测试方案

（九）工程配合和综合协调

（十）工程验收阶段

七、施工进度保证措施及应急措施

（一）投入充足的施工力量并保持稳定

（二）投入足够的车辆仪表机具

（三）确保材料及时准确提供

（四）研究方案，技术交底及培训

（五）编制科学合理、详尽明确的施工组织方案及进度计划，指导工程的管理和施工

（六）明确重难点，提前研究对策

（七）强化信息沟通机制，确保反应及时准确

（八）工程变更及应对措施

八、施工质量保证措施

（一）质量控制组织机构

（二）质量控制的目标

（三）质量控制的依据

（四）质量控制的内容

（五）质量控制的具体措施

九、安全生产及文明施工措施

（一）安全生产组织机构

（二）安全文明施工责任制

（三）施工队安全员

（四）安全生产技术管理措施

（五）文明及环保施工措施

（六）安全教育和培训

（七）施工人员安全纪律

（八）安全检查

（九）安全事故处理应急预案

（十）以往安全生产情况

（十一）近三年涉及诉讼案件统计表

十、现场队伍管理措施

（一）人员的稳定性

（二）考勤制度

（三）考核制度

（四）培训制度

（五）现场施工制度

十一、保养、使用及维护措施

第六部分　审查资料

一、公司简介及业绩

（一）公司基本情况表

（二）历史沿革

（三）公司的企业文化

（四）公司组织架构

（五）公司机构分布图

（六）人力资源构成

（七）参与试验工程及规范、标准制定、培训教材编制等统计

（八）公司技术专家在物联网技术领域发表论文等统计

（九）公司质量保证体系

（十）公司服务的范围

（十一）公司主要仪表仪器工具等资源构成

（十二）公司车辆资源构成

（十三）20××年以来已完成同类工程项目及获奖情况

（十四）本地工程施工经验

（十五）在建工程项目情况表

（十六）以往合同履行情况

二、全套资格证明文件

（一）公司营业执照

（二）公司组织机构代码证

（三）公司税务登记证（国税）

（四）公司税务登记证（地税）

（五）公司物联网工程施工总承包壹级资质证书

（六）建筑智能化工程设计与施工贰级证书

（七）中国电信 CDMA 无线网络优化企业资质证书

（八）安全技术防范系统设计、施工、维修资格壹级证书

（九）信息网络系统集成甲级资质证书

（十）××网络代维（外包）企业（通信基站专业）甲级资质证书

（十一）××网络代维（外包）企业（通信线路专业）甲级资质证书

（十二）电信基站代维企业甲级资质

（十三）防雷工程专业设计乙级资质证书

（十四）计算机信息系统集成叁级资质证书

（十五）20××年度广东省守合同重信用企业证书

（十六）银行信用等级 AAA 级证书

（十七）纳税信用等级证书

（十八）广东省有线广播电视台工程设计（安装）许可证

（十九）安全生产许可证

（二十）商标注册证书

（二十一）劳动保障年审合格证

（二十二）ISO 质量管理体系认证证书

（二十三）职业健康安全管理体系认证证书

（二十四）环境管理体系认证证书

三、获奖情况

（一）物联网工程获奖情况

（二）应急物联网及抢险救灾获奖情况

（三）代维工作获奖情况

四、风险评估说明

（一）评估风险因素的 L 值

（二）评估风险因素的 E 值

（三）评估风险因素的 C 值

（四）风险评估值计算

（五）项目风险等级划分

（六）项目风险管控

五、相关资料、证明文件复印件

（一）相关人员证书（复印件）

（二）同类工程证明文件（复印件）

附录 A ××××工程质量检查考核办法

附录 B ××物联网服务有限公司生产安全应急救援预案

附件 C 施工现场安全协议书

5. 内容索引

内容索引

序号	审查内容	询价文件要求	报价人应答
1	法人代表证明书、授权书	需提交原件	满足
2	资质条件	物联网工程施工承包甲级	满足
3	报价要求	下浮率不得低于中电信×电函[20××]《关于20××年××网络项目工程服务招标结果的通知》规定的下浮率	满足 承诺此投标报价下浮率不低于中电信×电函[20××]《关于20××年××网络项目工程服务招标结果的通知》规定的下浮率
4	合同应答	填写合同偏离表	满足
5	设计周期要求	自成交通知书发出之日起，要求在20××年××月××日前完成。在此期限内，报价人可自行申报工期	满足
6	结算	项目最终结算金额以甲方审计机构或其委托的审计单位审定金额为准	满足 承诺项目最终结算金额甲方审计机构或其委托的审计单位审定金额为准
7	付款	工程开工后付30%施工费，工程验收后付60%施工费，结算审定及终验后付余额	满足 承诺项目付款按照询价文件要求进行
8	施工组织方案及项目组人员构成	报价人需针对本项目提交完整的施工组织方案及项目组人员安排	满足 项目组人员安排

其余内容因涉及企业秘密，此处从略。

小结

工程招标是工程建设单位选择工程施工单位的重要活动，招标单位、招标项目以及投标人必须具备相应的条件才可以进行工程项目的招标和投标工作。

招投标包括以招标方为主体的招标和以投标方为主体的竞标两个基本过程。招投标分为公开招标与邀请招标两种类别。

施工项目招标一般经过以下主要环节：①招标申请；②资格预审文件、招标文件的编制与送审；③工程标底的编制；④刊登招标公告或发出投标邀请书；⑤资格审查；⑥发售招标文件；⑦组织勘察现场；⑧组织投标预备会。

一个工程只能编制一个标底。标底是招标工程的预期价格，工程施工招标必须编制标底。标底由招标单位根据工程项目的特点决定是否编制标底。

开标、评标和定标是招标投标工作中的重要环节，开标在公开的时间、确定的地点进行。评标由招标人依法组建的评标委员会负责，评标委员会提出书面评标报告，评标委员会根据评审结果推荐中标候选人。评标委员会提出书面评标报告以后，招标人应在十五日内确定中标人，最迟也应在投标有效期结束三十个工作日前确定。

思考与练习

2-1　何为招投标？它有何作用？

2-2　简述招投标的过程。

2-3　什么是公开招标？它有哪些优点？

2-4　在什么情况下采用邀请招标的方式？

2-5　投标人或潜在投标人应符合哪些条件？

2-6　投标报价的依据有哪些？

2-7　投标时有哪些技巧可以采用？

2-8　两个以上法人或者其他组织组成联合体投标时，若招标文件对投标人资格条件有规定的，则联合体（　　　）。

  A. 各方的加总条件应符合规定的资格条件

  B. 有一方应具备规定的相应资格条件即可

  C. 各方均应具备规定的资格条件

  D. 主要一方应具备相应的资格条件

2-9　在我国境内进行的工程建设项目，可以不进行招标的环节是（　　　）。

  A. 监理   B. 可研   C. 勘察设计   D. 施工

2-10　在投标文件的报价单中，如果出现总价金额和分项单价与工程量乘积之和的金额不一致时，应当（　　　）。

  A. 以总价金额为准，由评标委员会直接修正即可

  B. 以总价金额为准，由评标委员会修正后请该标书的投标授权人予以签字确认

  C. 以分项单价与工程量乘积之和为准，由评标委员会直接修正即可

  D. 以分项单价与工程量乘积之和为准，由评标委员会修正后请该标书的投标授权人予以签字确认

2-11　下列描述中，（　　　）不是《中华人民共和国招标投标法》的正确内容。

  A. 招标人采用公开招标方式的，应当发布招标公告

  B. 招标人采用邀请招标方式的，应当向三个以上具备承担招标项目的能力、资信良好的特定的法人或者其他组织发出投标邀请书

  C. 投标人报价不受限制

  D. 中标人不得向他人转让中标项目，也不得将中标项目肢解后分别向他人转让。

2-12　A公司中标某智慧城市综合业务系统,并将安防系统分包给了B公司。依据相关法律法规,针对该项目,以下关于责任归属的叙述中,(　　)是正确的。

A. A公司是责任者,B公司对分包部分承担连带责任

B. A公司责任者,与B公司无关

C. B公司对分包部分承担责任,与A公司无关

D. B公司对分包部分承担责任,A公司对分包部分承担连带责任

2-13　某市政府对一个物联网项目进行招标,2017年3月1日发招标文件,定于2017年3月20日9点开标,(　　)做法是恰当的。

A. 3月10日对招标文件内容作出了修改,3月20日9点开标

B. 3月20日9点因一家供应商未能到场,在征得其他投标人同意后,开标时间延后半个小时

C. 3月25日发布中标通知书,4月15日与中标单位签订合同

D. 评标时根据考虑支持地方企业发展,对省内企业要求系统集成二级资质,对省外企业要求系统集成一级资质

2-14　在招标过程中,下列中的(　　)应在开标之前完成。

A. 确认投标人资格　　　　　　　　B. 制定评标原则

C. 答标　　　　　　　　　　　　　D. 发放中标通知书

2-15　根据有关法律,招标人与中标人应当自中标通知发出之日(　　)天内,按招标文件和中标人的投标文件订立书面合同。

A. 十五　　　　　B. 二十　　　　　C. 三十　　　　　D. 四十五

第3章 物联网工程项目成本管理

学习目标

知识目标

(1) 掌握工程成本的基本概念。

(2) 熟悉工程项目成本管理的基本原则。

(3) 了解工程项目成本计划的作用和责任体系。

(4) 了解成本预测、成本运行、成本核算、成本考核的主要内容。

能力目标

(1) 掌握工程项目成本的控制管理方法。

(2) 熟悉核算成本的内容并掌握其方法。

(3) 掌握工程项目成本分析的方法。

工程案例

1. 背景

某物联网工程公司于3月1日接到建设单位的架空光缆线路工程招标邀请函,工程地点位于山区,线路全长67km。施工单位所在地距离施工现场逾700km。招标文件规定以下。

工程于4月1日开工,5月20日完工;工程的光缆、接头盒及尾纤由建设单位承包,其余材料由施工单位承包;工程的路由报建工作由施工单位负责。施工单位由于近一段时间以来承揽的工程很少,在组织现场勘察的基础上,决定投标报价在定额的基础上打4折,以确保中标。在工程开标时,施工单位果然投中此标。

为了能完成此项目,施工单位组建了项目经理部,并在提留中标价20%的情况下,将此项目交给项目经理部施工。项目经理部针对此项目编写了施工组织设计,并采取了以下措施降低施工成本。

(1) 减少参加此项目的技术人员及操作熟练的人员。

(2) 适当减少投入的车辆和仪表,施工车辆在当地租赁。

(3) 延长作业人员的劳动时间。

(4) 减少劳保用品的配发数量。

(5) 适当降低外雇施工人员的工资标准。

开工前,项目经理部向施工人员进行了安全技术交底。在施工过程中,个别施工人员由于过度疲劳及劳保用品的问题,发生了摔伤、杆上坠落等安全事故。工程最终于 6 月 15 日完工。

2. 问题

(1) 此工程投标阶段及施工准备阶段可能影响成本的因素有哪些?

(2) 应如何分析影响本工程成本的因素?

(3) 项目经理部降低成本的哪些措施不妥?

(4) 此项目施工过程中可能存在哪些影响成本的因素?

工程项目的成本管理是根据企业的总体目标和工程项目的具体要求,在工程项目实施过程中,对工程项目成本进行有效的组织、实施、控制、跟踪、分析和考核等管理活动,促使工程项目系统内各种要素按照一定的目标运行,使工程项目的实际成本能够管理在预定的计划成本范围内。

3.1 物联网工程项目成本管理概述

物联网工程项目成本是物联网工程项目在施工中所发生的全部生产费用的总和,项目的成本控制不仅是项目管理的主要工作之一,而且在整个企业管理中都占据着十分重要的地位。

物联网工程项目成本管理是在保证工程质量、满足工期等合同要求的前提下,对物联网工程项目实施过程中所发生的费用,通过计划、组织、控制和协调等活动实现预定的成本目标,并尽可能地降低成本费用的一种科学的管理活动。成本管理的内容很广泛,它贯穿于项目管理活动的全过程和每个方面,从项目中标签约开始到施工准备、现场施工直至竣工验收,每个环节都离不开成本管理工作,就成本管理的完整工作过程来说,其内容一般包括成本预测、成本控制、成本核算、成本分析和成本考核等。

3.1.1 工程项目成本的概念

1. 物联网工程项目成本

在物联网工程项目管理中,最终是要使项目达到质量高、工期短、消耗低、安全性好等目标,而成本是这四项目标经济效果的综合反映。因此,工程项目成本是工程项目管理的核心。

工程项目成本是指承建单位(施工企业)以工程项目作为成本核算对象的施工过程中所耗费的生产资料转移价值和劳动者的必要劳动所创造的价值的货币形式。也就是某工程项目在施工中所发生的全部生产费用的总和,包括所消耗的主、辅材料,构配件,周转材料的摊销费或租赁费,支付给生产工人的工资、奖金以及项目经理部(或分公司、工程处)一级组织和管理工程施工所发生的全部费用。工程项目成本不包括劳动者为社会所创造的价值,如税金和计划利润,也不应包括不构成项目价值的一切非生产性支出。明确这些,对研究施工项目成本的构成和进行施工项目成本管理是非常重要的。

工程项目成本是承建(施工)单位的产品成本,也称为工程成本,一般以项目的单位工程作为成本核算对象,通过各单位工程成本核算的综合来反映施工项目成本。

研究工程项目成本,既要看到施工生产中的耗费形成的成本,又要重视成本的补偿,这才是对工程项目成本的完整理解。工程项目成本是否准确客观,对企业财务成果和投资者的效益影响很大。成本多算,则利润少计,可分配利润就会减少;反之,成本少算,则利润多计,可分配的利润就会虚增而实亏。因此,要正确计算工程项目成本,就要进一步改革成本核算制度。

2. 工程项目成本的形成

(1) 按成本控制需要,从成本发生时间来划分,工程项目成本可分为承包成本、计划成本和实际成本。

① 承包成本(预算成本)。工程承包成本(预算成本)是反映企业竞争力水平的成本。它是根据施工图由《通信建设工程概算、预算编制办法》计算出来的工程量,《通信建设工程费用定额》《通信建设工程施工机械、仪器仪表台班定额》《通信建设工程预算定额》和由各地区的市场劳务价格、材料价格信息及价差系数,并按有关取费的指导性费率进行计算。

《通信建设工程费用定额》是为了适应市场竞争、增大企业的个别成本报价,按量价分离以及将工程实体消耗量和周转性材料、机具等施工手段相分离的原则来制定的,作为编制物联网建设工程概算的依据,也可作为企业编制投标报价的参考。

市场劳务价格和材料价格信息及价差系数由各地区工程造价管理部门按月(或按季度)发布,进行动态调整。

有关取费率由各地区、各部门按不同的工程类型、规模大小、技术难易、施工场地情况、工期长短、企业资质等级等条件分别制定具有上下限幅度的指导性费率。

承包成本是确定工程造价的基础,也是编制计划成本的依据和评价实际成本的依据。

② 计划成本。工程项目计划成本是指工程项目经理部根据计划期内的有关资料(如工程的具体条件和企业为实施该项目的各项技术组织措施),在实际成本发生前预先计算的成本。也就是承建(施工)单位考虑降低成本措施后的成本计划数,反映了企业在计划期内应达到的成本水平。它对于加强企业和项目经理部的经济核算,建立和健全施工项目成本管理责任制,控制施工过程中生产费用,降低施工项目成本具有十分重要的作用。

③ 实际成本。实际成本是工程项目在报告期内实际发生的各项生产费用的总和。把实际成本与计划成本比较,可以得出成本的节约和超支情况,考核企业施工技术水平及技术组织措施的贯彻执行情况和企业的经营效果。实际成本与承包成本比较,可以反映工程盈亏情况。因此,计划成本和实际成本都是反映施工企业成本水平的,它受企业本身的生产技术、施工条件及生产经营管理水平所制约。

(2) 按生产费用计入成本的方法来划分,工程项目成本可分为直接成本和间接成本两种形式。

① 直接成本。直接成本是指直接消耗于工程,并能直接计入工程对象的费用。

② 间接成本。间接成本是指非直接用于也无法直接计入工程对象,但为进行工程施工所必须发生的费用,通常是按照直接成本的比例来计算。

按上述分类方法,能正确反映工程成本的构成,考核各项生产费用的使用是否合理,便于找出降低成本的途径。

（3）按生产费用与工程量关系来划分，工程项目成本可分为固定成本和变动成本。

① 固定成本。固定成本是指在一定期限和一定的工程量范围内，其发生的成本额不受工程量增减变动的影响而相对固定的成本，如折旧费、大修理费、管理人员工资、办公费、照明费等。这一成本是为了保持企业具有一定的生产经营条件而发生的。一般来说，对于企业的固定成本，每年基本相同，但是当工程量超过一定范围则需要增添机械设备和管理人员，此时固定成本将会发生变动。此外，固定是就其总额而言，关于分配到每个项目单位工程量上的固定费用则是变动的。

② 变动成本。变动成本是指发生总额随着工程量的增减变动而成正比例变动的费用，如直接用于工程上的材料费、实行计划工资制的人工费用等。变动也是就其总额而言，对于单位分项工程上的变动费用往往是不变的。

将施工过程中发生的全部费用划分为固定成本和变动成本，对于成本管理和成本决策具有重要作用。由于固定成本是维持生产能力所必需的费用，要降低单位工程量的固定费用，只有从提高劳动生产率，增加企业总工程量数额并降低固定成本的绝对值入手。降低变动成本只能是从降低单位分项工程的消耗定额入手。

3．工程项目成本的构成

承建（施工）单位在工程项目施工中为提供劳务、作业等过程中所发生的各项费用支出，按照国家规定计入成本费用。按国家有关规定，施工企业工程成本由直接成本和间接成本组成。

直接成本是指施工过程中直接耗费的构成工程实体或有助于工程形成的各项支出，包括人工费、材料费、机械使用费和其他直接费。其他直接费是指直接费以外施工过程中发生的其他费用。

间接成本是指企业的各项目经理部为施工准备、组织和管理施工生产所发生的全部施工间接费。工程项目间接成本应包括现场管理人员的人工费（基本工资、工资性补贴、职工福利费）、资产使用费、工具用具使用费、保险费、检验试验费、工程保修费、工程排污费以及其他费用等。

3.1.2 工程项目成本管理的内容

物联网工程项目成本管理是企业项目管理系统中的一个子系统，其具体内容包括成本预测、成本决策、成本计划、成本控制、成本核算、成本检查和成本分析等一系列工作环节。工程项目经理部在项目施工过程中对所发生的各种成本信息，通过有组织、有系统地进行预测、计划、控制、核算和分析等工作，促使施工项目系统内各种要素按照一定的目标运行，使施工项目的实际成本能够控制在预定的计划成本范围内。

1．工程项目的成本预测

工程项目的成本预测是通过成本信息和施工项目的具体情况，并运用一定的专门方法，对未来的成本水平及其可能发展趋势作出科学的估计，其实质就是在施工以前对成本进行预测及核算。通过成本预测，可以使项目经理部在满足建设单位和企业要求的前提下，选择成本低、效益好的最佳成本方案,并能够在施工项目成本形成过程中,针对薄弱环节,加强成本控制,克服盲目性,提高预见性。因此,施工项目的成本预测是施工项目成本决策与计划的依据。

2. 工程项目的成本计划

工程项目的成本计划是项目经理部对项目施工成本进行计划管理的工具。它是以货币形式编制施工项目在计划期内的生产费用、成本水平、成本降低率以及为降低成本所采取的主要措施和规划的书面方案,它是建立工程项目成本管理责任制、开展成本控制和核算的基础。一般来说,一个工程项目的成本计划应包括从开工到竣工所必需的施工成本,它是该工程项目降低成本的指导性文件,是设立目标成本的依据。

3. 工程项目的成本管理

工程项目的成本管理是指在施工过程中,对影响施工项目成本的各种因素加强管理,并采取各种有效措施,将施工中实际发生的各种消耗和支出严格控制在成本计划范围内,随时提示并及时反馈,严格审查各项费用是否符合标准,计算实际成本和计划成本之间的差异并进行分析,消除施工中的损失浪费现象,发现和总结先进经验。通过成本管理,使之最终实现甚至超过预期的成本节约目标。

工程项目的成本管理应贯穿在施工项目从招投标阶段开始直到项目竣工验收的全过程,它是企业全面成本管理的重要环节。

4. 工程项目的成本核算

工程项目的成本核算是指项目施工过程中所发生的各种费用和形成工程项目成本的核算。工程项目的成本核算所提供的各种成本信息,是成本预测、成本计划、成本控制、成本分析和成本考核等各个环节的依据。因此,加强工程项目成本核算工作,对降低工程项目成本、提高企业的经济效益有积极的作用。

5. 工程项目的成本分析

工程项目的成本分析是在成本形成过程中,对工程项目成本进行的对比评价和剖析总结工作,它贯穿于工程项目成本管理的全过程,也就是说,工程项目成本分析主要利用工程项目的成本核算资料,与目标成本、预算成本以及类似的工程项目的实际成本等进行比较,了解成本的变动情况,同时也要分析主要技术经济指标对成本的影响。

6. 工程项目的成本考核

成本考核就是工程项目完成后,对工程项目成本形成中的各责任者,按工程项目成本目标责任制的有关规定,将成本的实际指标与计划、定额、预算进行对比和考核,评定工程项目成本计划的完成情况和各责任者的业绩,并以此给予相应的奖励和处罚。

3.1.3 工程项目成本管理的原则

工程项目成本管理是企业成本管理的基础和核心,项目经理部在对项目实施过程中进行成本管理时,必须遵循以下基本原则。

1.成本最低原则

工程项目成本管理的根本目的,在于通过成本管理的各种手段,促进不断降低工程项目成本,以期能实现最低的目标成本的要求。但是,在实行成本最低化原则时,应注意研究降低成本的可能性和合理的成本最低化。一方面挖掘各种降低成本的潜力,使可能性变为现实;另一方面要从实际出发,制定通过主观努力可能达到合理的最低成本水平。

2.全面成本管理原则

在工程项目成本管理中,普遍存在"三重三轻"问题,即重实际成本的计算和分析,轻全过程的成本管理和对其影响因素的管理;重施工成本的计算分析,轻采购成本、工艺成本和质量成本;重财会人员的管理,轻群众性日常管理。因此,为了确保不断降低工程项目成本,达到成本最低化的目的,必须实行全面成本管理。

全面成本管理是全企业、全员和全过程的管理,也称"三全"管理。

3.成本责任制原则

为了实行全面成本管理,必须对工程项目成本进行层层分解,以分级、分工、分人的成本责任制为保证。工程项目经理部应对企业下达的成本指标负责,班组和个人对项目经理部的成本目标负责,以做到层层保证、定期考核评定。成本责任制的关键是划清责任,并要与奖惩制度挂钩,使各部门、各班组和个人都来关心施工项目成本。

4.成本管理有效化原则

成本管理有效化主要有两层意思:一是促使施工项目经理部以最少的投入,获得最大的产出;二是以最少的人力和财力,完成较多的管理工作,提高工作效率。

5.成本管理科学化原则

成本管理是企业管理学中一个重要内容,企业管理要实行科学化,必须把有关自然科学和社会科学中的理论、技术和方法运用于成本管理。在工程项目成本管理中,可以运用预测与决策方法、目标管理方法、量本利分析方法和价值方法等。

3.2 物联网工程项目成本计划

3.2.1 工程项目成本计划的作用

物联网工程项目成本计划是以货币形式预先规定物联网工程项目进行中的施工生产耗费的目标总水平,通过施工过程中实际成本的发生与其对比,可以确定目标的完成情况,并且按成本管理层次、有关成本项目以及项目进展的各个阶段对目标成本加以分解,以便于各级成本方案的实施。

物联网工程项目成本计划是物联网工程项目管理的一个重要环节,是物联网工程项目实际成本支出的指导性文件。

1. 对生产耗费进行控制、分析和考核的重要依据

成本计划既体现了社会主义市场经济体制下对成本核算单位降低成本的客观要求,也反映了核算单位降低成本的目标。成本计划可作为生产耗费进行事前预计、事中检查控制和事后考核评价的重要依据。许多施工单位仅单纯重视项目成本管理的事中控制及事后考核,却忽视甚至省略了至关重要的事前计划,使得成本管理从一开始就缺乏目标,无法考核控制、对比,产生很大盲目性。工程项目目标成本一经确定,就要层层落实到部门、班组,并应经常将实际生产耗费与成本计划进行对比分析,发现执行过程中存在的问题,及时采取措施,改进和完善成本管理工作,以保证工程项目的目标成本指标得以实现。

2. 成本计划与其他各方面的计划有着密切的联系,是编制其他有关生产经营计划的基础

每一个工程项目都有着自己的项目目标,这是一个完整的体系。在这个体系中,成本计划与其他各方面的计划有着密切的联系。它们既相互独立,又起着相互依存和相互制约的作用。如编制项目流动资金计划、企业利润计划等都需要目标成本编制的资料,同时,成本计划是综合平衡项目生产经营的重要保证。

3. 可以动员全体职工深入开展增产节约、降低产品成本的活动

为了保证成本计划的实现,企业必须加强成本管理责任制,把目标成本的各项指标进行分解,落实到各部门、班组乃至个人,实行归口管理,并做到责、权、利相结合,增产节约、降低产品成本。

3.2.2　工程项目成本计划的预测

成本预测是依据成本信息和施工的具体情况,对未来的施工成本水平及其可能的发展趋势作出科学的估计,它是施工企业在施工以前对施工成本所进行的核算。加强成本控制,首先要抓成本预测。成本预测的内容主要是使用科学的方法,结合中标价并根据项目的实际施工条件,从影响工程成本的五个能力因素——"人(Man)、机(Machine)、料(Material)、法(Method)、环(Envieonment)"(俗称 4M1E)及成本风险对项目的成本目标进行预测。

1. 量本利分析法

1) 量本利分析法的基本原理

量本利分析法是研究企业经营中一定时期的成本、业务量(生产量或销售量)和利润之间的变化规律,从而对利润进行规划的一种技术方法。

设某企业生产产品的本期固定成本总额为 C_1,单位售价为 P,单位变动成本为 C_2;销售量为 Q,销售收入为 Y,总成本为 C,利润为 TP。

则成本、收入、利润之间存在图 3-1 所示所示关系。

以横轴表示销售量,纵轴表示收入与成本,建立坐标图,并分别在图上画出成本线和收入线,则有

$$C = C_1 + C_2 Q$$

$$Y = PQ$$

$$\mathrm{TP} = Y - C = (P - C_2)Q - C_1$$

从图 3-1 可以看出,收入线与成本线交于一点,该点称为盈亏平衡点或损益平衡点。在该点上,企业该产品收入与成本正好相等,即处于不亏不盈或损益平衡状态,也称为保本状态。该图称为盈亏分析图。

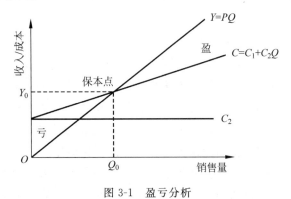

图 3-1 盈亏分析

2) 保本销售量和保本销售收入

保本销售量和保本销售收入,就是对应盈亏平衡点的销售量 Q 和销售收入 Y 的值,分别以 Q_0 和 Y_0 表示。在保本状态下,销售收入与生产成本相等,即

$$Y_0 = C_1 + C_2 Q_0$$

因此

$$PQ_0 = C_1 + C_2 Q_0$$

$$Y_0 = \frac{PC_1}{P - C_2} = \frac{C_1}{(P - C_2)/P}$$

式中 $(P - C_2)$——边际利润;

$(P - C_2)/P$——边际利润率。

3) 量本利分析法在工程项目管理中的应用

假设项目的建筑面积(或体积)为 S,合同单位造价为 P,施工项目的固定成本为 C_1,单位变动成本为 C_2,项目合同总价为 Y,项目总成本为 C,则盈亏分析如图 3-1 所示。

项目保本规模为

$$S_0 = \frac{C_1}{P - C_2}$$

项目保本合同价为

$$Y_0 = \frac{PC_1}{P - C_2}$$

2. 工程投标阶段的成本估算

投标报价是施工企业采取投标方式承揽施工项目时,以发包人招标文件中的合同条件、技术规范、设计图纸与工程量表、工程的性质和范围、价格条件说明和投标须知等为基础,结合调研和现场考察所得的信息,根据企业自己的定额、市场价格信息和有关规定,计算并确定承包该项工程的报价。

工程投标报价的基础是成本估算。企业首先应依据反映本企业技术水平和管理水平的企业定额,计算确定完成拟投标工程所需支出的全部生产费用,即估算该工程项目施工生产的直接成本和间接成本,包括人工费、材料费、机械使用费、现场管理费用等。

成本估算需要根据活动资源估算中所确定的资源需求(包括人力资源、设备和材料等)及市场上各种资源的价格信息来进行。

估算成本的主要工具和技术如下。

(1) 类比估算法,又称为自上而下估算法。这种方法的优点在于简单易行,花费少,尤其是当项目的详细资料难以得到时,此方法是估算项目总成本的一种行之有效的办法。但是这种方法也具有一定的局限性,进行成本估算的上层管理者根据他们以往类似项目的经验对当前项目的总成本进行估算,但由于项目的一次性和独特性等特点,在实际生产中,根本不存在完全相同的两个项目,因此这种估算的准确性比较差。

(2) 资源单价法,又称为确定资源费率。估算单价的个人和准备资源的小组必须清楚了解资源的单价,然后对项目活动进行估价。在执行合同项目的情况下,标准单价可以写入合同中。如果不能知道确切的单价,也要对单价进行估计,完成成本的估算。

(3) 工料清单法,也叫自下而上的成本估算。这种成本估算方法是利用项目工作分解结构图,先由基层管理人员计算出每个工作单元的生产成本,再将各个工作单元的生产成本自下而上逐级累加,汇报给项目的高层管理者。最后由高层管理者汇总得出项目的总成本。采用这种方法进行成本估算,基层管理者是项目资源的直接使用者,因此由他们进行项目成本估算得到的结果应该十分详细,而且比其他方式也更为准确。但是这种方法实际操作起来非常耗时,成本估算工作本身也要大量的经费支持。

(4) 参数估算法。参数估算法是一种使用项目特性参数建立数据模型来估算成本的方法,是一种统计技术,如回归分析和学习曲线。数学模型可以简单也可以复杂。有的是简单的线性关系模型,有的模型就比较复杂。一般参考历史信息,重要参数必须量化处理,根据实际情况,对参数模型按适当比例调整。每个任务必须至少有一个统一的规模单位,如平方米(m^2)、米(m)、台、人/天、人/月/人/年等,其中的参数如××元/m^2、××元/m、××元/台、××元/人/天。一般来说,存在成熟的项目估算模型和具有良好的数据库数据为基础时可以采用。它的特点是比较简单、比较准确,是常用的估算方法。但是,如果模型选择不当或者数据不准,也会导致偏差。

(5) 猜测法。猜测法是一种经验估算法,进行估算的人有专门的知识和丰富的经验,据此提出一个近似的数据,是一种原始的方法,只适用于要求很快拿出项目大概数字的情况,对于要求详细估算的项目是不适合的。

总之,工程项目成本的大小同该项目所耗用资源的数量、质量和价格有关,同该项目的工期长短有关(项目所消耗的各种资源包括人力、物力和财力等都有自己的时间价值),同该项目的质量结果有关(因质量不达标而返工时需要花费一定的成本),同该项目范围的宽度和深度有关(项目范围越宽越深,项目成本就越大;反之,项目成本越小)。

3.2.3 项目经理部的责任目标成本

在实施项目管理之前，首先由企业与项目经理协商，将合同预算的全部造价收入分为现场施工费用（制造成本）和企业管理费用两部分。其中，以现场施工费用核定的总额，作为项目成本核算的界定范围和确定项目经理部责任成本目标的依据。

将正常情况下的制造成本确定为项目经理的可控成本，形成项目经理的责任目标成本。

由于按制造成本法计算出来的工程项目成本，实际上是项目的施工现场成本，反映了项目经理部的成本管理水平，这样，用制造成本法既便于对项目经理部成本管理责任的考核，也为项目经理部节约开支、降低消耗提供可靠的基础。

责任目标成本是企业对项目经理部提出的指令成本目标，是以施工图预算为依据，也是对项目经理进行工程项目管理规划、优化施工方案、制订降低成本的对策和管理措施提出的要求。

3.2.4 项目经理部的计划目标成本

项目经理部在接受企业法定代表人委托之后，应通过主持编制项目管理实施规划寻求降低成本的途径，组织编制工程预算，确定项目的计划目标成本。

工程预算是项目经理部根据企业下达的责任成本目标，在编制详细的工程项目管理规划中不断优化施工技术方案和合理配置生产要素的基础上，通过工料消耗分析和制订节约成本措施之后确定的计划成本，也称为现场目标成本。一般情况下，工程预算总额控制在责任成本目标的范围内，并留有一定余地。在特殊情况下，若项目经理部经过反复挖潜，仍不能把工程预算总额控制在责任成本目标范围内时，则应与企业进一步协商修正责任成本目标或共同探索进一步降低成本的措施，以使工程预算建立在切实可行的基础上。

3.2.5 计划目标成本的责任体系

目标责任成本总的控制过程为：划分责任→确定成本费用的可控范围→编制责任预算→内部验工计价→责任成本核算→责任成本分析→成本考核（即信息反馈），如图 3-2 所示。

1. 确定责任成本单位，明确责、权、利和经济效益

施工企业的责任成本控制应以工人、班组的制造成本为基础，以项目经理部为基本责任主体。要根据职能简化、责任单一的原则，合理划分所要控制的成本范围，赋予项目经理部相应的责、权、利，实行责任成本一次包干。公司既是本级的责任中心，又是项目经理部责任成本的汇总部门和管理部门。形成三级责任中心，即班组责任中心、项目经理部责任中心、公司责任中心。这三级责任中心的核算范围为其该级所控制的各项工程的成本、费用及其差异。

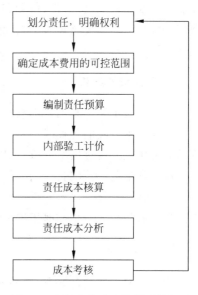

图 3-2　目标责任成本控制系统框图

2. 确定成本费用的可控范围

要按照责任单位的责权范围大小,确定可以衡量的责任目标和考核范围,形成各级责任成本中心。

班组主要控制制造成本,即工费、料费、机械费三项费用。

项目经理部主要控制责任成本,即工费、料费、机械费、其他直接费、间接费等五项费用。

公司主要控制目标责任成本,即工费、料费、机械费、公司管理费、公司其他间接费、公司不可控成本费用、上交公司费用等。

3. 编制责任成本预算

以上述两条作为依据,编制责任成本预算。注意责任成本预算中既要有人工、材料、机械台班等数量指标,也要有按照人工、材料、机械台班等的固定价格计算的价值指标,以便于基层具体操作。

4. 内部验工计价

验工即为工程队当月的目标责任成本,计价即为项目经理部当月的制造成本。各项目经理部把当月验工资料以报表的形式上报,供公司审批;计价细分为大小临时工程计价、管道工程计价(其中又分班组计价、民工计价)、大堆料计价、运杂费计价、机械队机械费计价、公司材料费计价。其中机械队机械费、公司材料费一般采取转账方式。细分计价方式比较有利于成本核算和实际成本费用的归集。

5. 责任成本核算

通过成本核算,可以反映施工耗费和计算工程实际成本,为企业管理提供信息。通过对各项支出的严格控制,力求以最少的施工耗费取得最大的施工成果,并以此计算所属施工单位的经济效益,为分析考核、预测和计划工程成本提供科学依据。核算体系分班组、项目经理部、公司三级,主要核算人工费、材料费、机械使用费、其他直接费和施工管理费五个责任成本项目。

6. 责任成本分析

成本分析主要是利用成本核算资料及其他相关资料,全面分析了解成本变动情况,系统研究影响成本升降的各种因素及其形成的原因,挖掘降低成本的潜力,正确认识和掌握成本变动的规律性。通过成本分析,可以对成本计划的执行过程进行有效控制,及时发现和制止各种损失和浪费,为预测成本、编制下期成本计划和经营决策提供重要依据。分析的方法有四种,即比较分析法、比率分析法、因素分析法和差额分析法。所采取的主要方式是项目经理部相关部门与公司指挥部相关部门每月共同审核分析,再据此进行季度、年度成本分析。

7. 成本考核

每月要对工程预算成本、计划成本及相关指标的完成情况进行考核、评比。其目的在于充分调动职工的自觉性和主动性,挖掘内部潜力,达到以最少的耗费取得最大的经济效益的目的。成本考核的方法有四个方面：①对降低成本任务的考核,主要是对成本降低率的考核；②对项目经理部的考核,主要是对成本计划的完成进行考核；③对班组成本的考核,主要是考核材料、机械、工时等消耗定额的完成情况；④对施工管理费的考核,公司与项目经理部分别考核。

8. 成本管理责任分解

1) 合同预算员的成本管理责任

(1) 根据合同条件、预算定额和有关规定,充分利用有利因素,编好施工图预算,为企业正确确定责任目标成本提供依据。

(2) 深入研究合同规定的"开口"项目,在有关项目管理人员(如项目工程师、材料员等)的配合下,努力增加工程收入。

(3) 收集工程变更资料(包括工程变更通知单、技术核定单和按实结算的资料等),及时办理增加账,保证工程收入,及时收回垫付的资金。

(4) 参与对外经济合同的谈判和决策,以施工图预算和增加账为依据,严格控制分包、采购等施工所必需的经济合同的数量、单价和金额,切实做到"以收定支"。

2) 工程技术人员的成本管理责任

(1) 根据施工现场的实际情况,合理规划施工现场平面布置(包括机械布置,材料、构件的堆放场地,车辆进出现场的运输道路,临时设施的搭建数量和标准等),为文明施工、减少浪费创造条件。

(2) 严格执行工程技术规范和以预防为主的方针,确保工程质量,减少零星修补,消灭质量事故,不断降低质量成本。

(3) 根据工程特点和设计要求,运用自身的技术优势,采取实用、有效的技术组织措施和合理化建议,走技术与经济相结合的道路,为提高项目经济效益开拓新的途径。

(4) 严格执行安全操作规程,减少一般安全事故,消灭重大人身伤亡事故和设备事故,确保安全生产,将事故损失降到最低限度。

3) 材料人员的成本管理责任

(1) 材料采购和构件加工,要选择质优、价低、运距短的供应(加工)单位。对到场的材料、构件要正确计量、认真验收,如遇质量差、量不足的情况,要进行索赔。切实做到：降低材料、构件的采购(加工)成本,减少采购(加工)过程中的管理损耗,为降低材料成本走好第一步。

(2) 根据项目施工的计划进度,及时组织材料、构件的供应,保证项目施工的顺利进行,防止因停工待料造成损失。在构件加工的过程中,要按照施工顺序组织配套供应,以免因规格不齐形成施工间隙,浪费时间和人力。

(3) 在施工过程中,严格执行限额领料制度,控制材料消耗；同时,还要做好余料的回收和利用,为考核材料的实际消耗水平提供正确的数据。

(4) 钢管脚手架和钢模板等周转材料,进出现场都要认真清点,正确核实以减少缺损数量；使用以后要及时回收、整理、堆放,并及时退场,既可节省租费,又有利于场地整洁,还可加速周转,提高利用效率。

(5) 根据施工生产的需要,合理安排材料储备,减少资金占用,提高资金使用效率。

4) 机械管理人员的成本管理责任

（1）根据工程特点和施工方案，合理选择机械的型号、规格和数量。

（2）根据施工需要，合理安排机械施工，充分发挥机械的效能，减少机械使用成本。

（3）严格执行机械维修保养制度，加强平时的机械维修保养，保证机械完好和在施工中正常运转。

5) 行政管理人员的成本管理责任

（1）根据施工生产的需要和项目经理的意图，合理安排项目管理人员和后勤服务人员，节约工资性支出。

（2）具体执行费用开支标准和有关财务制度，控制非生产性开支。

（3）管好用好行政办公用财产、物资，防止损坏和流失。

安排好生活后勤服务，在勤俭节约的前提下，满足职工的生活需要，使他们安心为前方生产工作。

6) 财务成本人员的成本管理责任

（1）按照成本开支范围、费用开支标准和有关财务制度，严格审核各项成本费用，控制成本支出。

（2）建立月度财务收支计划制度，根据施工生产的需要，平衡调度资金，通过控制资金使用，达到控制成本的目的。

（3）建立辅助记录，及时向项目经理和有关项目管理人员反馈信息，以便对资源消耗进行有效的控制。

（4）开展成本分析，特别是分部分项工程成本分析、月度成本综合分析和针对特定问题的专题分析，要做到及时向项目经理和有关项目管理人员反映情况，提出建议，以便采取有针对性的措施来纠正项目成本的偏差。

（5）在项目经理的领导下，协助项目经理检查和考核各部门、各单位、各班组责任成本的执行情况，落实责、权、利相结合的有关规定。

3.3 物联网工程项目成本的控制管理

成本控制是指通过控制手段，在达到预定质量和工期要求的同时，优化成本开支，将总成本控制在预算（计划）范围内。成本控制涉及项目组织中的所有部门、班组和员工的工作，并与每一个员工的切身利益有关，因此应充分调动每个部门、班组和每一个员工控制成本、关心成本的积极性，真正树立起全员控制的观念。

物联网工程项目成本的发生涉及项目的整个周期，从施工准备开始，经施工过程至竣工移交后的保修期结束。因此，成本控制工作要伴随项目施工的每一阶段，如在施工准备阶段制订最佳的施工方案，按照设计要求和施工规范施工，充分利用现有的资源，减少施工成本支出，并确保工程质量，减少工程返工费和工程移交后的保修费用。工程验收移交阶段，要及时追加合同价款办理工程结算，使工程成本自始至终处于有效控制之下。

在施工过程中，项目经理应根据目标成本控制计划，从多方面采取措施实施控制，做好人工费用控制管理，材料物资控制、用量等管理，现场设施、机械设备的管理，分包管理达到节约增收，对实际成本进行有效管理。另外，索赔也是管理成本的有效方法之一。

3.3.1　人工费用的控制管理

人工费的控制按照"量价分离"原则,将作业用工及零星用工按定额工日的一定比例综合确定用工数量与单价,通过劳务合同进行控制。

1. 制定科学合理的劳动定额

严格执行劳动定额,并将安全生产、文明施工及零星用工下达到作业队进行控制。全面推行全额计件的劳动管理办法和单项工程集体承包的经济管理办法,以不突破施工图预算人工费指标为控制目标,对各班组实行工资包干制度。认真执行按劳分配的原则,使职工个人所得与劳动贡献一致,充分调动广大职工的劳动积极性,从根本上杜绝出工不出力的现象。把工程项目的进度、安全、质量等指标与定额管理结合起来,提高劳动者的综合能力,实行奖励制度。

2. 提高生产工人的技术水平和作业队的组织管理水平

根据施工进度、技术要求,合理搭配各工种工人的数量,减少和避免无效劳动。不断改善劳动组织,创造良好的工作环境,改善工人的劳动条件,提高劳动生产效率。合理调节各工序人员配备情况,安排劳动力时,尽量做到技术工不做普通工的工作,高级工不做低级工的工作,避免人力资源的浪费,既要加快工程进度,又要节约人工费用。

3. 加强职工的技术培训和多种施工作业技能的培训

加强职工的技术培训和多种施工作业技能的培训,不断提高职工的业务技术水平和熟练操作程度,培养一专多能的技术工人,提高作业工效。提倡技术革新和推广新技术,提高技术装备水平和工业化生产水平,提高企业的劳动生产率。

4. 实行弹性需求的劳务管理制度

对施工生产各环节的业务骨干和基本的施工力量,要保持相对稳定。对短期需要的施工力量,要做好预测、计划管理,通过企业内部的劳务市场及外部协作队伍进行调剂。严格做到项目部的定员随工程进度要求波动,进行弹性管理。要打破行业、工种界限,提倡一专多能,提高劳动力的利用效率。

3.3.2　材料物资控制管理

材料费的控制同样按照"量价分离"的原则,控制材料用量和材料价格。

1. 材料采购供应

一般工程中,材料的价值约占工程造价的 70%,材料控制的重要性显而易见。材料供应分为业主供应和承包商采购。

(1) 建设单位(业主)供料管理。建设单位供料的供应范围和供应方式应在工程承包合同中事先加以明确,由于设计变更原因,施工中大都会发生实物工程量和工程造价的增减变化,因此,项目的材料数量必须以最终的工程结算为依据进行调整,对于业主(甲方)未交足的材料,需按市场价列入工程结算,向业主收取。

(2)承包企业材料采购供应管理。工程所需材料除部分由建设单位(业主)供应,其余全部由承包企业(乙方)从市场采购,许多工程甚至全部材料都由施工企业采购。在选择材料供应商的时候,应坚持"质优、价低、运距近、信誉好"的原则;否则就会给工程质量、工程成本和正常施工带来无穷的后患。要结合材料进场入库的计量验收情况,对材料采购工作中各个环节进行检查和管理。

2. 材料价格的管理

由于材料价格是由买价、运杂费、运输中的损耗等组成,因此材料价格主要应从以下三方面加以管理。

(1)买价管理。买价的变动主要是由市场因素引起的,但在内部管理方面还有许多工作可做。应事先对供应商进行考察,建立合格供应商名册。采购材料时,必须在合格供应商名册中选定供应商,做到货比三家,在保质保量的前提下,选择最低买价。同时实现项目监理、项目经理部对企业材料部门采购的物资有权过问与询价,对买价过高的物资,可以根据双方签订的合同处理。

(2)运费管理。就近购买材料,选用最经济的运输方式都可以降低材料成本。材料采购通常要求供应商在指定的地点按合同约定交货,若供应单位变更指定地点而引起费用增加,供应商应予支付。

(3)损耗管理。严格管理材料的损耗可节约成本,损耗可分为运输损耗、仓库管理损耗、现场损耗。

3. 材料用量的管理

在保证符合设计要求的前提下,合理使用材料和节约材料,通过定额管理、计量管理以及施工质量管理等手段,有效控制材料物资的消耗。

(1)定额与指标管理。对于有消耗定额的材料,项目以消耗定额为依据,实行限额发料制度,工程项目各工长只能依据限额分期分批领用,如需超限领用材料,应办理有关手续后再领用。对于没有消耗定额的材料,按企业计划管理办法进行指导管理。

(2)计量管理。为准确核算项目实际材料成本,保证材料消耗准确,在采购和班组领料过程中,要严格计量,防止出现差错造成损失。

(3)以钱代物,包干控制。在材料使用过程中,可以考虑对不易管理且使用量小的零星材料(如铁钉、铁丝等)采用以钱代物、包干管理的方法。根据工程量算出所需材料数量并将其折算成现金,发给施工班组,一次包死。班组用料时,再向项目材料员购买,出现超支由班组自负,若有节约则归班组所得。

3.3.3　现场设施的控制管理

施工现场临时设施费用是工程直接成本的组成部分之一。施工现场各类临时设施配置规模直接影响工程成本。

(1)现场生产及办公、生活临时设施和临时房屋的搭建数量、形式的确定,在满足施工基本需要的前提下,尽可能做到简洁适用、节约施工费用。

(2)材料堆场、仓库类型、面积的确定,尽可能在满足合理储备和施工需要的前提下合理配置。

(3)临时供水、供电管网的铺设长度及容量确定,要尽可能合理。

(4)施工临时道路的修筑,材料工器具放置场地的硬化等,在满足施工需要的前提下,数量尽可能最小,尽可能利用永久性道路路基,不足时再修筑施工临时道路。

3.3.4　工程机械设备的管理

合理使用工程机械设备对工程项目的顺利施工及其成本管理具有十分重要的意义,正确地拟定施工方法和选择工程机械设备是合理组织施工的关键。因为它直接影响着施工速度、工程质量、施工安全和工程的成本。因此,在组织工程项目施工时,首先应予以解决。

各个施工过程可以采用多种不同的施工方法和多种不同类型的机械设备进行施工,而每一种方法都有其优、缺点,应从若干个可以实现的施工方案中,选择适合于本工程,较先进合理而又最经济的施工方案,以达到成本低、劳动效率高的目的。

施工方法的选择必然要涉及工程机械设备的选择。特别是现代工程项目中,机械化施工占主导地位,施工机械的选择,就成为施工方法选择的中心环节。

选择施工机械时,应首先选择主导工程的机械。结合工程特点和其他条件确定其最合适的类型。例如,装配式单层机房结构安装用起重机类型的选择:当工程量较大而又集中时,可以采用生产效率较高的塔式起重机;当工程量较小或工程量虽大却又相当分散时,可采用自行式起重机,选用的起重机型号应满足起重量、起重高度和起重半径的要求。

选择与主导机械配套的各种辅助机械或运输工具时,应使它们的生产能力互相协调一致,使主导机械的生产能力得到充分发挥。例如,在土方工程中,若采用汽车运土,汽车容量一般是挖土机斗容量的整倍数,汽车数量应保证挖土机连续工作;又如,在设备安装施工中,运输机械的数量及每次运输量,应保证起重机连续工作。

在物联网工程施工中,如果机械的类型很多,会使机械修理工作复杂化。为此,在工程量较大时,适宜专业化生产的情况下,应该采用专业机械;工程量小而分散的情况下,尽量采用多用途的机械,使一种机械能适应不同分部分项工程的需要。例如,挖土机既可用于挖土,又可用于装卸、起重和打桩。这样既便于工地上的管理,又可以减少机械转移时的工时消耗。同时还应考虑充分发挥施工单位现有机械的能力,并争取实现综合配套。

所选机械设备必须是技术上先进、经济上合理有效,而且符合施工现场的实际要求。

3.3.5　分包价格的管理

现在专业分工越来越细,对工程质量的要求越来越高,对施工进度的要求越来越快。因此工程项目的某些分项就能分包给某些专业公司。分包工程价格的高低,对施工成本影响较大,项目经理部应充分做好分包工作。当然,由于总承包人对分包人选择不当而发生的施工失误的责任由总承包人承担。因此,要对分包人进行二次招标,总承包人对分包的企业进行全面认真地分析,综合判定选择分包企业,但分包应征得业主同意。

项目经理部确定施工方案的初期就需要对分包予以考虑,并定出分包的工程范围。决定这一范围的控制因素主要是考虑工程的专业性和项目规模。

3.4 物联网工程项目成本核算

物联网工程项目成本核算包括两个基本环节：一是按照规定的成本开支范围对项目成本进行归集和分配，计算出项目成本的实际发生额；二是成本核算对象，采用适当的方法，计算出该工程项目的总成本和单位成本。工程项目成本控制需要正确、及时地核算工程过程中发生的各项费用，计算工程项目的实际成本。

3.4.1 工程项目成本核算的对象

成本核算对象是指在计算工程成本中，确定归集和分配生产费用的具体对象，即生产费用承担的客体。

具体的成本核算对象主要应根据企业生产的特点加以确定，同时还应考虑成本管理上的要求。由于物联网建设工程的多样性，带来了设计、施工的单件性。每一物联网建设工程都有其独特的形式、结构和质量标准，需要一套单独的设计图，在建造时需要采用不同的施工方法和施工组织；即使采用相同的标准设计，但由于建造地点的不同，在地形、地质、水文及交通等方面也会有差异。施工企业这种单件性生产的特点，决定了施工企业成本核算对象的独特性。

有时一个物联网工程项目包括几个单位工程，需要分别核算。单位工程是编制工程预算、制订工程项目工程成本计划和与建设单位结算工程价款的计算单位。工程项目成本一般应以每一独立编制施工图预算的单位工程为成本核算对象，但也可以按照承包工程项目的规模、工期、结构类型、施工组织和施工现场等情况，结合成本管理要求，灵活划分成本核算对象。一般来说有以下几种划分方法。

（1）一个单位工程由几个施工单位共同施工时，各施工单位都应以同一单位工程为成本核算对象，各自核算自行完成的部分。

（2）规模大、工期长的单位工程，可以将工程划分为若干部位，以分部位的工程作为成本核算对象。

（3）同一建设项目，由同一施工单位施工，并在同一施工地点，属同一结构类型，开竣工时间相近的若干单位工程，可以合并为一个成本核算对象。

（4）改建、扩建的零星工程，可以将开竣工时间相接近，属于同一建设项目的各个单位工程合并作为一个成本核算对象。

（5）土石方工程、打桩工程，可以根据实际情况和管理需要，以一个单项工程为成本核算对象，或将同一施工地点的若干个工程量较少的单项工程合并作为一个成本核算对象。

3.4.2 工程项目成本核算的基础

项目的直接管理部门(项目经理部)必须在项目施工的过程中做大量的基础工作，为项目建立必要的账表和管理台账，以记录项目施工过程实际发生的成本费用以及其他相关经济指标。没有这些记录的资料，项目成本的核算将无从入手。

1．工程项目成本会计的账表

（1）工程施工账。

① 工程项目施工——工程项目明细账。

② 单位工程施工——单位工程成本明细账。

（2）施工间接费账。

（3）其他直接费账。

（4）项目工程成本表。

（5）在建工程成本明细表。

（6）竣工工程成本明细表。

（7）施工间接费表。

2．工程项目成本核算的管理会计式台账

管理会计式台账主要有以下辅助记录台账。

第一类，为项目成本核算积累资料的台账，如产值构成台账、预算成本构成台账、增减账台账等。

第二类，对项目资源消耗进行控制的台账，如人工耗用台账、材料耗用台账、结构构件耗用台账、周转材料使用台账、机械使用台账、临时设施台账等。

第三类，为项目成本分析积累资料的台账，如技术组织措施执行情况台账、质量成本台账等。

第四类，为项目管理服务和"备忘"性质的台账，如甲方供料台账、分包合同台账及其他必须设立的台账等。

3.4.3　工程项目成本核算的方法

物联网工程项目成本核算的主要方法有以下三种。

1．会计核算

会计核算主要是价值核算。会计是对一定单位的经济业务进行计量、记录、分析和检查，作出预测，参与决策，实行监督，旨在实现最优经济效益的一种管理活动。它通过设置账户、复式记账、填制和审核凭证、登记账簿、成本计算、财产清查和编制会计报表等一系列有组织且系统的方法，来记录企业的一切生产经营活动，然后据以提出一些用货币来反映的有关各种综合性经济指标的数据。资产、负债、所有者权益、收入、费用和利润等会计六要素指标，主要是通过会计来核算。由于会计记录具有连续性、系统性、综合性等特点，所以它是施工成本分析的重要依据。

2．业务核算

业务核算是各业务部门根据业务工作的需要而建立的核算制度，它包括原始记录和计算登记表，如单位工程及分部分项工程进度登记，质量登记，工效、定额计算登记，物资消耗定额记录，测试记录等。业务核算的范围比会计、统计核算要广，会计和统计核算一般是对

已经发生的经济活动进行核算,而业务核算,不但可以对已经发生的经济活动,而且还可以对尚未发生或正在发生的经济活动进行核算,看是否可以做、是否有经济效果。它的特点是对个别的经济业务进行单项核算。例如,各种技术措施、新工艺等项目,可以核算已经完成的项目是否达到原定的目的,是否取得预期的效果,也可以对准备采取措施的项目进行核算和审查,看是否有效果,值不值得采纳。业务核算的目的,在于迅速取得资料,在经济活动中及时采取措施进行调整。

3. 统计核算

统计核算是利用会计核算资料和业务核算资料,把企业生产经营活动客观现状的大量数据,按统计方法加以系统整理,表明其规律性。它的计量尺度比会计宽,可以用货币计算,也可以用实物或劳动量计量。它通过全面调查和抽样调查等特有的方法,不仅能提供绝对数指标,还能提供相对数和平均数指标,可以计算当前的实际水平,确定变动速度,也可以预测发展的趋势。

3.4.4　工程项目成本核算过程

成本的核算过程,实际上也是各成本项目归集和分配的过程。成本的归集是指通过一定的会计制度以有序的方式进行成本数据的收集和汇总;成本的分配是指将归集的间接成本分配给成本对象的过程,也称间接成本的分摊或分配。

1. 人工费核算

(1) 内包人工费。这是指企业所属的劳务分公司与项目经理部签订的劳务合同结算的全部工程价款。按月结算,计入项目或单位工程成本。

(2) 外包人工费。按项目经理部与劳务分包企业签订的包清工合同,以当月验收完成的工程实物量,计算出定额工日数乘以合同人工单价确定人工费,并按月凭项目经济员提供的"包清工工程款月度成本汇总表"预提计入项目或单位工程成本。

上述内包、外包合同履行完毕,根据分部分项工程的工期、质量、安全、场容等验收考核情况进行合同结算,以结账单按实据以调整项目实际成本。对估点工任务单必须当月签发,当月结算,严格管理,按实计入成本,隔月不予结算,一律作废。

2. 材料费结算

(1) 工程耗用的材料,根据限额领料单、退料单、报损报耗单、大堆材料耗用计算单等,由项目材料员按单位工程编制"材料耗用汇总表",计入项目成本。

(2) 各种材料价差,按规定计入项目成本。

3. 周转材料费核算

(1) 周转材料实行内部租赁制,以租费的形式反映其消耗情况,按"谁租用谁负担"的原则,核算其项目成本。

(2) 按周转材料租赁办法和租赁合同,由出租方与项目经理部按月结算租赁费。租赁费按租用的数量、时间和内部租赁单价计算计入项目成本。

（3）周转材料在调入、移出时，项目经理部都必须加强计量验收制度，如有短缺、损坏，一律按原价赔偿，计入项目成本（缺损数＝进场数－退场数）。

（4）租用周转材料的进退场运费，按其实际发生数，由调入项目负担。

4．结构件费核算

（1）项目结构件的使用必须要有领发手续，并根据这些手续，按照单位工程使用对象编制"结构件耗用月报表"。

（2）项目结构构件的单价，以项目经理部与外加工单位签订的合同为准，计算耗用金额计入成本。

（3）根据实际施工形象进度、已完成施工产值的统计、各类实际成本消耗三者在月度时点上要三同步，结构构件耗用的品种和数量应与施工产值相对应。结构构件数量金额的结存数，应与项目成本员的账面余额相符。

（4）发生结构构件的一般价差，可计入当月项目成本。

（5）部位分项分包，按照企业通常采用的类似结构件管理和核算方法，项目经济员必须做好月度已完工程部分验收记录，正确计算报告部位分项分包产值，并书面通知项目成本员及时、正确、足额计入成本。

5．机械使用费核算

（1）机械设备实行内部租赁制，以租赁费形式反映其消耗情况，按"谁租用谁负担"的原则，核算其项目成本。

（2）按机械设备租赁办法和租赁合同，由企业内部机械设备租赁市场与项目经理部按月结算租赁费，计入项目成本。

（3）机械进出场费，按规定由承租项目负担。

（4）项目经理部租赁的各类大中小型机械，其租赁费全额计入项目机械费成本。

（5）根据内部机械设备租赁市场运行规则要求，结算原始凭证由项目指定专人签证开班和停班数，据此结算费用。现场机、电等操作工奖金由项目考核支付，计入项目机械费成本并分配到有关单位工程。

上述机械租赁费结算，尤其是大型机械租赁费及进出场费应与产值对应，防止只有收入无支出等不正常现象，或反之，形成收入与支出不平衡的状况。

6．其他直接费核算

项目施工生产过程中实际发生的其他直接费，有时并不"直接"，凡能弄清受益对象的，应直接计入受益成本核算对象的工程施工——其他直接费。其他直接费包括以下内容。

（1）施工过程中的材料二次运费。

（2）临时设施摊销费。

（3）生产工具、用具使用费。

（4）除上述以外的其他直接费内容，均应按实际发生的有效结算凭证计入项目成本。

7. 施工间接费核算

间接费包括以下内容。

（1）以项目经理部为单位编制工资单和奖金单，列支工作人员薪金。项目经理部工资总额每月必须正确核算，以此计提职工福利费、工会经费、教育经费、劳保统筹费等。

（2）劳务分公司所提供的炊事人员代办食堂承包、服务、保安人员提供区域岗点承包服务以及其他代办服务费用计入施工间接费。

（3）内部银行的存贷款利息，计入"内部利息"（新增明细子目）。

（4）施工间接费，先在项目"施工间接费"总账归集，再按一定的分配标准计入受益核算对象（单位工程）"工程施工——间接成本"。

8. 分包工程成本核算

（1）包清工工程，如前所述纳入"人工费——外包人工费"内核算。

（2）部位分项分包工程，如前所述纳入结构构件费内核算。

（3）外包工程。

① 双包工程，是指将整个工程项目以包工包料的形式分包给外单位施工的工程。可根据承包合同取费情况和发包（双包）合同支付情况，即上下合同差，测定目标盈利率。月度结算时，以双包工程已完工程价款作收入，应付双包单位工程款作支出，适当负担施工间接费。为稳妥起见，拟在管理目标盈利率的 50% 以内，也可月结成本时作收支持平，竣工结算时，再按实调整实际成本，反映利润。

② 机械作业分包工程，是指利用分包单位专业化施工优势，将打桩、吊装、大型土方、深基础等施工项目分包专业单位施工的形式。对机械作业分包产值统计的范围是：只统计分包费用，而不包括物耗价值，即打桩只计打桩费而不计桩材费，吊装只计吊装费而不包括构件费。机械作业分包实际成本与此对应，包括分包结账单内除工期奖之外的全部工程费用。总体反映其全貌成本。

同双包工程一样，总分包企业合同差，包括总包单位管理费、分包单位让利收益等在月结成本时，可先预结一部分，或月结时作收支持平处理，到竣工结算时，再作为项目效益反映。

上述双包工程和机械作业分包工程由于收入和支出比较容易辨认（计算），所以项目经理部也可以对这两项分包工程，采用竣工点结算的办法，即月度不结盈亏。

项目经理间应增设"分建成本"成本项目，核算反映双包工程、机械作业分包工程的成本状况。

分包形式（特别是双包），对分包单位领用、租用、借用本企业物资、工具、设备、人工等费用，必须根据项目经管人员开具的且经分包单位指定专人签字认可的专用结算单据，如"分包单位领用物资结算单"及"分包单位租用工用具设备结算单"等结算依据入账，抵作已付分包工程款。同时要注意对分包奖金的控制，分包付款、供料控制，主要应依据合同及供料计划实施制约，单据应及时流转结算，账上支付额（包括抵作额）不得突破合同。要注意阶段控制，防止奖金失控，引起成本亏损。

3.4.5 工程项目成本核算报告

项目经理部应在跟踪核算分析的基础上,编制月度项目成本报告,按规定的时间报送企业成本主管部门,以满足企业的要求。

在工程施工期间,定期编制成本报表既能提醒注意当前急需解决的问题,又能掌握项目的施工总情况。

1. 人工费周报表

人工费是项目经理部最能直接控制的成本,它不仅能控制工人的选用,而且能控制工人的工作量和工作时间,所以项目经理部必须经常掌握人工费用的详细情况。

人工费周报表反映了某一周内工程施工中每个分项工程的人工单位成本和总成本,以及与之对应的预算数据。若发现某些分项工程的实际人工费与预算存在差异,就可以进一步找出症结所在,从而采取措施来纠正存在的问题。

2. 工程成本月报表

人工费周报表内只包括人工费用,而工程成本月报表内却包括工程的全部费用。工程成本月报表是针对每一个施工项目设立的,工程成本月报表有助于项目经理评价本工程中各个分项工程的成本支出情况,找出具体核算对象成本和超过的数额和原因,以便及时采取对策,防止偏差积累而导致成本目标失控。

3. 工程成本分析报表

工程成本分析报表将施工项目的分部分项工程成本资料和结算资料汇于一表,也使得项目经理能够纵观全局,对工程成本现状一目了然。成本分析报表可以一月一编报,也可以一季编报一次。

3.5 物联网工程项目成本分析与考核

3.5.1 工程项目成本分析的内容

物联网工程项目成本分析的内容就是对物联网工程项目成本变动因素的分析。影响工程项目成本变动的因素有两个方面:一是外部的属于市场经济的因素;二是内部的属于企业经营管理的因素。这两方面的因素在一定条件下,又是相互制约和相互促进的。项目经理应将工程项目成本分析的重点放在影响工程项目成本升降的内部因素上。影响工程项目成本升降的内部因素包括以下几个方面。

1. 材料、能源利用

在其他条件不变的情况下,材料、能源消耗定额的高低,直接影响材料、能源成本的升降。材料、能源价格的变动,也直接影响产品成本的升降。可见,材料、能源利用其价格水平是影响项目成本升降的一项重要因素。

2. 机械设备的利用

施工企业的机械设备有自有和租用两种。自有机械停用,仍要负担固定费用。租用机械停用,要支付停班费。因此,在机械设备的使用过程中,必须以满足施工需要为前提,加强机械设备的平衡调度,充分发挥机械的效用;同时,还要加强平时的机械设备的维修保养工作,提高机械的完好率,保证机械的正常运转。

3. 工程质量水平的高低

对施工企业来说,提高工程项目质量水平就可以降低施工中的故障成本,减少未达到质量标准而发生的一切损失费用。在施工过程中,要严把工程质量关,各级质量自检人员应定点、定岗、定责、加强施工工序,把质量自检和管理工作真正贯彻到整个过程中,并要采取防范措施,消除质量通病,做到工程一次成型、一次合格,杜绝返工现象的发生,避免造成因不必要的人、财、物等大量的投入而加大工程成本。工程质量水平的高低也是影响工程项目成本的主要因素之一。

4. 用工费用水平的合理性

在实行管理层和作业层两层分离的情况下,项目施工需要的用工和人工费,由项目经理部与施工队签订劳务承包合同,明确承包范围、承包金额和双方的权利、义务。人工费用合理性是指人工费既不过高,也不过低。如果人工费过高,就会增加施工项目的成本,而人工费过低,工人的积极性不高,施工项目的质量就有可能得不到保证。

5. 其他影响施工项目成本变动的因素

除上述四项以外,其他影响施工项目成本变动的因素,包括其他直接费用以及为施工准备、组织施工和管理所需要的费用。

3.5.2　工程项目成本分析的方法

在施工活动中,常常由于某种原因的影响,既出现成本偏差又出现进度偏差,这时,必须应用挣值分析法、因果分析法等进行施工项目的成本分析。

1. 挣值分析法

挣值分析是一种综合了范围、进度计划、资源和项目绩效度量的方法,它通过对计划完成的工作、实际挣得的收益、实际花费的成本进行比较,以确定成本与进度是否按计划进行,提供分析、决策依据,从而选取不同的应对措施,以保证最终完成项目目标。

挣值涉及计算每个活动的四个关键值。

① 计划工作量的预算费用(PV):指项目实施过程中某阶段计划要求完成的工作量所需的预算工时(或费用)。计算公式为

$$PV = 计划工作量 \times 预算定额$$

PV 主要是反映进度计划应当完成的工作量,而不是反映应消耗的工时或费用。

② 已完成工作量的实际费用(AC)：项目实施过程中某阶段实际完成的工作量所消耗的工时(或费用)。AC 主要反映项目执行的实际消耗指标。

③ 已完成工作量的预算成本(EV)：项目实施过程中某阶段实际完成工作量及按预算定额计算出来的工时(或费用)，即挣值。EV 的计算公式为

$$EV = 已完成工作量 \times 预算定额$$

④ 剩余工作的成本(ETC)：完成项目剩余工作预计还需要花费的成本。ETC 用于预测项目完工所需要花费的成本，其计算公式为

$$ETC = PV - EV$$

或

$$ETC = 剩余工作的 PV \times \frac{AC}{EV}$$

挣值分析的评价指标如下。

① 进度偏差(SV)：指检查日期 EV 与 PV 之间的差异。其计算公式为

$$SV = EV - PV$$

当 SV>0 时，表示进度提前；当 SV<0 时，表示进度延误；当 SV=0 时，表示实际进度与计划进度一致。

② 费用偏差(CV)：检查期间 EV 与 AC 之间的差异，计算公式为

$$CV = EV - AC$$

当 CV<0 时，表示执行效果不佳，即实际消耗费用超过预算值，即超支；当 CV>0 时，表示实际消耗费用低于预算值，即有节余或效率高；当 CV=0 时，表示实际消耗费用等于预算值。

③ 成本绩效指数(CPI)：预算费用与实际费用值之比(或工时值之比)，即

$$CPI = \frac{EV}{AC}$$

当 CPI>1 时，表示低于预算，即实际费用低于预算费用；当 CPI<1 时，表示超出预算，即实际费用高于预算费用；当 CPI=1 时，表示实际费用等于预算费用。

④ 进度绩效指数(SPI)：项目挣值与计划之比，即

$$SPI = \frac{EV}{PV}$$

当 SPI>1 时，表示进度提前，即实际进度比计划进度快；当 SPI<1 时，表示进度延误，即实际进度比计划进度慢；当 SPI=1 时，表示实际进度等于计划进度。

2. 因果分析图法

因果分析图也叫特性因素图，因其形状像树枝，又称为树枝图，它是以成本偏差为主干用来寻找成本偏差原因的，是一种有效的定性分析法。因果分析图就是从某成本偏差这个结果出发，分析原因，步步深入，直到找出具体根源。首先是找出大的方面的原因，然后进一步找出原因背后的原因，即中原因，再从中原因找出小原因或更小原因，逐步查明并确定主要原因，通常对主要原因作出标记(＊)，以引起重视。

3. 因素替换法

因素替换法可用来测算和检验有关影响因素对项目成本作用的大小，从而找到产生成

本偏差的根源。因素替换法是一种常用的定量分析方法,其具体做法是:当一项成本受几个因素影响时,先假定一个因素变动,其他因素不变,计算出该因素的影响效应;然后再依次替换第二、第三个因素,从而确定每一个因素对成本的影响额。

4. 差额计算法

差额计算法是因素替换法的一种简化形式,它是利用指数的各个因素的计划数与实际数的差额,按照一定的顺序,直接计算出各个因素变动时对计划指标完成的影响程度的一种方法。

5. 比率法

比率法是指用两个以上的指标的比例进行分析的方法。它的基本特点是:先把对比分析的数值变成相对数,再观察其相互之间的关系。

(1)相关比率。由于项目经济活动的各个方面是互相联系、互相依存,又互相影响的,因而将两个性质不同而又相关的指标加以对比,求出比率,并以此来考察经营成果的好坏。

(2)构成比率,又称比重分析法或结构对比分析法。通过构成比率,可以考察成本总量的构成情况以及各成本项目占成本总量的比例,同时也可看出量、本、利的比例关系。

例题:

张工是某物联网建设公司的项目经理,目前正负责某地交通局开发的基本建设管理信息系统项目,项目组成员包括项目经理1人、系统分析师1人、高级程序员3人、程序员3人、软件界面美工1人、测试人员2人、客户方技术人员2人。由于财政年度等因素,项目的计划工期为40周,预算成本为50万元。根据该项目的需求和进度等要求,项目具有工期紧、技术要求高、业务复杂等特点。为顺利实现项目进度和质量等目标,项目管理部门和高层领导对该项目格外重视,要求项目组每周汇报进度状态。

在项目的实施过程中,第19周时张工向公司经理报告项目的进展状态,在状态报告中经理列出了第18周(包含第18周)的项目状态数据,详细情况如下。

(1)截至项目状态日期,项目实际已完成的工作量为50%。

(2)截至项目状态日期,项目已完成工作量的实际成本(AC)为28万元。

(3)截至项目状态日期,项目的计划成本(PV)为26万元。

试就下列问题进行分析:

(1)试确定项目截止到项目状态日期已完成工作量的挣值EV。

(2)预测项目结束时的总成本EAC。

(3)请对该项目在费用控制方面的执行状况进行分析。

(4)项目经理在检查经费超支时发现,有一项任务F还没有开始实施,但为F任务购买设备的支票已经支付,其费用为4万元。另外,还有一张已经支付的支票,其费用为3万元,是作为整个H任务的硬件费用,但H任务在状态日期完成的工作量为40%。根据这一信息再预测项目结束时的总成本。

案例分析:

挣值管理(Earned Value Management,EVM),是一种综合了范围、进度计划、资源和项目绩效度量的方法,它通过对计划完成的工作、实际挣得的收益、实际花费的成本进行比较,以确定成本与进度是否按计划进行,提供分析、决策依据,从而选取不同的应对措施,以保证最终完成项目目标。

根据图 3-3 在测量时间点上,有必要先了解 14 个重要的概念。

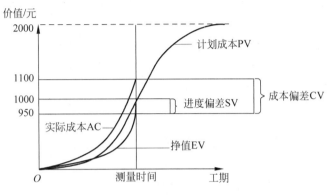

图 3-3 挣值管理曲线

(1) 应完成多大工作量?

计划成本 PV(Planned Value),也称为计划工作的预算成本(BCWS)。

在图 3-3 中,PV=1000 元。

(2)"已完成"工作的成本是多少?

实际成本 AC(Actual Cost),也称为已完成工作的实际成本(ACWP)。

在图 3-3 中,AC=1100 元。

(3) 已完成多大工作量?

挣值 EV(Earned Value),也称为已完成工作的预算成本(BCWP)。

对 EV 的解释:有一项任务预定在测量时间点上完工,其计划成本为 1000 元。但只完成这项任务的 95%。这样,就完成了 950 元的工作量,这就是挣值(EV)。

(4) 成本偏差 CV(Cost Variance)。

$$CV = EV - AC$$

CV 是项目任务的挣值与实际成本之间的差异,已完成了 950 元的工作量(EV),但为完成这一工作实际花费了 1100 元(AC)。完成这项工作比原先预想的多花了 150 元(CV)。

(5) 进度偏差 SV(Schedule Variance)。

$$SV = EV - PV$$

SV 是项目或项目任务的挣值与预算值之间的差异。对于一项工作,原先预计到测量时间点为止会完成 1000 元的工作量(PV)。而实际上完成了 950 元的工作量(EV)。这样,就比原计划少完成了 50 元的工作量(SV)。

(6) 成本绩效指数 CPI(Cost Performance Index)。

$$CPI = \frac{EV}{AC}$$

CPI 是总挣值除以总成本。仍以图 3-3 为例,已完成了 950 元的工作量(EV),而为完成这项工作花了 1100 元(AC)。实际花一元完成了 0.864 元的工作量(成本与绩效之比)。

(7) 进度绩效指数 SPI(Schedule Performance Index)。

$$SPI = \frac{EV}{PV}$$

SPI 是总挣值除以总预算成本。在图 3-3 中,已完成了 950 元的工作量(EV),而计划工作的价值是 1000 元(PV)。这样,计划完成一元工作量,实际完成了 0.95 元的工作量(进度绩效之比)。

(8) 全部工作假定价值,即完工预算 BAC (Budget At Completion)或称"总预算"。

$$BAC = 完成时的预算 - 项目预计总成本的基线$$

在图 3-3 中,BAC=2000 元。

(9) 尚未完工部分的估算 ETC(Estimate To Completion)价值,即从开始到完成项目将还需要花费多少成本。

$$ETC = EAC - AC$$

在图 3-3 中,ETC=2315-1100=1215(元)。

(10) 完工估算 EAC (Estimate At Completion),反映了根据项目的进展总成本是多少,如图 3-3 所示。

最常用的两个公式是 $EAC = \frac{BAC}{CPI}$ 和 EAC=AC+ETC。在计算过程中,优先使用第一个公式,如果有明确的理由说明第一个公式不可用,则采用第二个公式。在图 3-3 中,EAC= $2000 \div 0.864 = 2315$(元)。

(11) 完工偏差 VAC(Variance At Completion),即全部工作预算价值(BAC)与全部工作概算价值(EAC)之差。

$$VAC = BAC - EAC$$

正值是项目组追求的目标,表明成本比预计情况要好。

在图 3-3 中,VAC=2000-2315=-315(元)

(12) 绩效指数 TCPI(To Complete Performance Index)。

$$TCPI = \frac{BAC - EV}{BAC - AC}$$

在图 3-3 中,TCPI=(2000-950) $\div$ (2000-1100)=1.7。

从这一点出发,必须取得效益,即每花费一元要完成 1.17 元的价值,以便用预计剩下的资金完成余下的工作。

(13) 任务完成百分比 PC(Percent Complete),即已完成的工作占总工作量的比例。

$$PC = \frac{EV}{BAC}$$

在图 3-3 中,PC=950 $\div$ 2000=47.5%。

(14) 成本消耗百分比 PS (Percent Spent)是指已经消耗的成本占项目总预算的比例。在图 3-3 中,PS=1100÷2000=55%。

所有的价值,无论是计划的还是实际的,都用货币值表示偏差。这会使大家认为挣值与货币有关,但它反映的是项目绩效(Project Performance)。因此,挣值是沟通管理的一个重要工具,也是项目绩效度量的一个非常有帮助的工具。

进度偏差和成本偏差对项目的影响如表 3-1 所列。

表 3-1　进度偏差和成本偏差对项目的影响

情况	SV＞0	SV＜0
CV＞0	项目在成本预算控制内,且进度提前	项目在成本预算控制内,且进度落后
CV＜0	项目成本超支,但进度提前	成本超支且进度落后,项目计划失去控制

参考答案:

问题1

截至项目状态日期已经完成工作量的预算成本,即挣值 EV＝50×50％＝25(万元)。

问题2

项目结束时的总成本 EAC＝28÷50％＝56(万元)。

问题3

由于 AC＞PV＞EV,说明项目实际费用支出超前,与实际完成工作量相比费用超支,项目实际完成工作量与计划工作量相比出现拖期。

问题4

重新预计的项目完工总成本 EAC＝(28−4−3×(1−40％))÷50％＝44.4(万元)。

3.5.3　工程项目成本考核的内容

物联网工程项目成本考核就是贯彻落实责、权、利,促进成本管理工作健康发展,更好地完成施工项目的成本目标。

如果对成本考核工作抓得不紧,或者不按正常的工作要求进行考核,前面的成本预测、成本控制、成本核算、成本分析都将得不到及时、正确的评价。

物联网工程项目的成本考核特别要强调施工过程中的中间考核。因为通过中间考核发现问题,还能"亡羊补牢"。而竣工后的成本考核,虽然也很重要,但对成本管理的不足和由此造成的损失已经无法弥补。

工程项目的成本考核可以分为两个层次:一是企业对项目经理的考核;二是项目经理对所属部门、施工队和班组的考核。

1. 对项目经理考核的内容

(1) 项目成本目标和阶段成本目标的完成情况。

(2) 以项目经理为核心的成本管理责任制的落实情况。

(3) 成本计划的编制和落实情况。

(4) 对各部门、各作业队和班组责任成本的检查和考核情况。

(5) 在成本管理中贯彻责、权、利相结合原则的执行情况。

2. 项目经理对所属各部门、各作业队和班组考核的内容

1) 对各部门的考核内容

(1) 本部门、本岗位责任成本的完成情况。

(2) 本部门、本岗位成本管理责任的执行情况。

2）对各作业队的考核内容

（1）劳务合同规定的承包范围和承包内容的执行情况。

（2）劳务合同以外的补充收费情况。

（3）班组施工任务单的管理情况，以及班组完成施工任务后的考核情况。

3）对生产班组的考核内容（平时由作业队考核）

3.5.4　物联网工程项目成本考核

1. 物联网工程项目的成本考核采取评分制

具体方法为：先按考核内容评分，然后按七与三的比例加权平均，即责任成本完成情况的评分为七，成本管理工作业绩的评分为三。这是一个假设的比例，施工项目可以根据自己的具体情况进行调整。

2. 物联网工程项目的成本考核要与相关指标的完成情况相结合

具体方法为：成本考核的评分是奖罚的依据，相关指标的完成情况为奖罚的条件。也就是在根据评分计奖的同时，还要参考相关指标的完成情况加奖或扣罚。

与成本考核相结合的相关指标，一般有进度、质量、安全和现场标准化管理。

3. 强调项目成本的中间考核

物联网工程项目成本的中间考核，可从以下两方面考虑。

（1）月度成本考核。一般是在月度成本报表编制以后，根据月度成本报表的内容进行考核。在进行月度成本考核的时候，不能单凭报表数据，还要结合成本分析资料和施工生产、成本管理的实际情况，然后才能作出正确的评价，带动今后的成本管理工作，保证项目成本目标的实现。

（2）阶段成本考核。项目的施工阶段，一般可分为基础、结构、安装、调测等四个阶段。如果是大型工程，可对结构阶段的成本进行分层考核。

阶段成本考核的优点，在于能对施工暂告一段落后的成本进行考核，可与施工阶段其他指标（如进度、质量等）的考核结合得更好，也更能反映施工项目的管理水平。

4. 物联网工程项目的竣工成本考核

工程项目的竣工成本是在工程竣工和工程款结算的基础上编制的，它是竣工成本考核的依据。

工程竣工表示项目建设已经全部完成，并已具备交付使用的条件（即已具有使用价值）。而月度完成的分部分项工程，只是建筑产品的局部，并不具有使用价值，也不可能用来进行商品交换，只能作为分期结算工程进度款的依据。因此，真正能够反映全貌而又正确的项目成本，是在工程竣工和工程款结算的基础上编制的。

工程项目的竣工成本是项目经济效益的最终反映。它既是上缴利税的依据，又是进行职工分配的依据。由于工程项目的竣工成本关系到国家、企业、职工的利益，必须做到核算正确、考核正确。

5. 物联网工程项目成本的奖罚

物联网工程项目的成本考核应对成本完成情况进行经济奖罚,不能只考核不奖罚,或者考核后拖了很久才奖罚。

由于月度成本和阶段成本都是假设性的,正确程度有高有低。因此,在进行月度成本和阶段成本奖罚的时候不妨留有余地,然后再按照竣工成本结算的奖金总额进行调整(多退少补)。

工程项目成本奖罚的标准,应通过合同的形式明确规定。这就是说,合同规定的奖罚标准具有法律效力,任何人都无权中途变更或者拒不执行。另外,通过合同明确奖罚标准以后,职工群众就有目标、有积极性。具体的奖罚标准,应该经过认真测算再行确定。

企业领导和项目经理还可对完成项目成本目标有突出贡献的部门、作业队、班组和个人进行奖励。这是项目成本奖励的另一种形式,不属于上述成本奖罚范围。而这种奖励形式,往往能起到立竿见影的效用。

小结

工程项目成本是指承建(施工)单位以工程项目作为成本核算对象的施工过程中所耗费的生产资料转移价值和劳动者的必要劳动所创造的价值的货币形式。

施工企业工程成本由直接成本和间接成本组成。施工企业的目的是使工程项目的实际成本能够管理在预定的计划成本范围内。工程项目的成本核算,实际上也是各成本项目的归集和分配的过程。

在施工过程中,应根据目标成本控制计划,从多方面采取措施实施控制,做好人工费用控制管理,材料物资控制、用量等管理,现场设施、机械设备的管理,分包管理达到节约增收,对实际成本进行有效管理。

成本控制是指通过控制手段,在达到预定质量和工期要求的同时,优化成本开支,将总成本控制在预算(计划)范围内。由于主客观原因,施工企业的成本是变化的,对影响工程项目成本变动因素的分析就显得尤为重要。

思考与练习

3-1 试述工程项目成本的形成。

3-2 成本估算的类型有哪些?

3-3 简述工程项目成本核算过程。

3-4 影响工程项目成本的因素有哪些?

3-5 成本控制的方法有哪些?

3-6 怎样进行成本的偏差分析?

3-7 工程项目成本超支的主要原因有哪些?

3-8 超出项目经理控制的成本增加因素,除了存款利率、贷款利息和税率外,还包括（　　）。

  A. 项目日常开支的速度和生产率   B. 项目日常开支的速度和工期拖延

  C. 项目补贴和加班   D. 原材料成本和运输成本

3-9 下列选项中，（　　）不是成本估算的方法。

  A. 类比法   B. 确定资源费率 C. 工料清单法 D. 挣值分析法

3-10 项目经理进行成本估算时不需要考虑的因素是（　　）。

  A. 人力资源   B. 工期长短   C. 风险因素   D. 盈利

3-11 已知项目 A、B、C 和 D 的工期都是三年，在第二年末其挣值分析数据如表 3-2 所列，按照趋势最早完工的应是（　　）。

表 3-2　挣值分析数据

项目	预算总成本	PV	EV	AC
A	1400	1200	1000	900
B	1400	1200	1100	1200
C	1400	1200	1250	1300
D	1400	1200	1300	1200

  A. A   B. B   C. C   D. D

3-12 如果项目实际进度比计划提前 20%，实际成本只用了预算成本的 60%，首先应该（　　）。

  A. 重新修订进度计划   B. 给项目团队加薪，开表彰大会

  C. 重新进行成本预算   D. 找出与最初计划产生差别的原因

3-13 如果在挣值分析中，出现成本偏差 CV<0 的情况，说法正确的是（　　）。

  A. 项目成本超支   B. 不会出现计算结果

  C. 项目成本节约   D. 成本与预算一致

3-14 一般将成本管理划分为成本估算、成本预算和成本控制几个过程。以下关于成本预算的描述，不正确的是（　　）。

  A. 当项目的具体工作无法确定时，无法进行成本预算

  B. 成本基准计划可以作为度量项目绩效的依据

  C. 管理储备是为范围和成本的潜在变化而预留的预算，因此需要体现在项目成本基线里

  D. 成本预算过程完成后，可能会引起项目管理计划的更新

3-15 某高校校园网建设的一个项目经理，正在估算该项目的成本，此时尚未掌握项目的全部细节。项目经理应该首先采用的成本估算方法是（　　）。

  A. 类比估算法   B. 自下而上成本估算法

  C. 蒙特卡罗分析   D. 参数模型

第 4 章

物联网工程项目采购管理

学习目标

知识目标

(1) 熟悉工程采购内容,理解相关概念。

(2) 熟悉货物采购内容,理解相关概念。

(3) 熟悉服务采购内容,理解相关概念。

(4) 了解《中华人民共和国政府采购法》的主要内容。

能力目标

(1) 掌握采购前期的市场调查方法。

(2) 熟悉采购过程,妥善处理采购中的实际问题。

工程案例

1. 背景

A 方,某物联网建设公司;B 方,某品牌电脑公司;C 方,某货运公司。

A 方在报纸上看到 B 方发布的"某型号电脑推广月买一送一活动"广告:在推广月期间,每订购某型号电脑 1 台,均赠送价值 400 元的喷墨打印机 1 台;不愿受赠者,返还现金 300 元。

经过电话协商,A 方向 B 方订购某型号电脑 100 台,B 方向 A 方赠送喷墨打印机 50 台,另外在设备款中减免 15000 元。双方以信件方式签订合同,约定在 A 方所在地交货,B 方负责托运,A 方支付运费。C 方作为承运人负责该批电脑设备的运输。

电脑设备到达 A 方所在地之后,经 B、C 方同意,A 方开箱检验,发现了以下问题。

(1) 少量电脑显示器破损。

(2) 随机预装软件,虽有软件著作权人出具的最终用户许可协议 EULA,且给出了有效的下载地址,但无原版的软件光盘,怀疑为盗版软件。

(3) B 方误按"买一送一"的配置发货,共发来电脑 100 台、喷墨打印机 100 台,发货单与所发货物相符,但与合同不符。

为此,A 方发传真通知 B 方,并要求 B 方:

(1) 更换或修好破损的电脑显示器。

(2) 提供随机预装软件的原版光盘。

但 A 方并未将多收 50 台喷墨打印机的事通知 B 方。

收到 A 方传真之后,B 方回电称:

(1) A、C 两方均未就电脑设备包装问题做特殊要求,公司采用了通用的电脑设备包装方式,C 方作为承运人应当对运输过程中电脑显示器的破损承担损害赔偿责任。待 C 方赔偿之后,公司再更换或修好破损的显示器。

(2) 正版软件有多种形式,该型号电脑所配的 OEM 随机预装软件是"授权下载"的无光盘正版软件。

几个月后,B 方查账时发现多发了 50 台喷墨打印机,此时 A 方已将全部打印机开箱使用。B 方要求 A 方返还合同中减免的 15000 元设备款。

项目采购管理

1 采购计划
1 输入
(1) 范围声明
(2) 产品说明
(3) 采购策略
(4) 市场环境
(5) 其他计划输出
(6) 限制因素
(7) 假设因素
2 工具和方法
(1) 采购方式分析
(2) 专家意见
(3) 合同类型选择
3 输出
(1) 采购管理计划
(2) 工作明细表

2 征集申请书计划
1 输入
(1) 采购管理计划
(2) 工作明细表
(3) 其他计划输出
2 工具和方法
(1) 标准表格
(2) 专家意见
3 输出
(1) 采购凭证
(2) 评估标准
(3) 工作明细表

3 征集申请书
1 输入
(1) 采购单证文件
(2) 合格卖方名单
2 工具和方法
(1) 投标人会议
(2) 广告
3 输出
意见

4 渠道选择
1 输入
(1) 意见
(2) 评估标准
(3) 政策
2 工具和方法
(1) 合同磋商
(2) 加权法
(3) 筛选法
(4) 独立评估
3 输出
合同

5 合同管理
1 输入
(1) 合同
(2) 工作结果
(3) 变更要求
(4) 卖方发展
2 工具和方法
(1) 变更控制系统
(2) 执行报告
(3) 支付系统
3 输出
(1) 信函
(2) 合同变更
(3) 支付请求

6 合同收尾
1 输入
合同文件资料
2 工具和方法
采购审计
3 输出
(1) 合同文件档案
(2) 接收和总结

图 4-1 项目采购管理的主要流程

2. 问题

（1）请问 B 方应如何处理电脑显示器的破损问题？

（2）B 公司所提供的随机预装软件是不是正版软件？

（3）A 方是否应该返还合同中减免的 15000 元设备款？

在国际工程中，采购具有十分广泛的意义。工程的招标，劳务、设备和材料的招标或采办过程都称为采购。采购活动几乎贯穿于整个项目生命周期，对项目的整体管理起着举足轻重的作用。

物联网工程项目采购管理包括从执行组织之外获取货物和服务的过程。为了简便起见，货物和服务统称为"产品"。物联网工程项目采购管理是项目管理的重要组成部分，一个项目的采购支出一般占项目投资的 50%～60%，可见采购管理对于整个项目管理有着举足轻重的作用。

与其他管理工作相比，采购管理有其特殊性，它可以是一门较为独立的学科，同时又可以包含其他知识领域的内容。例如，一个需要采购的新项目，从制订采购计划开始，一直到项目实施完毕的全过程都属于项目采购管理的范围，同时在该过程中又涉及几乎所有其他知识领域的内容。因此，现代项目管理给采购管理赋予了更为全新的概念。这里所指的"采购"不仅仅是原来意义上的"货物商品的采购"，而是一个更加广泛的范畴。世界银行将项目采购分为工程采购、货物采购和咨询服务采购，这种分类与《中华人民共和国政府采购法》对项目采购的分类相一致。

图 4-1 描述了项目采购管理的主要过程。

4.1 工程采购

工程采购又称为物联网建设工程采购，是一种有形的采购，通过招标或其他商定的方式选择工程承包单位，即选定合格的承包商执行项目工程施工任务。例如，修建大型数据服务中心、信息机房的土建工程、海底光缆工程等，并包括与之相关的服务，如人员培训、设备维修等。

4.1.1 工程采购与政府采购

《中华人民共和国政府采购法》规定，凡是政府机关、事业单位和团体组织等使用财政性资金从事工程建设的，应纳入政府采购法调整范围。《中华人民共和国政府采购法》第四条规定，政府采购实行招投标的，适用招投标法。从美国等发达国家的经验看，工程项目均是政府采购的主要对象之一，在整个政府采购中占相当大的比例。

根据《中华人民共和国政府采购法》的规定，政府采购应采用以下方式。

（1）公开招标。

（2）邀请招标。

（3）竞争性谈判。

（4）单一来源采购。

（5）询价。

（6）国务院政府采购监督管理部门认定的其他采购方式。

实施过程中可根据具体情况和以下原则决定采用哪一种采购方式。

（1）公开招标应作为政府采购的主要采购方式。采购人采购货物或者服务应当采用公开招标方式的，其具体数额标准，属于中央预算的政府采购项目，由国务院规定；属于地方预算的政府采购项目，由省、自治区、直辖市人民政府规定；因特殊情况需要采用公开招标以外的采购方式的，应当在采购活动开始前获得设区的市、自治州以上人民政府采购监督管理部门的批准。采购人不得将应当以公开招标方式采购的货物或者服务化整为零或者以其他任何方式规避公开招标采购。

（2）符合下列情形之一的货物或者服务，可以采用邀请招标方式采购。

① 具有特殊性，只能从有限范围的供应商处采购的。

② 采用公开招标方式的费用占政府采购项目总价值的比例过大的。

（3）符合下列情形之一的货物或者服务，可以采用竞争性谈判方式采购。

① 招标后没有供应商投标或者没有合格标的或者重新招标未能成立的。

② 技术复杂或者性质特殊，不能确定详细规格或者具体要求的。

③ 采用招标所需时间不能满足用户紧急需要的。

④ 不能事先计算出价格总额的。

（4）符合下列情形之一的货物或者服务，可以采用单一来源方式采购。

① 只能从唯一供应商处采购的。

② 发生了不可预见的紧急情况不能从其他供应商处采购的。

③ 必须保证原有采购项目一致性或者服务配套的要求，需要继续从原供应商处添购，且添购资金总额不超过原合同采购金额百分之十的。

（5）采购的货物规格、标准统一、现货货源充足且价格变化幅度小的政府采购项目，可以采用询价方式采购。

4.1.2　工程采购与工程招投标

工程采购不等于工程招投标。自招投标法颁布以来，人们对工程实行招标的意识日益增强，一种观点认为，工程需要实行招投标，并且须由招投标法调整和规范，没有必要纳入政府采购法重复规范。这种认识显然有失偏颇。招投标法是规范工程招投标活动的一部程序法，实行政府采购的工程，如果采用招投标的方式，毫无疑问应该按照招投标法的程序进行，这其实也是政府采购法的要求。但政府采购法规定了采购方式有五种，招投标只是五种采购方式中的两种，所以政府采购法在公共工程采购规范的注意事项比招投标法多。公共工程没有达到工程招投标的限额的，应该受到政府采购法的规范。再者，工程政府采购不包括工程管理的所有事项，现行有关工程管理事项有：计划管理，由计划部门立项并安排投资计划；预算管理，工程立项后，财政部门据此安排投资预算，并对工程财务进行监管；建筑管理，即工程项目的建设由建设部门对工程的设计、施工和监理等事项进行管理。而政府采购处于预算的执行阶段，与工程的计划管理没有冲突，与建筑管理也没有矛盾。政府采购旨在规范采购行为，提高透明度，并没有改变现行建安管理模式。

4.1.3　集中采购与分散采购

集中采购是指将原来分散在各单位采购的工程，集中在一起实行统一采购，而建筑工程有其特殊性,规模大,技术复杂,不确定因素较多,集中在一起进行采购活动,实际运作难度大,可操作性不强,绝大部分不宜实行集中采购。工程规模越大,越应当实行分散采购。但分散采购并不等于自行采购,工程达到招投标法规定投资规模的,应按照招投标法的规定实行招投标。不实行招投标的,应该受到政府采购法的规范,按照政府采购法的规定进行竞争性谈判询价采购等方式进行。

4.1.4　相关职能部门在工程采购中的职责

政府采购法规定,要求政府采购工程进行招投标的,适用于招投标法,包括业主自愿招标、依法组织专家评标等。此外,政府采购法有规定的,要执行政府采购法的规定,财政部门要认真按照政府采购法和招投标法的规定履行好自己的职责。

(1) 审核部门编制的工程采购预算。

(2) 审批采购方式。

(3) 监督采购工程在财政部门指定媒体上发布招标公告和其他有关信息。

(4) 接受供应商对工程政府采购的有关事项的投诉。

(5) 监督工程合同遵循政府采购法的规定,合同副本报财政部门备案。

(6) 工程款项直接拨付。

从财政部门的职责来看,主要是对采购行为的管理,目的是管好钱、用好钱,并不参与政府采购具体活动,与项目立项、工程管理、建筑市场管理、通信行业招投标中介机构管理是互补的关系,没有冲突和矛盾。从工程建设程序来看,工程项目的立项和投资计划的安排由计划部门负责;项目确定后,财政部门据此编制、审批工程预算和采购方式;建设部门负责工程技术标准、定额标准、建设施工单位和中介机构资质管理,以及质量监理和建材市场管理等。所以,政府采购监督管理部门对工程实施监管,不仅不会影响有关部门的职责,反而有利于有关部门有关职能的有效落实。

总之,财政部门在工程采购监管方面,要提高认识,改变思路,消除工程采购的模糊认识,不能越位也不能缺席,在现行建安管理模式下,与各相关部门密切配合,全面落实政府采购法的有关规定,切实履行好财政部门在工程采购监管方面的职责。在工程实践中,以前的工程采购基本上处于分散采购的状态,而且受到长期形成的习惯做法的影响,纳入政府采购管理轨道的难度比较大。分散采购存在许多弊端,而且政府采购管理部门对工程采购管理经验不足,缺少改革和创新,极易滋生腐败。目前所谓集中采购,仅仅注重施工发包,虽然与过去相比有了很大进步,但仍显得控制力度不够,时间滞后,信息反馈迟钝,缺少内在的制约机制。因此,工程如何进行集中采购是值得深入研究和探讨的问题。

实行完全型的集中采购,建设和使用相分离。一些发达国家都是由政府主管部门担负政府投资工程在建设期间的业主,直接负责组织政府投资项目的建设工作,建成后再交有关使用部门使用和管理。这种建设和使用相分离的做法很值得借鉴。彻底改变谁使用谁建设的局面,政府采购中心是投资主体,是建设单位,房子建成后交使用单位使用和管理。这是一种集约化措施,可以形成规模效应,有利于组成高档次的管理队伍,减少管理层次,促进投资优化,降低工程成本,使许多部门、许多领导从自己不十分熟悉又十分繁杂的基建事务中解脱出来。

实行委托型的集中采购,推行"项目托管",建立业主代理制度。在尚不具备完全型的集中采购的情况下,不改变原来的投资体制,由建设单位(预算单位)委托采购中心或经采购管理机关认可的具有资质的建设项目管理咨询服务机构,代表甲方进行项目管理,建设单位与其签订协议,实行有偿服务,形成通常所说的"代甲方"制度。建设单位不需要专门建立基建班子,只要有分管负责人联系沟通就可以了。所发生的委托费用,在建设单位管理费中列支。这种集中采购方式,易于被建设单位接受,基本上可以体现集中采购的优点,是目前应当倡导的采购方式。因此,各级政府采购中心把接受"项目托管"作为一项重要职能,建立项目管理的咨询服务系统,强化服务功能。

实行管理型的集中采购,实行主要投资环节的招投标管理。在现行分散采购的基础上,不改变现行的投资体制,使用单位仍作为建设单位进行自主管理。但将其中部分内容或主要内容实行集中采购,如设计、施工、监理和部分材料设备,采取集中招投标,提高集中采购含量。政府采购管理部门应作出具体规定,形成规范化的操作制度。这种方法可以在现有的管理体制下,对投资的主要环节进行有效的监管。而政府采购管理部门,不需要过多的人才和专业的投入,同时又照顾了现行的习惯做法,较多地体现了建设单位(使用单位)的意愿,是目前比较通用的方式。但是在具体操作过程中,还需要和政府建设管理部门相协调,相互接轨,形成相对统一的标准和操作规程,强化政府采购部门在建设管理中的作用、职能和地位。

4.2 材料设备采购

材料设备采购又称为货物采购,是指业主(或称购货方)为获得货物通过招标的形式选择合适的供货商或成功伙伴,它包含了货物的获得及其整个获取方式和过程。一般来说,货物采购的业务范围包括:确实所需采购货物的性能和数量;供求商场的调查分析;合同的谈判与签订及监督实施;在合同执行过程中,对存在的问题采取必要的措施;合同支付和纠纷处理等。

4.2.1 市场调查

采购要预先明确费用目标,对材料设备表所列的物资进行市场调查和询价,确定资源的供应渠道和可供选择的供应商。由于现代大型工程项目都采用国际采购,所以常常必须观察整个国际市场,在项目中进行国际性生产要素的优化组合。

(1)项目管理者必须对国内外市场一目了然,进行广泛调查、从各方面获取信息,建立产品供应商名录,及时、准确地了解市场和供应商的供应能力、供应条件、价格、质量及其稳定性等。对大型工程项目和大型工程承包企业应建立全球化采购的信息库。同时,应尽可能地利用当地社会、自然资源,提高资源管理的效率和经济性。

(2)由于各国、各地区资源供求关系、生产或供应能力、材料价格、运费、支付条件、保险费、关税、途中损失和仓储费用等各不相同,因此,确定材料采购计划时必须分析资源在各个环节的使用和开支情况,计算它们的到岸价格,进行不同方案的总采购费用比较。

(3)在市场调查时要考虑到对资源的采购造成影响的制约因素、假设条件和风险,如海运的拖延、关税的变化、汇率的变化、国际关系、国家政策和法规的变化都将带来影响。

（4）对承包商负责采购的资源，由于在主合同工程报价时尚不能签订采购合同，只能向供应商询价。询价不是合同价，没有法律约束力，只有待承包合同签订后才能签订采购合同，应防止供应商寻找借口提高供应价格。为了保障供应和稳定价格，最好选择有长期合作关系的供应商。国际上许多大的承包商都在当地结识一些供应商或生产者，在自己的周围有一些长期的较为稳定的合作伙伴，形成稳定的供应网络。这对投标报价和保障供应是极为有利的，甚至有的承包商（供应商）为了保持稳定的供应渠道，直接投资参与生产。

4.2.2　采购工作安排

采购应有计划，以便进行有效的采购控制，并随着项目的进展按照实际工作进度修改采购计划，或根据采购情况调整施工进度。采购计划是在工期计划和资源计划的基础上，对属于自己负责采购的材料、设备的采购工作进行总体的、全面的安排。

项目执行组织对需要采购的产品和服务拥有选择权和决策权，在采购计划的编制过程中，项目管理者一般会采用自制/外购分析。

自制/外购分析用来分析和决定某种产品或服务由项目执行组织自我完成或者外购，这是一种通用的管理技术。自制或是外购分析都包括间接成本和直接成本。例如，在外购分析时，应包括采购产品的成本和管理购买过程的间接费用。自制/外购分析必须反映执行组织的观点和项目的直接需求。

采购计划是确定项目的哪些需求可通过采购项目组织之外的产品和服务来满足的过程，采购计划的目标是决定是否采购、怎样采购、采购什么、采购多少、什么时候采购等。

在组织准备进行采购时，应准备的采购文件中包括采购管理计划、工作说明书、标书（Request For Proposal，RFP）和评估标准等内容。

工作说明书是采购产品、服务或项目之前应准备好的一份文档，它由项目范围说明书、工作分解结构（Work Breakdown Structure，WBS）和 WBS 字典组成。工作说明书应相当详细地规定采购项目，以便潜在的卖方确定他们是否有能力提供这些项目。详细的程序会因项目的性质、买方需求、预期的合同格式不同而异。工作说明书描述了由卖方供应的产品和服务。说明书中可以包括规格说明书、期望数量、质量等级、绩效数据、有效期、工作地点和其他的需求。

一般来说，采购工作包括以下内容。

（1）安排采购工作，确定各个资源的供应方案，分解采购活动，编制采购供应网络，并进行相应的时间安排。如材料设备的采购订货、仓储、运输、进场及各种检验工作、生产等，形成完整的供应网络，并建立采购管理组织，安排负责采购过程中各个环节管理工作的人员，明确采购分工及有关责任。

在采购计划中应特别关注对项目的质量、工期和成本目标等有重大影响的物品的采购。

（2）确定采购批量和采购时间。

① 采购批量。任何工程不可能使用多少就采购多少，即用即买。供应时间和批量存在重要的关系，在采购计划以及合同中必须明确材料设备供应的时间和数量。按照库存原理，供应的时间和数量之间存在以下关系：供应间隔时间长，则一次供应量大，采购次数少，可以节约采购人员的费用以及各种联系、洽商和合同签订费用。但是，大批量采购使仓库储存量增大，保管期延长，保管费用提高，资金占用时间拉长。

对每一个具体项目,理论上存在经济采购批量,它可以由图 4-2 确定。许多库存管理和财务管理的书籍对此均有介绍。但由于工程项目的生产过程是不均衡的,经济采购批量模型在其中的可用性较差,而且以下因素对采购批量将产生影响。

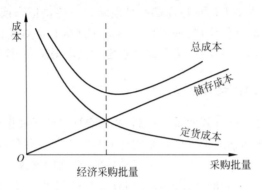

图 4-2　经济采购批量的确定

a. 大批量采购可以获得价格上的优惠。

b. 早期大批量采购可以减少通货膨胀对材料费用的影响。

c. 除经济性外,还要综合考虑项目资金供应状况、现场仓储条件和材料性质。

d. 要有一定量的库存以保证施工,对国际采购和供应困难的材料一般要求大批量采购。

② 采购时间。采购时间通常与货源有关。

a. 对具有稳定货源,市场上可以随时采购、随时供应的材料,采购周期一般为 1～7 天。

b. 间断性批量供应的材料,两次订货期间可能会脱销的,周期为 7～180 天。

c. 订货供应的材料,如进口材料和生产周期长的材料,必须先订货再供应,供应周期为 1～3 个月。常常要先集中提前订货,再按需分批到达。

对需要特殊制造的设备,或专门研制或开发的成套设备(包括相关的软件),其时间要求与采购过程要专门计划。例如,地铁项目的盾构采办期需要 8～12 个月。

(3) 选择采购方式。工程项目中所采用的采购方式较多,常见的有以下几种。

① 直接购买。即到市场上直接向供应商(如材料商店)购买,不签订书面合同。这适用于临时性的、小批量的、零星的材料采购。当货源比较充足且购买方便,则采购周期可以缩短,有时 1 天即可。

② 供求双方直接洽商,签订合同,并按合同供应。通常需方提出供应条件和要求,供方报价,双方签订合同。

这适用于较大批量的常规材料的供应。需方可能同时向许多供方询价,通过货比三家,确定价格低而合理、条件优惠的供应商。为了保证供应质量,常常必须要求先提供样品认可,并封存样品,进货后对照检验。

③ 采用招标的方式。这与工程招标相似,由需方提出招标条件和合同条件,由许多供应商同时投标报价。通过招标,需方能够获得更为合理的价格,取得条件更为优惠的供应。一般大批量材料和大型设备的采购、政府采购都采用该方式,但其供应时间通常较长,需要对招标投标过程进行详细的安排。

4.2.3　采购过程

（1）编制询价文件。根据材料和设备的采购计划编制询价文件，按照不同的采购方式，询价文件有投标邀请书、征求建议书、询价书、招标通知、洽谈邀请等。

（2）进行供应商资格预审，确认合格供应商，编制项目询价供应商名单。

选择合格的供应商是项目采购成功的前提，建立完善、公开、严格的供应商选择程序，有利于保证采购供应，实现项目质量控制目标。供应商应符合以下基本条件。

① 供应商应有生产许可证，有完整并已付诸实施的质量管理体系，对承压产品、有毒有害产品和重要机械设备等的采购，应要求供应商具备安全资质、生产许可证及其他特殊要求的资格。

② 有满足产品质量要求的生产设施、装备、生产技术和管理人员。

③ 有良好的商业信誉、资信情况和财务状况。

④ 有能力保证按合同要求准时交货。

⑤ 类似产品具有成功的供货及使用业绩。

项目采购应尽量避免"独家供货"。

（3）评审投标文件，确定供应商。通常需要对投标文件进行有关技术标、商务标的评审，在此基础上进行综合评审，确定中标供应商。

（4）签订采购合同。

作为需方，在合同签订前应提出完备的采购条件，让供方获得尽可能多的信息，以使其及时、详细地报价。采购条件通常包括以下技术要求和商务条件。

① 技术方面要求，包括采购范围、使用规范、质量标准、品种、技术特征。

② 交付产品的日期和批量的安排。

③ 包装方式和要求。设备材料的包装应满足合同规定，一般要满足标识标准的要求、多次装卸和搬运的要求及运输安全、防护的要求。

④ 交接方式。在厂接货，或供货到港，或到工地，或其他指定地点。

⑤ 运输方式。

⑥ 相应的质量管理要求、检验方式、手段及责任人。

⑦ 合同价款及其包含的内容、税收的支付、付款期及支付条件。

⑧ 保险责任。

⑨ 双方的权利和违约责任。

⑩ 特殊物品，如危险品的专门规定。

对设备的采购还应包括生产厂家的售后服务和维修、配件供应网络等。

不同的合同条件，供方的责任不同，则其报价也有所不同。

（5）催货。

"催货"是指从采购合同签订之后，负责协调、督促供货厂商按合同规定的进度交货。

在国外大型工程项目中设置专门的催货人员，由催货人员每天根据实际采购工作情况或预测情况（预计实现的日期），推算预计到达现场的日期，与计划要求的日期比较，能够及时地发现供货进度已出现的或潜在的问题，及时报告。一旦某一批材料或设备出现供货进度拖延，应督促供应商采取必要的补救措施，或调整项目进度，或采取有效的财务手段和其他控制措施,努力防止进度拖延和费用超支。

4.2.4　运输

运输是指供应商提供的材料设备经验收后,从采购合同规定的发货地点及时、安全运抵施工现场或指定仓库的过程,其工作内容一般包括选择运输方式和运输公司、签订运输合同、包装、办理运输保险、运输、报关、清关、转运以及现场交接手续等。

运输拖延会造成现场停工待料、工期拖延,并会引起索赔,而到货太早则不仅使材料价款提前支付,增加资金占用,而且会加大库存面积,还会造成现场秩序混乱和二次搬运。

通常按照不同的采购合同,有不同的运输责任人。举例如下。

(1) 工地上接收货物(即为供方最大责任)。

(2) 到生产厂家接收货物(即为供方最小责任、需方最大责任)。

(3) 在出口国港口交货。

(4) 在进口国港口交货等。

除了上述第一种情况外,需方都有运输的任务。在运输过程中涉及很多问题。

(1) 运输方式的选择。通常有海(水)运、铁路、公路、航空等方式,不仅要符合工期要求,还要考虑到价格、气候条件、风险因素,货物的包装、形状、尺寸、供应方式等。

(2) 承运合同的洽商。

(3) 进、出口的海关税及限制。要及时准备进口审批文件及免税或补贴文件等。如果文件有错、不完全,则会延误进出口手续的办理,造成货物在港口积压。

(4) 运输时间应纳入总工期计划中,应及早地订好仓位及交货时间,及时催货,并在运输过程中不断地跟踪货物。

(5) 特殊运输要求,如对危险品,以及体积大、单位重量大的专有设备的运输,则要考虑到一些特殊的运输方案,进行专门的运输组织,举例如下。

① 对危险品运输需要制订特殊的保护措施、特殊的运输包装以及特殊的运输设备。

② 对超限(如超长、超重、体积特大)的构件和设备的运输,要选择经济安全的运输路线,考虑隧道的可通行性、桥梁的承载力、道路的宽度、等级等。

③ 有时需要加固沿途的桥涵、道路和进行交通管制。

④ 特殊的装卸机械安排等。

这些不仅影响工程进度计划、工程成本和质量,而且会危及工程安全。对此要制订专门的计划,在运输前应准确了解运输包装图、装载图和运输要求等资料;对沿线情况进行全面调查,必要时进行实地考察;编制严格的“运输实施计划”,对运输工具、线路、程序作出精确安排;编制运输工作子网络,有时需要以小时或分钟作为时间计划单位。

4.2.5　进场和工地储存

材料供应不可能与现场使用完全合拍,一般都要在工地上自觉地或不自觉地储存。仓储是必需的,但工地上的仓库通常很小(特别对场地紧张的工程、市区工程),费用高(由于仓库是临时建造的,费用摊销量大),而且可能导致现场的二次搬运。

(1) 必须将材料使用计划、订货计划、运输计划和仓储量一齐纳入到工期计划体系中,用计算机进行全方位管理。这样可以减少仓储,这种方法在国外项目中取得了很大的成功。

(2) 在工程中应注意工程进度的调整和工程变更,如由于设计变更、业主调整进度计划、承包商施工拖延时,则整个材料供应计划都要调整;否则会造成仓储空间不够,或大量材料涌入现场。同时,应注意及时发现采购订货、运输、分包商供应中的问题,及时调整施工过程,以减少或避免损失。

(3) 仓储面积的确定及其布置。仓储面积按照计划仓储量和该类材料单位面积的仓储量计算。各种材料单位面积的仓储量有参考数字可以查阅。

(4) 设备、材料进场应按合同规定对包装、数量及材质做检查和检验。检验工作是其质量控制的关键环节。为了确保设备、材料的质量符合采购合同的规定和要求,避免由于质量问题而影响工程进度和费用控制,应做好设备、材料制造过程中的检验或监造以及出厂前的最终检验。进场的材料设备必须做到质量合格,资料齐全、准确。

如果进场时发现损坏、数量不足、质量不符,应及时按责任情况通知承运部门、供应单位或保险公司调换、补缺、退还或索赔,同时对由于设计变更、工程量增减等问题造成进货损失的,也应及时提出索赔。

(5) 保证有足够的库存,既要符合施工要求,又要防止风险,而且结束时剩余量较少。

(6) 现场应设仓储管理人员,进行全面库存管理,在实施过程中材料(设备)常常不能准时到货,或早或迟,尽管精心计划,但干扰因素太多,涉及单位较广,所以要建立一整套关于材料使用、供应、运输、库存情况的信息反馈和报警系统。

(7) 选择合适的存放场地和库房,合理存放,确保储存安全。材料应堆放整齐,账卡齐全。应有设备材料发放和领用制度,明确领发责任,履行领发手续。

采用计算机辅助资源管理是十分有效、快捷和高度准确的,它能及时反映库存量、计划量,每日结算,每月(旬)提出报表,以发现材料的使用规律。

4.2.6　进口材料和设备的采购

进口材料必须符合政府对进口管理的规定,不能计划使用不许进口的物品。由于进口材料和设备的供应过程十分繁杂,一般包括出口国国内运输、出关、海运、入关和进口国国内运输等,有一整套非常复杂的手续和工作程序,风险更大,所以应有更为严密的计划性,同时又应留有较大的余地。

(1) 办理进口许可证。任何进口物品必须有许可证。如果按规定可以免税的,则要申请免税,批准后才能进口。

(2) 运输保险。就进口材料的运输进行投保。

(3) 清关。进口产品应按国家规定和国际惯例办理报关和商检等手续。清关有一套程序和手续,特别是单据应齐全;否则会被没收或罚款。例如,许可证、保险单、提货单、发票、产地证明书、装箱单、采购合同、卫生检查(或检疫)证明,有些发票或证明还必须经过公证或认证。有些进口材料和设备应会同有关部门进行检查和检疫。

(4) 在合同的签订、生产制造和运输过程中应有一套更为严密的跟踪控制措施。

4.2.7　其他后勤保障

按照合同或任务书规定,项目管理范围一般还包括其他后勤保障工作,举例如下。

（1）现场工作人员生活设施的计划及其供应安排，如宿舍、食堂、厕所、娱乐设施等。

① 生活设施需要量的确定。以劳动力曲线确定的现场劳动力最大需要量以及相应的勤杂、管理人员使用量为依据，人均占用面积可以按过去经验数据或定额计算。在有的国家，它不得小于法律规定的人均最小面积。

② 供应量的确定。一般参考以下三个方面。

a. 首先应考虑现场或现场周围已有的可占用（如借用、租赁）房屋，这一般比较经济。

b. 在工程实施过程中可以占用的、已建好的永久性设施。如已建好的但未装修的低层房屋，可以暂时用作宿舍、办公室或仓库。这要综合考虑工程建设计划和资源需求计划。

c. 准备在现场新建的临时设施，用以补充上述供应的不足。

③ 生活用品的供应，如粮食、蔬菜等，这些一般按现场人员数量以及人均需要量确定相应的供应计划，并确定相应的货源。

④ 按上述计划确定现场的仓库、办公室、宿舍、工棚、汽车的数量及平面布置。

（2）现场水电管网的布置。这涉及水电专业设计问题。一般考虑工程中施工设施运行、工程供排需要、劳动力和工作人员的生活、办公、恶劣的气候条件等因素，设计工程的水电管网的供排系统。

4.2.8　采购中的几个实际问题

（1）由于供应对整个工程工期、质量和成本产生影响，所以应将其作为整个项目甚至整个企业的工作，而不能仅由部门或个人垄断。例如，采购合同和采购条件的起草、商谈和签订要有几个部门共同参与，技术部门在质量上把关；财务部门对付款提出要求，安排资金计划；供应时间应保证工期的要求；供应质量要有保证。

（2）在国内外工程中采购容易产生违法乱纪行为，所以国家对工程项目的采购制定了专门的法律和法规，必须严格执行。同时，在企业内部和项目内部必须设置严密的管理组织和管理程序，对采购过程进行严格控制。作为项目经理、业主以及上层领导应加强采购的管理，特别要使采购过程透明、定标条件明确、决策公开。采购过程中，项目各职能部门之间应有制衡和监督，如提出采购计划和要求、采购决策、具体采购业务、验收、使用等应由不同的人员负责，应有严格的制度，以避免违纪现象。采购中还价和折扣应公开。防止因关系户、计划失误等干扰因素而盲目采购、一次采购量过大或价格过高。

（3）对生产周期长的材料和设备，不仅要提前订货，而且有时要介入其生产过程进行检查和控制。在承包合同或供应合同中应明确规定该权力。

（4）在采购中多做技术经济分析。在资源的采购过程中，各种资源的获得、供应、使用有许多种可供选择方案，则可以从中进行优化组合。在保证实现目标的前提下选择最合理的方案，或实现收益（利润）的最大化或成本（或损失）的最小化。

（5）在施工设备采购供应中应注意以下问题。

① 对施工设备方案要考虑：是采购还是租赁？是修理旧设备还是购买新设备？采购什么样的设备（进口先进的或一般的、一套大设备或几套小设备）？采购哪个供应商的？

② 设备操作和维修人员的培训及保障。在许多国际工程中常常由于操作人员不熟悉设备、不熟悉气候条件造成设备损坏率高、利用率低、折旧率高。

③ 保障设备配件的供应。施工设备零配件的储存量一般与以下因素有关。

a. 工期的长短。

b. 磨损量和更换频率。

c. 设备制造商或供应商的售后服务网络、服务条件、维修点的距离；能否及时提供维修和构配件以及零配件供应价格。

许多工程由于零配件无法提供或设备维修问题而导致大量设备停滞，使用率降低；或设备买得起，但用不起。若供应商在工程项目附近有维修点、供应站，则可以大大减少备用设备和配件的库存量。

在国际工程中，由于零配件的海运期为 3～5 个月，一般对三年以上的工程，开工时至少准备一年的零配件。对重要的工程或特别重要的设备零配件应有充足的储备。在某国际工程中，由于挖土机密封垫圈损坏，无法施工，而当地又无法供应，承包商派专人花费 1000 多马克乘飞机，将仅仅值 0.77 马克的垫圈从国外送达工地。

4.3　服务采购

4.3.1　咨询服务

咨询服务工作贯穿于项目的整个周期中，具体来说，包括以下几个方面。

（1）对整个项目的可行性研究进行咨询，即对业主人员编制的可行性研究报告进行审查或同业主方人员一起做项目的可行性研究。

（2）对整个项目的总体设计进行评审，或参与总体设计。

（3）就项目中的某一技术方案、技术指标或工艺流程进行咨询。

（4）就项目的某一单项工程的设计方案进行咨询或设计。

（5）编制招标文件特别是招标文件中技术规格部分。世行贷款项目一般都必须采用国际竞争性招标来完成，所以编制招标文件包括编写标书，对投标人作资格预审和最后评标，就成为聘请专家的重要因素。

（6）帮助项目单位培训人员，包括聘请专家来华讲课或派人到咨询总部去培训。

咨询服务来源于项目的实际需要。常见的咨询服务包括以下几个方面。

（1）项目投资前研究。指在确定项目之前进行的调查研究，其目的在于确定投资的优先性和部门方针，确定项目的基本特性及其可行性，提出和明确项目在政府、政策、经营管理和机构方面所需的变更和改进。

（2）准备性服务。指为了充分明确项目内容和准备实施项目所需的技术、经济和其他方面的工作，通常包括编制详细的投资概算和运营费用概算、工程详细设计、交钥匙工程合同的实施规范、土建工程和设备招标采购的招标文件。还常常包括与编制采购文件有关的服务，还有如保险要求的确定、专利人和承包人的咨询评审、分析投标书，并且提出投标建议等。

4.3.2　服务采购方式

全国人大通过决议，2000 年 1 月 1 日起开始实行《中华人民共和国招标投标法》，同时国家发展计划委员会颁布了《工程建设项目招标范围和规模标准规定》。以上两个法律文件规定了工程咨询服务的采购必须依照招投标法来执行。

由于工程咨询服务项目往往技术复杂,且项目结果事前难以确定,本书将结合国际通行的工程咨询服务采购的原则、方式和程序,提出我国工程咨询采购应采取的方法和程序。工程咨询服务的采购方式一般可根据服务金额的多少,分为有限竞争选聘、招投标选聘和直接委托等多种方式。根据国内现状,建议服务合同金额在80万元以上的咨询服务采用招投标选聘方式,金额在10万元以下的咨询服务采购宜采用直接委托的方式,金额在10万~80万元的咨询服务采购宜采用有限竞争选聘方式。以下主要介绍有限竞争选聘方式。

有限竞争选聘方式在国际上被称为“质量加成本”方式。其要求咨询机构在提交项目建议书时采用“双信封”形式,即技术建议书和财务建议书分别密封提交。

有限竞争选聘方式对适用项目的规模标准没有特殊规定。对于使用政府资金资源的项目,有限竞争选聘方式主要分为以下几步。

1. 组建项目委员会和项目评审委员会

由主管项目的政府机构和项目法人组成项目委员会。项目委员会应至少包括三名成员,由该政府机构的主要领导任主任委员。其职责是全面负责选聘工作,编制任务大纲和以下规定的其他文件,即组建项目评审委员会,支持项目评审委员会工作,接受该委员会对项目建议书的评审和排名结果以及进行合同谈判等。项目评审委员会由项目委员会负责组建。项目评审委员会由部分项目委员会成员和相关领域的外聘专家组成。项目评审委员会人数应为奇数,至少有五名成员,其中三分之二以上为外部专家。项目评审委员会中既要有技术评审专家,又要有财务评审专家。

2. 选择咨询机构

（1）制定资质预审条件。资质预审条件由项目评审委员会制定。在专业协会或行业协会注册的工程咨询公司或咨询工程师可以作为资质预审条件。

（2）公布项目消息和资质预审条件。项目委员会负责与专业协会或行业协会联系并在指定的报纸、网站或其他媒介上发布项目公告。公告中应明确说明资质预审条件及提交资质证明材料的时间和地址。资质预审条件可包括:与本项目相关的工作业绩;咨询机构的主要业务人员、设施和设备情况;咨询机构从事同类规模项目管理的能力;咨询机构的财务状况;咨询机构的工作负荷情况(因负荷情况将影响该咨询机构在人员、管理和资金等方面的配置)。

（3）确定通过资质预审的咨询机构名单。如果不把在某协会的注册情况作为资质预审条件,项目评审委员会应根据资质预审条件评估咨询机构的资质证明材料,并确定通过资质预审的咨询机构名单。通过资质预审的咨询机构将进入项目建议书的提交和评审程序。如果通过资质预审的咨询机构的数量不足三家,项目评审委员会应修订并公布新的资质预审条件,重新进行资质预审,直至三家或三家以上咨询机构通过为止。

（4）短名单方式。为促进其他地区、规模较小或财务和法律地位独立的咨询机构参与竞争,项目评审委员会可在资质预审的基础上形成短名单。进入短名单的条件应包括地域(如各地区应各有几名咨询机构进入短名单)、规模(应有大小规模不等的咨询机构进入短名单)和所有制形式等。

项目评审委员会应按规定发布项目公告,并接受咨询机构提交的意向书和相应的资质证明材料。项目评审委员根据上述短名单条件从提交意向书的咨询机构中选择不多于五家的咨询机构形成短名单,并向进入短名单的咨询机构发送项目文件,邀请其提交项目建议书。

3．制定任务大纲

由项目委员会负责准备任务大纲,其内容包括:项目目的、目标;项目工作的范围;项目背景(包括已经开展了哪些研究);项目的培训要求;项目所需的服务、调查和数据等;对项目成果的要求(图表、报告、软件等);政府机构对完成该项目所需人力和时间的初步估计;要求咨询机构提供技术路线、工作计划、进度安排和人员安排等。

如果任务大纲在技术上较为复杂,项目委员会难以独立编制任务大纲,可外聘咨询顾问(编制任务大纲的咨询顾问不得参加项目竞争)编制任务大纲。

4．制定项目建议书评审标准

(1)项目评审委员会在任务大纲的基础上制定技术建议书的评审标准。项目评审委员会在制定技术建议书评审标准时应考虑咨询机构的工作业绩、技术路线和主要项目成员等关键因素对项目的影响,并确定上述因素的具体分值。

(2)项目评审委员会制定财务建议书评审标准。评审标准中应要求不同咨询机构报出的人员报酬(注明时间单位,该报酬应包括社会保障费用、一般管理费用和其他费用)和直接支出费用具有可比性。对于技术路线未知的项目,可以不考虑财务建议书。

(3)项目评审委员会应确定技术建议书和财务建议书各占的权重,进行综合排名。咨询服务项目的技术路线比较复杂,财务建议书往往所占的权重较小,一般应在 $0\% \sim 20\%$ 之间。

5．准备项目文件

项目委员会负责准备项目文件,包括以下内容。

(1)邀请函。其主要内容有政府机构希望以合同形式采购该项咨询服务的基本要求;项目建议书提交的时间、地点、截止日期、收件人和联系方式;主要项目成员不得变更的有效期限;技术建议书和财务建议书分别密封提交的要求及技术建议书和财务建议书的份数;实地考察的安排(如需实地考察);合同谈判和项目启动的日期;对项目文件进行答疑的程序;准备项目建议书的费用由咨询机构自理的说明;收到项目文件的信息反馈及明确向政府机构表明参加项目竞争的方式。

(2)任务大纲、选聘程序和项目建议书评审标准。

(3)邀请函附件。其主要内容有技术建议书格式,包括工作计划、人员安排、进度安排、人员简历和咨询机构资历等;财务建议书格式;政府机构准备为该项目提供的服务、设施、设备或人员的详细情况说明;政府出资项目选聘咨询顾问的规定;合同样本。

由项目工作小组负责将上述所有文件进行汇总,形成完整的项目文件。

6. 发送项目文件和接受项目建议书

（1）发送项目文件。项目委员会负责向所有符合注册条件、通过资质预审或进入短名单的咨询机构发送项目文件。

（2）项目实地考察。在必要的情况下，项目工作小组应安排咨询机构进行项目实地考察。

（3）答疑。项目委员会负责受理并解答关于项目文件，包括任务大纲和其他文件的疑问。所有提问和答复均应以书面形式通知所有准备提交项目建议书的咨询机构。

（4）准备项目建议书。咨询机构应根据项目文件的要求准备项目建议书。咨询机构在准备项目建议书时可参考有关咨询机构（顾问）的注意事项。

（5）接受项目建议书。项目委员会接受咨询机构提交的项目建议书，并保证其在开启前的安全和保障。

4.3.3　技术采购

技术采购包括技术转让、技术咨询、技术服务、委托开发和合作开发等多种形式。技术转让包括专利权转让、专利申请权转让、技术秘密转让和专利实施许可等。技术咨询包括就特定技术项目提供可行性论证、技术预测、专题技术调查、分析评价报告等。

技术服务是指当事人一方以技术知识为另一方解决特定技术问题，主要涉及委托开发与合作开发。

委托开发的委托人应当按照约定支付研究开发经费和报酬，提供技术资料、原始数据，完成协作事项，接受研究开发成果。委托开发的研究开发人应当按照约定制订和实施研究开发计划，合理使用研究开发经费，按期完成研究开发工作，交付研究开发成果，提供有关的技术资料和必要的技术指导，帮助委托人掌握研究开发成果。委托人违反约定造成研究开发工作停滞、延误或者失败的，应当承担违约责任。研究开发人违反约定造成研究开发工作停滞、延误或者失败的，应当承担违约责任。

合作开发的当事人应当按照约定进行投资（包括以技术进行投资），分工参与研究开发工作，协作配合研究开发工作。合作开发合同的当事人违反约定造成研究开发工作停滞、延误或者失败的，应当承担违约责任。

委托开发和合作开发的技术成果归属问题有很大不同。

《中华人民共和国合同法》规定，委托开发完成的发明创造，除当事人另有约定的以外，申请专利的权利属于研究开发人。研究开发人取得专利权的，委托人可以免费实施该专利。研究开发人转让专利申请权的，委托人享有以同等条件优先受让的权利。

《中华人民共和国合同法》规定，合作开发完成的发明创造，除当事人另有约定的以外，申请专利的权利属于合作开发的当事人共有。当事人一方转让其共有的专利申请权的，其他各方享有以同等条件优先受让的权利。合作开发的当事人一方声明放弃其共有的专利申请权的，可以由另一方单独申请或者由其他各方共同申请。申请人取得专利权的，放弃专利申请权的一方可以免费实施该专利。合作开发的当事人一方不同意申请专利的，另一方或者其他各方不得申请专利。

无论是委托开发还是合作开发，当事人均应签订详细的技术合同。技术合同的内容由当事人约定，但一般应包括以下条款。

① 项目名称。

② 标的的内容、范围和要求。

③ 履行的计划、进度、期限、地点、地域和方式。

④ 技术情报和资料的保密。

⑤ 风险责任的承担。

⑥ 技术成果的归属和收益的分成办法。

⑦ 验收标准和方法。

⑧ 价款、报酬或者使用费及其支付方式。

⑨ 违约金或者损失赔偿的计算方法。

⑩ 解决争议的方法。

⑪ 名词和术语的解释。

与履行合同有关的技术背景资料、可行性论证和技术评价报告、项目任务书和计划书、技术标准、技术规范、原始设计和工艺文件,以及其他技术文档,按照当事人的约定可以作为合同的组成部分。

技术合同涉及专利的,应当注明发明创造的名称、专利申请人和专利权人、申请日期、申请号、专利号以及专利权的有效期限。

技术合同价款、报酬或者使用费的支付方式由当事人约定,可以采取一次总算、一次总付或者一次总算、分期支付,也可以采取提成支付或者提成支付附加预付入门费的方式。

约定提成支付的,可以按照产品价格、实施专利和使用技术秘密后新增的产值、利润或者产品销售额的一定比例提成,也可以按照约定的其他方式计算。

提成支付的比例可以采取固定比例、逐年递增比例或者逐年递减比例。约定提成支付的,当事人应当在合同中约定查阅有关会计账目的办法。

4.3.4　外包服务

外包是企业利用外部的专业资源为己服务,从而达到降低成本、提高效率、充分发挥自身核心竞争力乃至增强自身应变能力的一种管理模式,同时也是现代社会非常重要的一种商业模式。企业将业务外包这一措施利弊并存。

企业实施外包后带来的主要利益包括降低服务成本、专注于核心服务、品质改善和专业知识获取等。

外包带来的将不总是正面利益,其负面影响主要表现如下。

① 无法达到预期的成本降低目标。

② 以前内部自行管理领域的整体品质降低。

③ 未和服务供应商达成真正的合作关系。

④ 无法借机开拓出满足客户新层次需求和符合弹性运作需求的机会。

⑤ 企业内部知识流失。

在进行自制/外购分析时,有时项目的执行组织可能有能力自制,但是可能与其他项目有冲突或自制成本明显高于外购,在这些情况下项目需要从外部采购,以兑现进度承诺。

任何预算限制都可能是影响自制/外购决定的因素。如果决定购买,还要进一步决定是购买还是租借。自制/外购分析应该考虑所有相关的成本,无论是直接成本还是间接成本。

例如,在考虑外购时,分析应包括购买该项产品实际支付的直接成本,也应包括购买过程中产生的间接成本。

小结

现代项目管理给项目采购管理赋予了全新的概念。这里所指的"采购"不仅仅是原来意义上的"货物商品的采购",而是一个更加广泛的范畴。世界银行将项目采购分为工程采购、货物采购和咨询服务采购,这种分类与《中华人民共和国政府采购法》对项目采购的分类相一致。

工程采购又称为土建工程采购,是一种有形的采购,通过招标或其他商定的方式选择工程承包单位,即选定合格的承包商担任项目工程施工任务。

政府采购法规定,凡是政府机关、事业单位和团体组织等使用财政性资金从事工程建设的,应纳入政府采购法调整范围。政府采购应采用以下方式:①公开招标;②邀请招标;③竞争性谈判;④单一来源采购;⑤询价;⑥国务院政府采购监督管理部门认定的其他采购方式。

货物采购的业务范围包括:确实所需采购货物的性能和数量;供求商场的调查分析;合同的谈判与签订监督实施;在合同执行过程中,对存在问题采取必要的措施;合同支付和纠纷处理等。

在组织准备进行采购时,应准备的采购文件中包括采购管理计划、工作说明书、标书(RFP)和评估标准等内容。

工程咨询服务的采购方式一般可根据服务金额的多少,分为有限竞争选聘、招投标选聘和直接委托等多种方式。

技术采购包括技术转让、技术咨询、技术服务、委托开发和合作开发等多种形式。

外包是企业利用外部的专业资源为己服务,从而达到降低成本、提高效率、充分发挥自身核心竞争力乃至增强自身应变能力的一种管理模式,同时也是现代社会非常重要的一种商业模式。

思考与练习

4-1 什么是工程项目采购?应注意的问题有哪些?

4-2 政府项目采购和招投标有何异同?

4-3 财政部门在采购过程中如何履行好自己的职责?

4-4 采购工作包括哪些内容?

4-5 简述采购过程。

4-6 运输过程中涉及的问题有哪些?

4-7 施工设备采购供应中应注意哪些问题?

4-8 外包服务有哪些优、缺点?

4-9 某物联网工程项目采购公开招投标。招标文件要求投标企业必须通过 ISO 9001 认证并提交 ISO 9001 证书。在评标过程中,评标专家发现有多家企业的投标文件没有按标书要求提供 ISO 9001 证书。依据相关法律法规,以下处理方式中,(　　)是正确的。

    A. 因不能保证采购质量,招标无效,重新组织招标

    B. 若满足招标文件要求的企业达到三家,招标有效

    C. 放弃对 ISO 9001 证书的要求,招标有效

    D. 若满足招标文件要求的企业不足三家,则转入竞争性谈判

4-10　下列有关《中华人民共和国政府采购法》的表述中,错误的是(　　)。

    A. 任何单位和个人不得采用任何方式阻挠和限制供应商自由进入本地区和本行业的政府采购市场

    B. 政府采购应当采购本国货物、工程和服务。需要采购的货物、工程或者服务在中国境内无法获取或者无法以合理的商业条件获取的则除外

    C. 政府采购应当采购本国货物、工程和服务。为在中国境外使用而进行采购的则除外

    D. 政府采购实行集中采购和分散采购相结合。其中集中采购由国务院统一确定并公布;分散采购由各省级人民政府公布的采购目录确定并公布

4-11　依据《中华人民共和国政府采购法》中有关供应商参加政府采购活动应当具备的条件,下列陈述中错误的是(　　)。

    A. 供应商参加政府采购活动应当具有独立承担民事责任的能力

    B. 采购人可以要求参加政府采购的供应商提供有关资质证明文件和业绩情况,对有资质的供应商免于资格审查

    C. 供应商参加政府采购活动应当具有良好的商业信誉和健全的财务会计制度

    D. 供应商参加政府采购活动应当具有依法缴纳税收和社会保障资金的良好记录,并且参加政府采购活动前三年内,在经营活动中没有重大违法记录

4-12　下列有关《中华人民共和国政府采购法》的陈述中,错误的是(　　)。

    A. 政府采购可以采用公开招标方式

    B. 政府采购可以采用邀请招标方式

    C. 政府采购可以采用竞争性谈判方式

    D. 公开招标应作为政府采购的主要采购方式,政府采购不可从单一来源采购

4-13　根据《中华人民共和国政府采购法》的规定,当(　　)时不采用竞争性谈判方式采购。

    A. 技术复杂或性质特殊,不能确定详细规格或具体要求

    B. 采用招标所需时间不能满足用户紧急需要

    C. 发生了不可预见的紧急情况不能从其他供应商处采购

    D. 不能事先计算出价格总额

4-14　按照《中华人民共和国政府采购法》的规定,供应商可以在知道或者应知其权益受到损害之日起七个工作日内,以书面形式向采购人提出质疑。(　　)不属于质疑的范围。

    A. 采购过程　　　　　　　　　　B. 采购文件

    C. 合同效力　　　　　　　　　　D. 中标、成交结果

4-15　在组织准备进行采购时,应准备的采购文件中不包括(　　)。

    A. 标书　　　　B. 建议书　　　　C. 工作说明书　　　　D. 评估标准

第5章

物联网工程项目合同管理

学习目标

知识目标

(1) 了解物联网建设工程合同管理的概念和种类。

(2) 熟悉物联网建设工程合同的主要条款和作用。

(3) 掌握物联网建设工程合同的订立原则。

(4) 了解《中华人民共和国合同法》的主要内容。

能力目标

(1) 掌握物联网建设工程合同管理的工具和技术。

(2) 熟悉合同谈判的过程和方法。

(3) 掌握物联网建设工程合同纠纷的解决方法。

工程案例

1. 背景

某物联网建设公司刚刚和 M 公司签订了一份新的合同,合同的主要内容是处理公司以前为 M 公司开发的信息系统的升级工作。升级后的系统可以满足 M 公司新的业务流程和范围。由于是一个现有系统的升级,项目经理王工特意请来了原系统的需求调研人员李工担任该项目的需求调研负责人。在李工的帮助下,很快地完成了需求开发的工作并进入设计与编码阶段。由于 M 公司的业务非常繁忙,M 公司的业务代表没有足够的时间投入到项目中,确认需求的工作一拖再拖。王工认为,双方已经建立了密切的合作关系,李工也参加了原系统的需求开发,对业务的系统比较熟悉,因此定义的需求是清晰的。故王工并没有催促业务代表在需求说明书中签字。

进入编码阶段后,李工因故移民加拿大,需要离开项目组。王工考虑到系统需求已经定义,项目已经进入编码期,李工的离职虽然会对项目造成一定的影响,但影响较小,因此很快办理好了李工的离职手续。

在系统交付的时候,M 公司的业务代表认为已经提出的需求很多没有实现,实现的需求也有很多不能满足业务的要求,必须全部实现这些需求后才能验收。此时李工已经不在项目组,没有人能够清晰地解释需求说明书。最终系统需求发生重大变更,项目延期超过50%,M 公司的业务代表也因为系统的延期表示了强烈的不满。

2．问题

（1）请对王工在项目管理工作中的行为进行点评。

（2）请从项目范围管理的角度找出该项目实施过程中的问题。

（3）请结合你本人项目经验，谈谈应如何避免类似的问题。

以合同作为组织纽带和项目运作规则是工程项目区别于其他类型项目的最显著的标志，合同管理也是工程项目管理的难点之一。本章主要了解物联网建设工程合同的管理和分类，以及物联网建设工程项目合同如何订立、履行、变更、解除和索赔。

5.1　工程项目合同概述

合同管理是确保甲乙双方当事人的执行过程符合合同要求的过程。对于需要多个产品和服务供应商的大型项目，合同管理的主要方面就是管理不同供应商之间的接口。合同管理的主要内容包括合同的订立、合同的履行、合同的变更、合同终止和违约管理。

5.1.1　物联网建设工程合同

1．合同

合同又称契约，是指双方或者多方当事人，包括自然人和法人，关于订立、变更、解除民事权利和义务关系的协议。从合同的定义来看，合同具有下列法律上的特征。

（1）合同是一种法律行为。这种法律行为使签订合同的双方当事人产生一种权利和义务关系，受到国家强制力保护（即法律的保护），任何一方不履行或不完全履行合同，都要承担经济上或者法律上的责任。

（2）合同是当事人双方的法律行为。合同的订立必须是合同双方当事人意思的表示，只有双方的意思表示一致时，合同才能成立。

（3）双方当事人在合同中具有平等的地位。双方当事人应当以平等的民事主体地位来协商制定合同，任何一方不得把自己的意志强加于另一方，任何单位机构不得非法干预，这是当事人自由表达其意志的前提，也是合同双方权利、义务相互对等的基础。

（4）合同应是一种合法的法律行为。合同是国家规定的一种法律制度，双方当事人按照法律规范的要求达成协议，从而产生双方所预期的法律后果。合同必须遵循国家法律、行政法规的规定，并为国家所承认和保护。

（5）合同关系是一种法律关系。这种法律关系不是一般的道德关系。合同制度是一项重要的民事法律制度，它具有强制的性质，不履行合同要受到国家法律的制裁。

综上所述，合同是双方当事人依照法律的规定而达成的协议。合同依法成立，即具有法律约束力，在合同双方当事人之间产生权利和义务的法律关系。合同正是通过这种权利和义务的约束，促使签订合同的双方当事人认真、全面地履行合同。

2．物联网建设工程合同的概念和种类

物联网建设工程合同又称为工程项目合同，是指在项目建设过程中的各个主体之间订

立的经济合同。工程项目合同不仅仅是一份合同,而且是由各个不同主体之间的合同组成的合同体系。

(1) 工程项目合同可分为勘察设计合同、建设监理合同、土建安装工程承包合同、工程材料和机械设备供应合同、加工订货合同、工程咨询合同。

① 勘察设计合同。勘察设计合同是发包方与承包方为完成勘察设计任务,明确双方权利和义务关系的协议。发包方可以是建设单位,也可以是全过程承包的总承包商,承包方是持有勘察设计证书的勘察设计单位。

② 建设监理合同。建设监理合同是工程项目的建设单位委托监理单位对工程项目实施阶段的建设行为,实行监督管理的协议。委托方必须委托与工程等级、工程类别相适应的,具有相应资质等级的监理单位进行工程监理。

③ 土建安装工程承包合同(施工项目合同)。土建安装工程承包合同是建设单位与承包商为完成商定的施工安装工作内容,明确双方权利、义务关系的协议。

④ 工程材料和机械设备供应合同。合同的供方一般为物资供应商或机械设备的生产厂家,需方应按土建安装施工合同中对供应物资责任方的规定进行。需方可能是建设单位,也可能是总承包商。

⑤ 加工订货合同。在项目建设工程中加工订货合同很多。加工订货合同的标的通常称为定做物。定做物可以是构件、机组设备或施工产品。加工订货合同的委托方称为定做方,该方需要定做物;另一方称为承揽方,为定做方完成定做物加工。

⑥ 工程咨询合同。工程咨询合同是就特定的技术项目提供可行性论证、技术预测、专项技术调查、分析评估报告等所订立的合同。合同当事人一方是建设单位或承包商,他们提出咨询要求,称为委托方。另一方是提供咨询的单位或个人,称为顾问方。

(2) 按合同所包括的工程范围和承包关系划分可分为总包合同和分包合同。

① 总包合同。它是指业主与总承包商之间就某一工程项目的承包内容签订的合同。总包合同的当事人是业主和总承包商。工程项目中所涉及的权利和义务关系,只能在业主和总承包商之间发生。

② 分包合同。它是指总承包商将工程项目的某部分或单项工程分包给某一分包商来完成所签订的合同。分包合同的当事人是总承包商和分包商。工程项目所涉及的权利和义务关系,只能在总承包商与分包商之间发生。

5.1.2 合同的主要条款

1. 标的

标的是指经济合同当事人双方权利义务共同指向的事物,通常它是指货物、劳务、工程项目以及货币等。依据不同种类的经济合同,其标的也不同,如物联网建设安装工程承包合同的标的是物联网建设工程项目。

标的是经济合同的核心,它是当事人双方权利和义务的焦点。尽管当事人双方签订经济合同的主观意向各不相同,但最终必须集中在同一标的上。因此,当事人双方签订经济合同时,首先要明确标的,没有标的或者标的不明确,必然会导致经济合同无法履行,甚至产生纠纷。

2．数量

数量是计算标的尺度，把标的定量化，以便计算价格和酬金。如果标的没有数量，就无法确定当事人双方权利和义务的大小。国家颁发的《在我国统一实行法定计量单位的命令》规定，签订经济合同时，必须使用国家法定计量单位做到计量标准化、规范化。计量单位不统一，一方面会降低工作效率，另一方面也会因误解而产生纠纷，甚至发生差错而使当事人蒙受损失。

3．质量

质量是标的物内在的特殊物质属性和社会属性，是不同标的物之间差异的具体特征。它是标的物价值和使用价值的集中表现，并决定着标的物的经济效益和社会效益，还直接关系到生产的安全和人身的健康。因此，签订经济合同时，必须对标的物的质量作出明确的规定。标的质量，有国家标准的按国家标准签订；没有国家标准，但有行业标准的按行业标准签订；没有上述标准，但有地方标准或者企业出厂标准的（如产品说明书、合格证书），均应写明相应的质量标准。

4．价款或者酬金

价款和酬金简称价金。价款通常是指当事人一方为取得对方转让的标的物，而支付给对方一定数额的货币。酬金通常是指当事人一方为对方提供服务，而获取一定数额货币的报酬。价款是商品单价乘以商品数量或者再加上其他必需费用的总额，商品单价是价款的决定性因素。当事人在签订经济合同时，应接受工商行政管理机关和物价管理部门的监督，不得违反有关政策的规定，哄抬物价、倒买倒卖、投机倒把，扰乱社会秩序。

5．履行的期限、地点和方式

（1）履行期限。履行期限是指当事人交付标的物和支付价金的日期。也就是依据经济合同的规定，权利要求义务人履行义务的请求权发生的时间。经济合同的履行是一项非常重要的条款，不论是计划经济合同还是市场经济合同，都必须写明具体的履行起止日期，否则就会形成义务人在任意期限内履行义务或者无限期地拖延义务的履行，而不承担违约责任，引起商品生产经营者的供、产、销失调，或者使市场经济商品生产经营者丧失竞争能力而造成经济损失，最终酿成经济纠纷。

（2）履行地点。履行地点是指当事人交付标的物和支付价金的地点。它包括标的物交付地点、服务、劳务或工程项目建设的地点、价金结算地点等。经济合同履行地点也是一项重要条款，它不仅关系到权利人和义务人义务发生地的依据，还关系到仲裁机关和人民法院受理经济合同纠纷案件的管辖问题。因此，经济合同当事人双方签订合同时，必须将履行地点写明，并且要写得具体、准确，以免发生差错引起纠纷。

（3）履行方式。履行方式是指经济合同规定当事人双方以何种具体方式转移标的物和结算价金。履行方式要视所签订的合同性质而定。

（4）违约责任。违约责任是指经济合同规定当事人一方或双方不履行义务时必须承担的经济法律责任。违约责任包括支付违约金、偿付赔偿金以及发生意外事故的处理等其他责任。法律有规定责任范围的按规定处理,法律没有规定责任范围的由当事人双方协商办理。

违约责任条款是一项十分重要而又往往被人们忽视的条款。首先,它对经济合同正常顺利履行具有担保作用,是一项制裁性条款,对当事人履行合同具有约束力;其次,它的制裁性使一些存有陈腐观念,习惯于运用行政手段调解纠纷的人"犯忌",认为签订合同是"君子协定",何必谈违约责任,怕伤面子。鉴于上述情况当事人签订经济合同时,必须写明违约责任;否则,有关主管机关不予登记,鉴证机关不予鉴证,公证机关不予公证。

5.1.3　物联网建设工程合同的作用

项目管理的目标主要包括质量目标、进度目标、成本目标和安全目标,这些目标的实现都与合同管理息息相关。也可以说,合同管理就是上面这四个目标管理的综合体现。

在实施合同管理的过程中,需要做好以下几个方面的工作。

1. 物联网建设工程合同分析

物联网建设工程合同分析就是剖析、理解建设工程合同,这是进行有效合同管理的前提条件。如果不对物联网建设工程合同进行深入理解,就不可能做好合同管理工作。

同时,对物联网建设工程合同进行认真的分析还有以下几个方面的原因。

(1) 合同条文繁杂,内涵意义深刻,法律语言不容易理解。

(2) 在一个工程中,往往有几份、十几份甚至几十份合同交织在一起,有十分复杂的关系。

(3) 合同文件和工程活动的具体要求(如工期、质量、费用等)的衔接处理。

(4) 工程小组、项目管理职能人员等所涉及的活动和问题不是合同文件的全部,而仅为合同的部分内容,如何全面理解合同对合同的实施将会产生重大影响。

(5) 合同中存在问题和风险,包括合同审查时已经发现的风险和还可能隐藏着的尚未发现的风险。

(6) 合同条款的具体落实。

(7) 在合同实施的过程中,合同双方将会产生的争议。

合同分析的内容非常广泛,可以说与物联网工程建设有关的内容都属于要分析的内容。一般情况下,主要分析以下几个方面的内容。

(1) 订立合同的法律基础。

(2) 承包人的主要责任。

(3) 发包人的主要责任。

(4) 有关进度条款分析。

(5) 有关质量条款分析。

(6) 有关成本与工程款支付条款分析。

(7) 有关程序条款分析。

(8) 有关限制性条款分析。

2．物联网建设工程合同交底

物联网建设工程合同交底指的是合同管理人员向其他从事与合同管理有关的人员明确合同内容的过程。由于物联网建设工程合同的管理涉及很多岗位、很多人员，因此，需要所有相关人员的协调配合才能有效地进行合同管理。而有效配合的前提条件就是要使这些人员都能够清楚地了解合同的内涵和精神，因此，进行合同交底是必不可少的一部分。

合同交底主要通过下面的方式和程序进行。

（1）合同管理人员向项目管理人员和企业业务部门的相关人员进行"合同交底"，组织大家学习合同和合同的总体分析结果，对合同的主要内容作出解释和说明。

（2）将各种合同事件的责任分解落实到各工程小组或分包人。

（3）在合同实施前与其他相关的各方面，如发包人、监理工程师、承包人沟通，召开协调会议，落实各种安排。

（4）在合同实施过程中还必须进行经常性的检查、监督，对合同进行解释。

（5）合同责任的完成必须通过其他经济手段来保证。对分包商，主要通过分包合同确定双方的责、权、利关系，保证分包商能够保质保量地完成合同责任。

3．物联网建设工程合同实施

合同中约定的双方当事人的责任只有通过实施才能实现。所以，合同实施是合同管理中最为关键的环节。合同分析与合同交底都是为有效的合同实施做准备。

为了有效地实施合同，以实现合同双方当事人的权利和责任，应该做好以下几个方面的工作。

1）责任细分

在进行了合同分析与交底的前提下，将合同中约定的责任做进一步的细分，然后，将这些责任落实到具体的岗位、具体的人员。

2）适当授权

责任与权利是相对应的，有时责任的完成是以权利的运用为前提条件的。所以，为了保证这些从业人员能够很好地完成合同中约定的义务，应该授予其相应的权利。

3）资源保证

合同管理中的资源是指为了实现合同目的所必需的物质条件，包括生产资料、生产工具、生产人员、资金等。如果资源不足，就会影响到合同的有效实施。

4）有效监管

合同义务完成得好坏，不仅受到当事人自身的影响，也受到外界环境的影响。因此，合同管理人员应该为合同的实施建立有效的监管机制，通过外部监控来反馈合同实施的信息并强化合同当事人履行合同义务的责任感。

4．物联网建设工程合同跟踪

物联网建设工程合同跟踪指的是合同管理人员对合同履行的情况适时进行观察的过程。合同跟踪可以使合同管理人员及时掌握合同履行的状况，进而为后面的合同控制做好准备。

物联网建设工程合同跟踪主要包括以下几个方面的内容。

1）合同履行的进度

合同履行的进度是指合同中约定的义务完成的比例。不管是质量目标、进度目标、成本目标还是安全目标都需要做一些具体的工作来实现，如果没能完成这些任务，就不可能保证这些目标的实现，因此，这些任务完成的进度情况是需要跟踪的。

2）合同履行的质量

合同履行的质量指的是履行合同过程中工作的质量和阶段性的工作成果的质量。有的时候，尽管合同履行的进度较快，但是履行的质量却不是很好，这也同样难以保证合同约定义务的实现，因此，也需要对合同履行的质量进行跟踪。

3）合同履行过程中存在的问题

合同中的义务能否得到顺利实现，取决于在制订计划时拟定的外部条件实现的程度。在合同履行的过程中会出现许多与原来拟定的外部条件不一致的情况，这就是合同履行过程中存在问题的根源。这不仅导致了既有问题的出现，还将进一步影响后续的工作，因此，需要对之进行跟踪，掌握其发展趋势。

5. 物联网建设工程合同问题分析

物联网建设工程合同分析是进行合同控制的前提，只有分析清楚了问题产生的原因，才能采取有效的措施进行控制。所以，物联网建设工程合同问题分析是项目管理在动态控制过程中的一个基本环节。

物联网建设工程合同问题分析主要包括以下几个方面的内容。

（1）问题产生的原因。

（2）问题产生的性质。

（3）问题产生的频率。

（4）问题产生后对履行合同义务的影响。

6. 物联网建设工程合同控制

在分析清楚问题产生的原因后，就要采取措施对合同的履行实施控制了。通过控制保证最初制订的质量、进度、成本、安全目标的实现。

常用的用于控制的措施有管理措施、经济措施、组织措施、技术措施。

（1）确立项目当事人之间的关系，确定业主和承包商的权利和义务，利于改善项目工作的管理。物联网建设工程合同主要是承包商和业主双方行为的准则，对双方起制约作用，它以平等、协商的契约关系取代了传统项目管理中的行政命令关系，使得项目的实施和管理更为科学、有效。

（2）物联网建设工程合同是项目实施的法律依据。物联网建设工程合同一般都具体地规定了项目的标的、所要达到的要求、起始时间和终止时间、成本约束等内容，这些条款和内容说明在项目实施中有了明确的目标和依据。同时物联网建设工程合同在法律上有以下作用，即依法保护合同当事人、关系人的权益，依法追究违反合同的当事人责任，按照合同的规定处理纠纷进行索赔等。

（3）物联网建设工程合同有利于国际间的相互交流与协作。物联网建设工程合同的规范化,利于我国项目管理企业进入国际市场,参与国际竞争,也利于我国引进外资、引进国外的技术项目。

5.1.4 物联网建设工程合同的特征

(1) 建设工程合同的主体是以法人为主,也可以是自然人或者其他组织。

(2) 建设工程合同的标的是建设工程。

(3) 国家对建设工程进行应有的管理。

(4) 建设工程合同是具有程序性的要式合同。

(5) 国家基本建设工程体现计划性特征。

(6) 建设工程合同应采取书面形式。

5.1.5 物联网建设工程合同管理的工具和技术

合同管理的目的是达到项目合同的有效执行、项目服务质量的控制,还包括资金管理部分。支付条款应在合同中规定,价款的支付应与取得的进展联系在一起。

合同管理审核并记录施工方执行合同的绩效,以及所要进行的纠偏措施。同样,施工方也会记录绩效以备将来使用。合同管理还包括合同变更控制,在合同收尾前任何时候经双方同意都可以对合同进行修订。

合同管理的工具和技术如下。

(1) 合同变更控制系统。由于合同双方现实环境和相关条件的变化,许多合同都有可能变更,而这些变更必须根据合同的相关条款做适当处理。合同变更控制系统定义合同变更的程序,包括书面工作、跟踪系统、争端解决程序和变更的批准级别。合同变更控制系统应被包括在总体的变更控制系统中。任何合同的变更都是以一定的法律事实为依据来改变合同内容的法律行为。

(2) 绩效评审。绩效评审是对施工方在合同规定的进度和质量范围内的交付情况和成本花费的全面评审,包括对施工方准备的文件的评审和对施工方工作执行的审查和质量评审。绩效评审的目标是确定合同是否成功执行、关于工作明细表的进展情况和施工方的违约情况。

(3) 检查和审计。在合同执行过程中,可以执行检查和审计来识别供方工作程序、产品和服务的弱点。

(4) 绩效报告。绩效报告向管理方提供施工方是否有效地完成合同目标的信息。合同绩效报告应同整个项目的绩效报告合并在一起。

(5) 支付系统。对管理方的支付通常由执行组织的应付账款系统处理。对于有多种或复杂的大型工程项目,项目应设立自己的支付系统。不管哪一种情况,支付系统都应包括项目管理小组的适当的审查和批准过程。

(6) 索赔管理。当合同执行出现偏差,双方不能达成纠正偏差的一致意见时,可能引发争端、索赔或诉讼。通常遵循合同条款,这些索赔会在合同生命周期内被记录、处理、监控和管理。如果各方无法自己解决,就不得不按照合同规定的争端解决程序来处理,可以在合同收尾前或收尾后援引合同争端解决条款进行仲裁或诉讼。

（7）记录管理系统。将一些特定的程序、相关的控制活动和自动化工具统一成一个整体，项目经理使用该系统管理合同文件和记录。

5.2 物联网建设工程合同的订立

5.2.1 物联网建设工程合同订立的原则和依据

1. 物联网建设工程合同订立的原则

（1）"合同当事人的法律地位平等，一方不得将自己的意志强加于另一方。"平等原则的基本含义是，当事人无论具有什么身份，在合同关系中相互之间的法律地位是平等的，都是独立的、平等的合同当事人，没有高低、从属之分，都必须遵守法律规定，必须尊重对方以及其他当事人的意志。

法律地位平等是合同自愿原则的前提条件，如果当事人的地位都不平等，就做不到协商一致，更谈不到合同自愿了。

（2）"当事人依法享有自愿订立合同的权利，任何单位和个人不得非法干预。"合同当事人通过协商，自愿决定和调整相互之间的权利和义务关系。合同自愿原则在合同法中表现在：一是当事人之间订立合同法律地位平等，要协商一致，一方不得将自己的意志强加给另一方；二是当事人依法享有自愿订立合同的权利，任何单位和个人不得非法干预；三是任何违背当事人意志的合同内容都是无效的或者是可撤销的。

合同自愿原则贯彻于合同订立和履行的全过程之中。只要不违背法律和行政法规的强制性规定，合同当事人有权约定任何事项。首先，当事人订立合同是自愿的，完全由自己的意愿决定；第二，自愿选择订立合同的对方当事人；第三，在遵守法律的前提下自愿约定合同的内容；第四，自愿选择合同的方式；第五，合同履行过程中，当事人可以自愿协议补充或者变更有关内容，也可以自愿协商解除合同；第六，发生争议时，当事人可以自愿选择解决争议的方式。

（3）"当事人应当遵循公平原则确定各方的权利和义务。"公平是法律最基本的价值取向，法律的基本目标就是在公平与正义的基础上建立社会的秩序。公平原则要求合同当事人根据公平、正义的观念确定各方的权利和义务，各方当事人都应当在不侵害他人合法权益的基础上实现自己的利益，不得滥用自己的权利。

（4）"当事人行使权利、履行义务应当遵循诚实信用原则。"诚实信用原则的含义是，当事人在合同活动中应当讲诚实、守信用，以善意的方式履行自己的义务，不得规避法律和合同义务。诚实信用原则在合同活动中的具体运用表现在以下几个方面：第一，当事人应当以善意的方式行使权利，不得以损害他人为目的滥用权利；第二，当事人应当以诚实的、自觉的方式履行义务；第三，当事人应当以实事求是的态度对自己的行为负责。

（5）"当事人订立、履行合同，应当遵守法律、行政法规，尊重社会公德，不得扰乱社会经济秩序，损害社会公共利益。"社会公德即社会公共生活准则，是指人们在社会公共生活中应该遵循的基本准则。社会公共利益是指全体社会成员的共同利益。遵守法律，是法治国家对每一个社会成员和组织的基本要求。尊重社会公德，则是每一个有良心的社会成员参与社会生活的自觉行为准则。

合同主要涉及当事人自己的利益,因此国家一般不予干涉,由当事人自己约定,采取自愿原则。但是,当事人在社会中彼此之间发生的权利和义务关系,可能会对其他社会成员产生影响,可能会涉及经济秩序、社会公共利益,因此合同自愿原则也不是绝对的,当事人必须要对自己的行为有所约束,这种约束来自于法律和道德。为了维护社会公共利益,维护社会经济秩序,对于损害社会公共利益、扰乱社会经济秩序的行为,国家应当予以干预。国家的干预要依法进行,通过法律、行政法规作出规定。

2. 合同订立的依据

物联网建设工程合同的订立应依据我国有关法律、物联网建设行业及有关部门颁发的条例及管理法规、招标文件等,如《中华人民共和国合同法》《建设工程项目管理规范》《中华人民共和国招标投标法》《建设工程质量管理条例》等。

5.2.2 物联网建设工程合同订立的程序

订立物联网建设工程合同的程序是指当事人双方依法就物联网建设工程合同的主要条款经过协商一致,并签署书面协议的过程。订立物联网建设工程合同的过程一般先由当事人一方提出要约,再由另一方作出承诺的意思表示,签字、盖章后合同即告成立。在法律上,把订立物联网建设工程合同的全过程分为要约和承诺两个阶段。要约和承诺属于法律行为,当事人双方一旦作出相应的表示,就要受到法律的约束。

1. 要约

要约是指当事人一方向另一方提出订立合同的要求和合同的主要条款,并限定其作出答复期限的经济活动。

1) 要约的概念与特征

要约是希望和对方订立合同的意思表示。提出要约的一方为要约人,接受要约的一方为受要约人。根据《中华人民共和国合同法》的规定,要约的特征表现为以下几方面:第一,要约是以订立合同为目的的意思表示,表现为要约人主动要求与受要约人订立合同;第二,要约的内容具体确定,即要约的内容应当包括合同得以成立所必需的条款;第三,表明经受要约人承诺,要约人即受该意思表示约束,要约一经受要约人接受,合同即可成立。

要约不同于要约邀请。要约邀请是希望他人向自己发出要约的意思表示。要约与要约邀请的主要区别为:第一,两者的含义不同,前者是以订立合同为目的的意思表示,后者是希望他人向自己发出要约的意思表示;第二,两者对意思表示人的约束力不同,在要约确定的承诺期限内,要约对要约人具有法律约束力,而要约邀请的发出人并不受要约邀请的约束;第三,两者的法律后果不同,要约一经接受,合同成立。要约邀请一经接受,双方开始进入合同订立的过程。常见的要约邀请如寄送的价目表、拍卖公告、招标公告、招股说明书、商业广告等,但是,商业广告的内容符合要约规定的,视为要约。

2) 要约的效力

要约的效力是指要约对要约人和受要约人的法律约束力。要约对要约人的约束力表现为要约一经生效,要约人即受要约的约束。要约对受要约人的效力是指受要约人于要约发生效力时有权作出承诺以成立合同，受要约人的承诺应当在要约确定的承诺期限内作出，受要约人的承诺不得对要约作出实质性变更；否则不能发生承诺的法律后果，即合同成立。

3）要约的生效时间

关于要约的生效时间，不同的国家采取的立法体例并不一致，有的国家采取发信主义，有的国家采取到达主义。我国合同立法采取了到达主义，即要约到达受要约人时生效。采用数据电文形式订立合同，收件人指定特定系统接收数据电文的，该数据电文进入该特定系统的时间视为到达时间；未指定特定系统的，该数据电文进入收件人的任何系统的首次时间视为到达时间。

4）要约的撤回

《中华人民共和国合同法》第十七条规定："要约可以撤回。撤回要约的通知应当在要约到达受要约人之前或者与要约同时到达受要约人。"

要约到达受要约人时生效。在要约生效前，要约人可以通过撤回的方式阻止要约生效，使尚未生效的要约不生效。撤回要约的通知应当在要约到达受要约人之前或者与要约同时到达受要约人，撤回要约的通知应当不迟于要约到达受要约人。

5）要约的撤销

在要约生效之后受要约人发出承诺通知之前，要约人可以通过撤销的方式使已经生效的要约不再继续生效。但是，撤销要约的通知应当在受要约人发出承诺通知之前到达受要约人。同时，根据《中华人民共和国合同法》第十九条规定："有下列情形之一的，要约不得撤销：①要约人确定了承诺期限或者以其他形式明示要约不可撤销；②受要约人有理由认为要约是不可撤销的，并已经为履行合同做了准备工作。"

6）要约的失效

要约的失效，即要约不再对要约人和受要约人具有法律约束力。根据《中华人民共和国合同法》第二十条规定，导致要约失效的情形有：①拒绝要约的通知到达要约人；②要约人依法撤销要约；③承诺期限届满，受要约人未作出承诺；④受要约人对要约的内容作出实质性变更。

综上所述，要约是一种法律行为。在要约规定的有效期限内，要约人受到要约的法律约束。对方如接受要约时，要约人负有与对方签订经济合同的义务。出售特定的要约，要约人不得再向第三人提出同样的要约或者与第三人订立同样的经济合同；否则，对由此造成对方损失的，负有赔偿责任。除有预先声明不受约束外，要约人把要约送达受要约人时生效，要约人受其约束；被撤回、被拒绝或者承诺期限届满的要约，则失去约束力。

要约在通常情况下都是由要约人向特定人发出，并由该特定人作出承诺。但是，在特殊情况下，要约人也可以向非特定人发出要约，如招标等。应当指出的是，在现实社会经济生活中，当事人一方通过广告，寄发产品说明书、产品样本或目录等宣传推销行为不构成要约，只能称为要约引诱。

2．承诺

承诺是指当事人一方对另一方发来的要约在要约有效期限内，作出完全同意要约条款表示的经济活动。

1）承诺的概念

承诺是受要约人同意要约的意思表示。根据《中华人民共和国合同法》的规定，承诺生效应符合以下条件。

（1）承诺必须由受要约人向要约人作出。因为要约生效后，只有受要约人取得了承诺资格，如果第三人了解了要约内容，向要约人作出同意的意思表示不是承诺，而是第三人发出的要约。

（2）承诺的内容应当与要约的内容相一致。要约失效的原因之一是受要约人对要约的内容作出实质性变更。有关合同标的物、数量、质量、价款或者报酬、履行期限、履行地点和方式、违约责任和解决争议方法等的变更，是对要约内容的实质性变更。受要约人对要约的内容作出实质性变更的，视为新要约。承诺对要约的内容作出非实质性变更的，除要约人及时表示反对或者要约表明承诺不得对要约的内容作出任何变更的以外，该承诺有效，合同的内容以承诺的内容为准。

（3）承诺必须在承诺期限内发出。如果要约规定了承诺期限，则应该在规定的承诺期限内作出；如果没有规定期限，则应当在合理期限内作出。受要约人超过承诺期限发出承诺的，除要约人及时通知受要约人该承诺有效的以外，视为新要约。

2）承诺的生效时间

《中华人民共和国合同法》规定，承诺通知到达要约人时生效，承诺生效时合同即告成立。

承诺生效时间制度具有重要的法律意义。承诺生效的时间取决于承诺是否需要通知以及要约的作出方式。承诺不需要通知的，根据交易习惯或者要约的要求作出承诺的行为时生效；承诺需要通知的，承诺于通知到达要约人时生效。

作为有效承诺的要件之一，承诺应当在要约确定的期限内到达要约人。要约没有确定承诺期限的，承诺应当依照下列规定到达：①要约以对话方式作出的，应当即时作出承诺，但当事人另行约定的除外；②要约以非对话方式作出的，承诺应当在合理期限内到达。要约以信件或者电报作出的，承诺期限自信件载明的日期或者电报交发之日开始计算。信件未载明日期的，自投寄该信件的邮戳日期开始计算。要约以电话、传真等快速通信方式作出的，承诺期限自要约到达受要约人时开始计算。采用数据电文形式订立合同的，收件人指定特定系统接收数据电文的，该数据电文进入该特定系统的时间，视为到达时间；未指定特定系统的，该数据电文进入收件人的任何系统的首次时间，视为到达时间。

承诺超期，也是承诺的迟到，是指受要约人主观上超过承诺期而发出的承诺。迟到的承诺，要约人可以承认其效力，但必须及时通知受要约人，因为如果不及时通知受要约人，受要约人也许会认为承诺并未生效或者视为自己发出了新要约而希望得到要约人的承诺。

但因其他原因承诺到达要约人时超过承诺期限的，即为承诺延误。受要约人在承诺期限内发出承诺，按照通常情形能够及时到达要约人，但因其他原因承诺到达要约人时超过承诺期限的，在这种情形下，除要约人及时通知受要约人因承诺超过期限不接受该承诺以外，该承诺有效。

3）承诺的撤回

承诺的撤回即阻止尚未生效的承诺生效。承诺能否撤回主要取决于承诺生效时间的规定。根据《中华人民共和国合同法》第二十七条规定："承诺可以撤回。撤回承诺的通知应当在承诺通知到达要约人之前或者与承诺通知同时到达要约人。"有条件地允许受要约人撤回承诺，也是对当事人自愿订立合同权利的尊重。由于承诺生效即意味着合同成立，所以，承诺不得撤销；如果允许当事人撤销承诺，事实上是对合同法律约束力的破坏。

承诺生效时合同成立表明当事人意思表示一致是合同成立的实质要件。对于非要式合同，实质要件也是合同成立的唯一要件。但是，对于要式合同，合同成立不仅要满足承诺生效这一不可或缺的实质要件，而且还需要满足合同成立的形式要件。法律、行政法规规定采用书面形式的，应当采用书面形式。当事人约定采用书面形式的，应当采用书面形式。对于要式合同，只有同时满足了合同成立的实质要件和形式要件，合同才能有效地成立。但是为了鼓励和促进交易，尤其是为了保护已经完成的交易，《中华人民共和国合同法》第三十六条规定："法律、行政法规规定或者当事人约定采用书面形式订立合同，当事人未采用书面形式但一方已经履行主要义务，对方接受的，该合同成立。"《中华人民共和国合同法》第三十七条规定："采用合同书形式订立合同，在签字或者盖章之前，当事人一方已经履行主要义务，对方接受的，该合同成立。"

4）合同成立的地点

承诺生效合同成立，因此，不仅合同成立的时间取决于承诺生效的时间，合同成立的地点同样要取决于承诺生效的地点。《中华人民共和国合同法》第三十四条规定："承诺生效的地点为合同成立的地点。采用数据电文形式订立合同的，收件人的主营业地为合同成立的地点；没有主营业地的，其经常居住地为合同成立的地点。当事人另有约定的，按照其约定。当事人采用合同书形式订立合同的，双方当事人签字或者盖章的地点为合同成立的地点。"

由此可见，承诺也是一种法律行为，承诺必须由要约的相对人在要约有效期内向要约人作出。承诺必须是承诺人作出完全同意要约的条款，才能有效。如果要约的相对人要对要约中的某些条款要求修改、补充、部分同意、附有条件，或者另行提出新的条件，以及迟到送达的承诺，都被视为拒绝要约人的要约，而称为新要约。如果由第三人作出承诺，属于无效承诺，也被视为新要约。

承诺作为一种法律行为还表现在承诺人一旦向对方表示承诺，当事人双方作出了共同一致的意思表示，经济合同即告成立，双方就负有履行经济合同的义务；否则必须承担相应的法律责任。

要约和承诺是订立经济合同的两个重要步骤，当事人可以采用口头方式或者书面方式。法律规定，除及时结清的经济合同可以采用口头形式外，其他经济合同均应采用书面形式。要约中有规定承诺期限的，受要约人在合理的时间内未承诺，要约即失效。如口头要约，受要约人不立即承诺，要约即失效；当事人另有约定的除外。合理的时间，包括函、电往返所需的时间和受要约人考虑、决定是否承诺所需的时间。

书面要约、承诺应包括要约人、承诺人的签字和盖章。需法人签订的合同，应当由其法定代表人或者经办人签字或盖章，并加盖法人的公章或者合同专用章。

在订立经济合同中，通常须经当事人双方反复协商，最终达成协议。表现在订立经济合同的程序上，是"要约—新要约—再要约—再新要约—直至承诺"的过程，最终合同才告成立。

国家法律规定或当事人双方约定，合同必须经过鉴证、公证或主管部门登记批准的，则应按有关程序履行手续完毕后,经济合同方能发生法律效力。

《建设工程项目管理规范》中明确规定:"施工合同和分包合同必须以书面形式订立。施工过程中的各种原因造成的洽商变更内容,必须以书面形式签认,并作为合同的组成部分。"所以工程项目的合同成立的时间以合同双方在合同协议书上签字或盖章的时间为准。承包商在签订合同之前,一定要仔细审核合同的各个条款,尤其是一些关键性条款、风险性条款和合同的实质性内容,如双方的责任范围、工程验收、变更及违约条款、合同单价、付款和计息方式条款以及各种可能风险的分担条款等。

《建设工程项目管理规范》还对施工合同的订立作了具体的程序规定。

(1) 接受中标通知书。

(2) 组成包括项目经理在内的谈判小组。

(3) 草拟合同专用条件。

(4) 谈判。

(5) 参照发包人拟定的合同条件或施工合同示范文本与发包人订立施工合同。

(6) 合同双方在合同管理部门备案并缴纳印花税。

5.2.3 物联网建设工程合同的谈判

1. 初步洽谈阶段

在初步接洽中,物联网建设工程合同的双方当事人一般是为达到一个预期的效果,就双方各自最感兴趣的事项,相互向对方提出,澄清一些问题。这些问题一般包括:项目的名称、规模、内容和所要达到的目标与要求;项目是否列入年度计划或实施的许可;当事人双方的主体性质;双方主体以往是否从事参与过同类或相类似的项目开发、实施;双方主体的资质状况与信誉;项目是否已具备实施的条件等。以上一些问题,有的可以是当场予以澄清,有的可能当场不能澄清。

2. 实质性谈判阶段

实质性谈判是双方在广泛取得相互了解的基础上举行的,主要是双方就物联网建设工程合同的主要条款进行具体商谈。合同的主要条款一般包括标的、数量和质量、价款或酬金、履行、验收、违约责任等条款。

(1) 标的。标的是指合同权利和义务所指的对象。因此有关标的谈判,双方当事人都必须严肃对待。特别是当工程合同的标的比较复杂时,应力求叙述完整、准确,不得出现遗漏及概念混淆的现象。

(2) 质量和数量。工程合同中的质量与数量,应严格注明标的物的数量和质量要求以及符合哪些规范标准要求。由于数量和质量涉及双方的权利与义务,所以要慎重处理。这一问题在涉外合同中尤为突出。另外,还要注意对质量标准达成共识。

(3) 价款或酬金。价款或酬金是谈判中最主要的议项之一。价款或酬金采用何种货币计算和支付是至关重要的,这在国内合同中不成问题,但在涉外合同中,以何种货币计算和支付是至关重要的。这里还涉及汇率问题,一般可以选择比较坚挺、汇率比较稳定的硬通货。目前大多数涉外合同的价款或酬金还都以美元计算和支付。此外,考虑到汇率的浮动还应注意选择购入外汇的时机,以及考虑购买外汇达到保值。把握价格也是重要的环节,必须掌握各类产品的市场动态,可以通过比价、询价、生产厂家让利或者组织委托招标等手段使自己处于有利位置。

(4) 履行的期限、方式和地点。合同谈判中应逐项加以明确规定。履约的方式和地点直接关系到以后可能发生的纠纷管辖地,要有所注意。此外,履行的方式和运杂费、保险费由何方承担,关系到标的物的风险从什么时间开始由一方转向另一方。

(5) 验收方法。合同谈判中应明确规定何时验收,验收的标准及验收的人员或机构。

(6) 违约责任。当事人应就双方可能出现的错误而导致影响项目的完成而订立违约责任条款,明确双方的责任。具体规定还应符合法律规定的违约金限额和赔偿责任。

3. 签约阶段

签订工程合同必须尽可能明确、具体、条款完备,避免使用含糊不清的词句。一般应严格控制合同中的限制性条款;明确规定合同生效条件、合同有效期以及延长的条件和程序;对仲裁和法律适用条款作出明确的规定;对选择仲裁或诉讼作出明确约定。另外,在合同文件正式签订前,应组织有关专业和会计人员、律师对合同条款进行仔细推敲,在双方对合同内容达成一致意见后,再进行签订。重大物联网建设工程合同的签订应有律师、公证人员参加,由律师见证或公证人员公证。只有高度重视合同签订的规范化,才能使合同真正起到确认和保护当事人双方合法权益的作用。

5.3　物联网建设工程合同的履约

物联网建设工程合同签订后,承包商要针对承包项目设立项目经理部,由项目经理部具体负责项目合同的履行。项目经理部要设一名总负责人,即项目经理。项目经理是项目实施阶段的第一负责人,直接就所承担项目向业主负责。《建设工程项目管理规范》规定:"项目经理部必须履行施工合同,并应在施工合同履行前对合同内容、重点或关键性问题作出特别说明和提示,向各职能部门人员交底,落实施工合同确定的目标,依据施工合同指导工程实施和项目管理工作。"

5.3.1　物联网建设工程合同双方的权利与义务

1. 业主(发包人)的权利与义务

(1) 发包人在不妨碍承包人正常作业的情况下,可以随时对作业进度、质量进行检查。

(2) 物联网建设工程的发包人应对工程进行竣工验收、支付价款。工程竣工后,发包人应当根据施工图样及说明书、国家颁发的施工验收规范和质量检验标准进行验收,验收合格的,发包人应当按照合同约定支付价款,并且接收该建设工程。工程竣工经验收合格后,方可交付使用;未经验收或者验收不合格的,不得交付使用。

(3) 物联网建设工程质量不合格时发包人的权利。因施工方的原因致使工程质量不符合约定的,发包人有权请求承包人在合理期限内无偿修理或者返工、改建。经过修理或者返工、改建后,造成逾期交付的,承包人应当承担违约责任。

（4）因发包人的原因致使工程中途停建、缓建的，发包人应当采取的措施和承担的责任。因发包人的原因致使工程中途停建、缓建的，发包人应当采取措施弥补或者减少损失，赔偿承包人因此造成的停工、窝工、倒运、机械设备调迁、材料和构件积压等损失和实际费用。

2. 承包人的权利和义务

（1）发包人不按时提供原料时承包人的权利。发包人未按照约定的时间和要求提供原料、设备、场地、资金、技术资料的，承包人可以要求顺延工程日期，还可以请求赔偿停工、窝工等损失。

（2）发包人不及时检查隐蔽工程时承包人的权利。根据《中华人民共和国合同法》第二百七十八条规定，隐蔽工程在隐蔽以前，承包人应当通知发包人检查。发包人没有及时检查的，承包人顺延工程日期，并可以要求赔偿停工、窝工等损失。

（3）物联网建设工程竣工后发包人未按照约定支付价款，承包人所享有的权利。发包人未按照约定支付价款的，承包人可以催告发包人在合理期限内支付价款。发包人逾期不支付的，除按照工程的性质不宜折价、拍卖的以外，承包人可以与发包人协议将该工程折价，也可以申请人民法院将该工程依法拍卖。建设工程的价款就该工程折价或者拍卖的价款优先受偿。

（4）因承包人的原因致使建设工程在合理使用期限内造成人身和财产损害的，承包人应当承担的责任。因承包人的原因致使建设工程在合理使用期限内造成人身和财产损害的，承包人应当承担损害赔偿责任。

5.3.2　物联网建设工程合同的履行

1. 合同的履行原则

合同的履行原则是指合同当事人在履行合同过程中所应遵循的基本准则。合同的履行原则，作为合同当事人履行合同的基本准则，有些是整个合同法的基本原则，如诚实信用原则；有些则是专属于合同履行的基本原则，如全面履行原则。《中华人民共和国合同法》第六十条第一款规定的是全面履行原则，第二款规定的是诚实信用原则。

（1）全面履行原则。全面履行原则又称适当履行原则或者正确履行原则，是指当事人按照合同约定的主体、标的、数量、质量、价款或者报酬等，在适当的履行期限、履行地点，以适当的履行方式，全面完成合同义务的履行原则。《中华人民共和国合同法》第六十条规定，当事人应当按照约定全面履行自己的义务。

全面履行原则是合同当事人是否全面履行了合同义务以及当事人是否存在违约事实以及是否承担违约责任的重要法律准则。

（2）诚实信用原则。诚实信用原则是指当事人在履行合同义务时，秉承诚实、守信、善意，不滥用权利或者规避义务的原则。此外，诚实信用原则要求在合同履行过程中确保合同利益关系的平衡。当事人应当遵循诚实信用的原则，根据合同的性质、目的和交易习惯，履行通知、协助、保密等义务。

遵循诚实信用原则，除了强调各方当事人按照法律规定或者合同约定全面履行合同义务这一最基本的内涵外,更重要的是强调当事人应当履行依据诚实信用原则所产生的附属义务。这些附属义务包括通知、协助、保密等。

2. 物联网建设工程合同的履行

(1)合同条款存在缺陷时履行规则。如果由于某些主客观因素,致使合同欠缺某些必要条款,或者某些条款约定不明,合同履行难以进行时,《中华人民共和国合同法》规定,合同生效后,当事人就质量、价款或者报酬、履行地点等内容没有约定或者约定不明确的,可以协议补充:不能达成补充协议的,按照合同有关条款或者交易习惯确定。

解决合同条款缺陷主要有两种方式:一是协议补缺;二是规则补缺。

① 协议补缺。各方当事人根据平等、自愿、公平、诚信的原则,对合同的内容协商一致,合同便告成立。这种协商一致可以在合同订立阶段达成,也可以在履行阶段达成,甚至可以在发生合同纠纷以后就解决争议问题时达成。因此,合同生效后,在合同的质量、价款或者报酬、履行地点等内容没有约定或者约定不明确时,各方当事人可以依照合同订立的原则就没有约定或者约定不够明确的条款继续协商,达成补充协议。这种补充协议和原协议一样反映了各方当事人的共同愿望。因此,补充协议和原协议一样具有法律约束力,成为各方当事人履行合同的依据。

② 规则补缺。规则补缺是指在合同条款没有约定或者约定不够明确,且各方当事人无法就此缺陷进行协议补充的情况下,根据平等、自愿、公平、诚信的原则,对当事人欠缺或者没有明确的意思进行补充,以使合同能够顺利履行。

(2)合同履行过程中价格发生变动时的履行规则。合同在履行过程中价格发生变动是比较普遍的问题,特别是履行期限较长的合同。目前,国家正在实行并逐步完善宏观经济调控下主要由市场形成的价格机制。大多数商品和服务价格实行市场调节价,极少数商品和服务价格实行政府指导价或者政府定价。

(3)债务人向第三人履行债务时的履行规则。当事人可以约定由债务人向第三人履行债务的,债务人未向第三人履行债务或者履行债务不符合约定的,应当向债权人承担违约责任。

(4)第三人向债权人履行债务时的履行规则。第三人向债权人履行债务,是指在某些情况下合同以外的第三人替代债务人向债权人履行义务的行为。

(5)双务合同中的同时履行规则。同时履行规则是指在双务合同中,当事人对履行顺序没有约定的,或者根据交易习惯无法确定先后顺序时,当事人应当同时履行自己义务的规则。

(6)双务合同中的顺序履行规则。顺序履行规则是指在双务合同中,当事人债务履行有先后顺序时,当事人应当按照履行先后顺序履行自己义务的规则。

(7)债权人发生变化时的履行规则。《中华人民共和国合同法》第七十条规定,债权人分立、合并或者变更住所没有通知债务人,致使履行债务发生困难的,债务人可以中止履行或者将标的物提存。

(8)债务人提前履行债务的履行规则。债权人可以拒绝债务人提前履行债务,但提前履行不损害债权人利益的除外。债务人提前履行债务给债权人增加的费用,由债务人负担。

(9)债务人部分履行债务的履行规则。债权人可以拒绝债务人部分履行债务,但部分履行不损害债权人利益的除外。债务人部分履行债务给债权人增加的费用,由债务人负担。

（10）当事人不因某些变动而影响合同履行的履行规则。合同生效后,当事人不得因姓名、名称的变更或者法定代表人、负责人、承办人的变动而不履行合同的义务。

合同当事人具有特定性和相对性的特点。当事人姓名、名称的变化,当事人的权利能力和行为能力并无变化,因此,当事人的履约义务并未发生变化,当事人必须继续履行合同义务,超过合同履行期限不履行合同义务,则须承担违约责任。当事人的法定代表人、负责人、承办人,均不是合同的当事人,其订立合同时是代表法人进行的,不是个人行为,法人应当承担责任,不能因法定代表人、负责人、承办人的变化而影响合同当事人义务的履行,合同当事人应当全面履行合同所规定的义务。

5.4　物联网建设工程合同的变更、解除与终止

5.4.1　物联网建设工程合同的变更与解除

1. 物联网建设工程合同的变更

物联网建设工程合同依法成立后,在尚未履行或尚未完全履行时,当事人双方依法经过协商,对合同内容进行修订或调整所达成的协议,称为合同变更。

当事人可以对原订合同的部分条款作出修改、补充或增加新的条款。例如,对合同规定标的的数量、质量、价格、履行方式等提出变更;又如订立经济合同的法人发生合并或分立等情况,就会因权利和义务的转移而引起经济合同法律关系主体——当事人的变更。

物联网建设工程合同变更包括下述几个方面的含义。

（1）工程合同变更的期间为合同订立之后到合同没有完全履行之前。

（2）工程合同变更是依合同的存在而存在的。

（3）工程合同变更是对原合同部分内容的变动或修改。

（4）工程合同变更一般需要有双方当事人的一致同意。

（5）工程合同变更属于合法行为。合同变更不得有违法行为,违法协商变更的合同属于无效变更,不具有法律约束力。

（6）工程合同变更须遵守法定的程序和形式。

（7）工程合同变更并没有完全取消原有的债权债务关系,合同变更涉及的不能履行的义务没有消灭,没有履行义务的一方仍须承担不履行义务的责任。

在现实实践中工程合同变更主要有以下内容。

（1）工程设计变更。工程合同变更的内容包括工程设计变更引起的合同变更,其内容包括以下几项。

① 更改工程有关部分的标高、基线、位置和尺寸。

② 增减合同中约定的工程量。

③ 改变有关工程的施工时间和顺序。

④ 其他有关工程变更需要的附加工作。

因工程设计变更导致合同价款的增减及造成承包人的损失由发包人承担,延误的工期

相应顺延。

（2）承包人在施工中提的合理化建议，涉及对设计图样或施工组织设计的变更，和对材料、设备的换用的，须经监理工程师同意。

（3）其他变更。如暂停施工、工期延长、不可抗力发生等也将导致合同的变更。

2．工程合同的解除

工程合同依法成立后，在尚未履行或尚未完全履行时，当事人双方依法经过协商，就提前终止合同达成新的协议，称为工程合同的解除。

经济合同解除后，当事人原来订立的经济合同的法律效力即行终止，双方的经济合同法律关系也即消灭。如果工程合同成立后，当事人双方并没有履行，那么合同被解除时，其法律效力即提前终止，不再履行；如果工程合同成立后，已经部分履行的，尚未履行的部分应当终止履行。合同被解除的，只限于提前终止尚未履行部分的法律效力，当事人双方对已经履行部分仍应依据合同的规定享有权利并承担义务。

5.4.2　物联网建设工程合同变更、解除的条件

物联网建设工程合同一般须具备下列条件才能变更或解除。

（1）双方当事人确实自愿协商同意，并且不因此损害国家利益和社会公共利益。

（2）由于不可抵抗力致使物联网建设工程合同的全部义务不能履行。

（3）由于另一方在物联网建设工程合同约定的期限内没有履行合同，且在被允许推迟履行的合理期限内仍未履行。

（4）由于物联网建设工程合同当事人的一方违反合同的约定，以致严重影响订立工程合同时所期望实现的目的或致使工程项目合同的履行成为不必要。

（5）物联网建设工程合同约定，解除物联网建设工程合同的条件已经出现的时候。

5.4.3　物联网建设工程合同变更、解除的程序

变更或解除物联网建设工程合同的程序是指当事人一方向对方发出要约，请求变更或解除合同：要约相对人作出相应的承诺，表示完全同意变更或解除合同，双方经过协商一致，变更或解除合同的新协议即告成立。

变更或解除物联网建设工程合同应遵守以下几项规定。

（1）物联网建设工程合同的变更或解除是一种重新确立或终止当事人双方权利和义务的法律行为。因此，当事人一方应及时向对方提出变更或解除合同的请求或建议，明确表示变更或解除的理由、内容和具体条款。

（2）物联网建设工程合同变更或解除是一种法律行为，因此，当事人双方应当签订书面形式的协议。变更或解除原合同的协议一经订立即具有法律效力，原合同即行变更或终止。但是，在变更或解除原合同的协议尚未正式成立前，原合同仍然具有法律效力，义务人必须履行合同规定的义务；否则应承担违约责任。

（3）物联网建设工程合同当事人任何一方发生合并或分立，不得影响原物联网建设工程合同的法律效力。当事人一方发生合并时，由合并后的当事人履行合同；当事人一方发

生分立时,由分立后的当事人分别履行合同或者由原物联网建设工程合同当事人一方与对方达成协议,确定由分立后各方中的一方履行合同。

5.4.4　物联网建设工程合同变更、解除后当事人的责任

物联网建设工程合同当事人双方协商一致达成变更或解除协议时,必须明确双方应承担的责任。

(1) 物联网建设工程合同当事人一方因请求变更或解除合同,虽经双方协商达成协议,但仍给对方造成损失时,应由请求变更或解除合同方承担赔偿对方损失的责任。法律规定可免除责任者除外。

(2) 物联网建设工程合同因一方违约,使该合同的履行成为不必要时,债权人请求解除合同不仅不承担责任,而且有权请求违约方承担责任。

5.4.5　物联网建设工程合同的终止

物联网建设工程合同当事人双方按照合同的规定,履行其全部义务后,合同即告终止。

(1) 物联网建设工程合同因履行完毕而终止。合同的履行完毕,就意味着合同规定的义务已经完成,权利已经实现,因而合同的法律关系自行消灭。

(2) 合同因行政关系而终止。物联网建设工程合同的双方当事人根据国家计划或行政指令而建立的合同关系,可因国家计划的变更或行政指令的取消而终止。

(3) 合同因不可抗力的原因而终止。物联网建设工程合同不是由于合同的当事人的过错,而是由于某种不可抗力的原因而致使合同义务不能履行的,应当终止合同。

(4) 当事人双方混同一人而终止。

(5) 合同因双方当事人协商同意而终止。物联网建设工程合同的当事人双方可以通过协议来变更和终止合同,所以通过双方当事人协议而解除合同关系或者免除义务人的义务,也是终止物联网建设工程合同的一种方法。

(6) 仲裁机构或者法院判决终止合同。当物联网建设工程合同的一方当事人不履行或不适当履行合同时,另一方当事人可以通过仲裁机构或法院进行裁决以终止合同。

5.5　物联网建设工程合同纠纷的解决

5.5.1　物联网建设工程合同双方违约责任

违约责任是指当事人违反合同义务所应承担的民事责任。《中华人民共和国合同法》第一百零七条规定:"当事人一方不履行合同义务或履行合同义务不符合规定的,应当承担继续履行、采取补救措施或者赔偿损失的违约责任。当事人双方都违反合同的,应当各自承担相应的责任。"

1. 违约责任的认定

《建设工程施工合同(示范文本)》第三十五条对施工合同的违约责任提出了以下通用

条款。

(1) 当发生下列情况时,作为发包人(业主)违约。

① 发包人不按时支付预付工程款。

② 发包人不按合同约定支付工程款,导致施工无法进行。

③ 发包人无正当理由不支付工程竣工结算价款。

④ 发包人不履行合同义务或不按合同约定履行义务的其他情况。

(2) 当发生下列情况时,作为承包人违约。

① 承包人不按照协议书约定的竣工日期或工程师同意顺延的工期竣工。

② 因承包人的原因致使工程质量达不到协议书约定的质量标准。

③ 承包人不履行合同义务或不按合同约定履行义务的其他情况。

2. 承担违约责任的方式

《建设工程项目管理规范》中对当事人的违约责任作了以下规定。

(1) 当事人承担违约责任时,不论违约方是否有过错责任。

(2) 当事人一方因不可抗力不能履行合同的,应对不可抗力的影响部分(或全部)免除责任,但法律另有规定的除外。当事人延迟履行后发生不可抗力的,不能免除责任。不可抗力不是当然的免责条件。

(3) 当事人一方因第三方的原因造成违约的,应要求对方承担违约责任。

(4) 当事人一方违约后,对方应当采取适当措施防止损失的扩大;否则不得就扩大的损失要求赔偿。

5.5.2　物联网建设工程合同纠纷的解决

在物联网建设工程施工中发生纠纷是比较正常和常见的。如何解决物联网建设工程合同纠纷对工程合同的双方当事人都极为重要。通常,解决合同纠纷主要有四种方式,即协商、调解、仲裁和诉讼。

1. 协商

协商解决是指双方当事人进行磋商,在相互谅解的基础上,为了促进双方的关系,为了今后双方之间的业务继续往来与发展,相互都怀有诚意作出一些有利于纠纷解决的让步,并在彼此都认为可以接受继续合作的基础上达成和解协议。

合同的双方当事人遇到争议和纠纷时,一般都愿意先行协商,这样既可以不影响双方的和气和以后业务的正常往来,又可以在作出一定让步的基础上换取施工合同的正常履行。

协商解决的优点在于不必经过仲裁机构或司法程序,省去仲裁和诉讼所浪费的时间和金钱,气氛一般比较友好,而且双方协商的灵活性较大,更重要的是协商解决给双方留下的余地较大。

2. 调解

调解是由第三者从中调停,促进双方当事人和解。调解的过程是查清事实、分清是非的过程,也是协调双方关系,更好地履行合同的过程。调解时,要弄清楚纠纷的原因、双方争执的焦点和各自应负的责任,要客观地、细致地、实事求是地做好当事人的思想工作。调解必须双方自愿,不得强迫。达成协议的内容,不得违背国家的法律、法令和方针政策。调解达成协议的,仲裁机关和人民法院应当及时制作调解书。调解书应写明当事人争议的内容与事实、当事人达成协议的内容。调解书一经送达,即发生法律效力。

3．仲裁

仲裁也称"公断",是指双方当事人自愿把争议提交给第三者审理,由其依照一定的程序作出判决或裁决。这个第三者或为双方选定的仲裁人,或为仲裁机构。

4．诉讼

诉讼是指司法机关和案件当事人在其他诉讼参与人的配合下,为解决案件依据法定诉讼程序所进行的全部活动。当事人一方在提起诉讼前必须充分做好诉讼准备,收集各类证据,进行必要的取证工作。在向法院提交起诉状时应准备下列文件或证词以及有关凭证:起诉状、合同文本以及附件、营业执照、法定代表人、委托人员授权证书、合同双方当事人往来的财务凭证、合同双方当事人往来的信函、电报等。

诉讼时应注意以下两点。

(1) 合同纠纷的一方当事人在诉讼之前还应注意到管辖问题,也就是向哪一级法院、哪一个地方法院提出诉讼的问题。

(2) 合同纠纷的一方当事人在面临合同纠纷时,都应注意诉讼时效问题。

5.6　物联网建设工程合同的索赔

5.6.1　索赔的概念与分类

1．索赔的概念

索赔,顾名思义就是索取赔偿。索赔是指在合同的实施过程中,合同一方因对方不履行或未能正确履行合同所规定的义务或未能保证承诺的合同条件实现而遭受损失后,向对方提出的补偿要求。从理论上讲,索赔是双向的。承包人可以向发包人索赔,发包人也可以向承包人提出索赔。但在工程实践中,由于发包人向承包人提出的索赔处理起来较容易(一般可通过扣拨工程款、没收履约保证金等来实现),而承包人对发包人的索赔范围较广,工作量大,处理起来也很困难,因此,将承包人对发包人的索赔作为索赔管理的重点和主要对象。通常所讲的索赔,如果没有特别指明,是指承包人对发包人的索赔。

索赔是一种正当的权利要求,它是业主方、监理工程师和承包方之间的一项大量发生而且普遍存在的合同管理业务,是一种以法律和合同为依据的、合情合理的行为。索赔是在正确履行合同的基础上争取合理的偿付,不是无中生有、无理争利,它同守约、合作并不矛盾,只要是合法的或者符合有关规定和惯例的,就应该理直气壮地、主动地向对方索赔。

2．索赔的原因

(1) 合同文件不完善,甚至有错误、有矛盾。

（2）发包人一方的问题，如发包人违约，工程师指示不当和工作不力，其他承包人和指定分包人的干扰，以及应由发包人负责的工作产生的问题。

（3）不利的自然环境和外界障碍。

（4）法规、政策的变化。

（5）市场竞争的需要。工程承包市场长期处于买方市场的形势，所以"靠低价夺标，靠索赔盈利"已经是司空见惯的事。

3. 索赔的分类

1）按索赔要求分类

（1）工期索赔。因工程量、设计改变、新增工程项目、业主迟发指示、不利的自然灾害、发包方不应有的干扰等原因，承包商要求延长期限，拖后竣工日期。

（2）费用索赔。由于施工客观条件改变而增加了承包商的开支或造成承包商亏损，向业主要求补偿这些额外开支，弥补承包商的经济损失。

2）按索赔的当事方来分类

（1）承包商同业主之间的索赔。这类索赔大都是有关工程量计算、变更、工期、质量和价格方面的争议，也有关于其他违约行为、中断或终止合同的损害赔偿等。

（2）总包方同分包方之间的索赔。其内容与前一种大致相似，但大多数是分包方向总包方索要付款和赔偿，及总包方向分包方罚款或扣留支付款等。

（3）承包商同供应商之间的索赔。其内容多系商贸方面的争议，如货品质量不符合技术要求、数量短缺、交货拖延、运输损失等。

（4）承包商向保险公司索赔。承包商受到灾害、事故或其他损害或损失，按保险单位向其投保的保险公司进行的索赔。

3）按索赔的依据分类

（1）合同内的索赔。索赔涉及的内容可以在合同中找到依据，或者在合同条文中明文规定的索赔项目，如工期延误、工程变更、监理工程师给出错误数据导致放线的差错、业主不按合同规定支付进度款等。

（2）合同外的索赔。索赔的内容和权利虽然难以在合同条款中找到依据，但可从合同含义和普通法律中找到索赔根据。这种合同外的索赔表现为属于违法造成的损害或可能是违反担保法造成的损害，有的可以在民事侵权行为中找到依据。

（3）额外支付（也称道义索赔）。承包商找不到合同依据和法律依据，但认为有要求索赔的道义基础，而对其损失寻求某些优惠性质的付款。业主基于某种利益的考虑而慷慨给予补偿。例如，承包商在施工期间未发生任何安全事故，业主给予一定的奖励。

4）按索赔的起因分类

（1）有关合同文件引起的索赔。合同文件是由人编制的，而人是易犯错误的。在合同使用之后，会发现许多事情未包括在内，但是后来又不能再加进去。一旦合同通过，文件就不能变更，除非双方另有协议。通常投标前的来往信件往往被忽略，或未被重视，而投标的附加文件也包括了一些重要信息，也许不会被作为投标本身加以考虑；从投标到接受期间的信件可能在后来不会包括在有关合同内。但所有这些文件，包括资格批准书、意向书和其他许多类似文件都可能会产生索赔。

（2）有关工程实施引起的索赔。首先，仅凭很少的信息便签订合同则会在实施过程中产生很多问题，从而引起索赔。其次，工程实施中变更是经常的，有些变更项目的价格确定，往往出现争议或索赔。另外，在现代合同中会将可能遇到的风险分配给一方或另一方。这也是合理的，也是符合业主的经济利益的。然而在实际中要分辨具体事件是否明确地属于合同的某一具体条款往往是不容易的，从而引起争议或索赔。

（3）有关付款引起的索赔。在有关付款方面，包括业主的违约责任、故意拖延、业主内部之间相互推诿等。

（4）有关延期（包括拖延和中断）引起的索赔。对于承包商而言，这类问题指业主对其应负责任的拖延。如果拖延发生，而业主对其应负责任，且其后果使承包商发生了额外费用，一般承包商应要求赔偿。

（5）有关错误的决定等引起的索赔。这类问题包括由于违约、终止合同等情况下产生的索赔。

4. 索赔的依据

索赔的依据包括两个方面：其一指索赔的法律依据，即由业主与承包商订立的工程承包合同和法律法规；其二指能证明索赔正当性和具体数额的事实。施工索赔依据必须具备及时性、真实性、全面性，并符合特定条件。这些特定条件包括：索赔依据必须是索赔事件发生时的书面文件；合同变更协议必须由业主、承包商双方签订，或以会议纪要的形式确定，且为决定性决议；工程合同履行过程中的重大事件、特殊情况的记录应由业主或监理工程师签署认可。

在工程实施过程中常见的索赔依据有以下几个。

（1）招标文件。包括合同文件及附件、其他的各种签约（备忘录、修正案等）、发包方认可的原工程实施计划、各种工程图样（包括图样修改指令）、技术规范等。

（2）来往信件。如业主的变更指令、各种认可信件、通知、对承包商问题的答复信等。这些信件内容常常包括某一时期工程进展情况的总结，以及与工程有关的当事人及具体事项。这些信件的签发日期对计算工程延误时间很有参考价值。

（3）承包商与监理工程师及工程师代表的谈话资料。

（4）各种施工进度表。工期的延误往往可以从计划进度表中反映出来。开工前和施工中编制的进度表都应妥善保存。

（5）施工现场的工程文件。如施工记录、施工备忘录、施工日志、工长或检查员的工作日记、监理工程师填写的施工记录等。

（6）会议记录。业主与承包商、总包与分包之间召开现场会议讨论工程情况的记录。

（7）工程照片。照片作为依据最清楚和直观，照片上应注明日期。索赔中常用的有表示工程进度的照片、隐蔽工程覆盖前的照片、业主责任造成返工的照片、业主责任造成工程损坏的照片等。

（8）各种财务记录。工程进度款支付申请单；工人工资单；工人签字记录；材料、设备、配件的采购单；付款收据；收款单据；工地开支报告；会计报表；会计总账；批准的财务报告；会计往来信函及文件；通用货币汇率变化表等。

（9）工程检查和验收报告。由监理工程师签字的工程检查和验收报告，反映出某一单项工程在某一特定阶段竣工的进度,并记录了该单项工程竣工和验收的时间。

(10) 国家法律、法令、政策文件。在索赔报告中只需引用文号、条款号即可,而在索赔报告后面附上复印件。

5.6.2　索赔的程序

1. 意向通知

索赔事件发生后,承包商要做的第一件事就是将自己的索赔意向书面通知监理工程师(业主)。意向通知的发出标志着一项索赔的开始,它必须满足一定的时间要求,FIDIC《土木工程施工合同条件》规定:"在引起索赔事件第一次发生之后的二十八天内,承包商将他的索赔意向通知工程师,同时将一份副本呈业主。"向监理工程师(业主)通知索赔意向,这不仅是承包商要取得补偿必须首先遵守的基本要求之一,也是承包商在整个合同实施期间保持良好的索赔意识的最好办法。

索赔意向通知包括以下几个方面的内容:事件发生的时间和情况的简单描述;合同依据的条款和理由;有关后续资料的提供;对工程成本和工期产生的不利影响的严重程度,以期引起监理工程师(业主)的注意。

2. 资料准备

施工索赔的成功很大程度上取决于承包商对索赔作出的解释和具有强有力的证明材料。因此,承包商在正式提出索赔报告前的资料准备工作极为重要。这就要求承包商注意记录和积累保存各个方面的资料,并可随时提供与索赔有关的证据资料。

3. 索赔报告的提交

索赔报告是承包商向监理工程师(业主)提交的一份要求业主给予一定经济补偿和(或)延长工期的正式报告。正式报告应在意向通知提交后二十八天内提出,如果索赔事件的影响继续存在,可以定期陆续提出索赔证据资料和索赔款额及要求顺延工期天数。该索赔事件影响结束的一定时期内(一般规定为二十八天),必须提出全面的索赔证据资料和累计索赔额,并以正式报告形式报送监理工程师,并抄送业主。在具体工程中,索赔报告的格式千差万别,但包括的内容相似,通常包括以下几个方面的内容。

(1) 说明信。简要说明索赔事由、索赔金额(工期)和随函所附的报告正文及证明材料清单目录。

(2) 索赔报告正文。报告正文一般包括索赔题目、事件、理由、影响、结论。

所有的叙述都应列出证据以及造成的影响。分析这些影响应着重于工期延长或成本增加方面,且与前面的事件应存在直接的因果关系。结论是承包商有权利提出工期或费用的索赔。

(3) 附件。附件主要包括详细的计算过程和证明材料。详细的计算过程和证明材料是支持索赔报告的有力证据,一定要和索赔报告中提到的完全一致,不可有丝毫相互矛盾的地方;否则有可能导致索赔的失败。

编写索赔报告应注意以下几个问题。

（1）实事求是。索赔事件应是真实的，不包含任何估计或猜测，并且有真实的证据证明，不能证实或提不出真凭实据的事件不能索赔。

（2）责任分析应清楚、准确。在报告中所提出索赔的事件的责任是对方引起的，应把全部或主要责任推给对方，不能有责任含混不清。指出索赔事件使承包商工期拖延、费用增加的严重性和索赔值之间的直接因果关系。

（3）索赔值的计算依据要正确，计算结果要准确。数字计算上的错误，容易给人在索赔的可信度上造成不好的印象，从而影响索赔结果。

（4）文字简练，资料充足，条理清楚，逻辑性强。通常索赔报告正文比较简洁，但后附证据和计算过程要非常详细。各种定义、结论要准确，且前后照应，不能前后矛盾或不一致。

（5）用词要婉转。在索赔报告中要避免使用强硬的不友好的抗议式或争论式语言。

4. 监理工程师审核索赔报告

正式接到承包商的索赔报告后，监理工程师应该马上仔细阅读其报告，在不确认责任属谁的情况下，依据自己的同期记录资料客观地分析事件发生的原因，重温有关的合同条款，研究承包商提出的索赔依据。监理工程师通过对事件的充分分析，进一步依据合同条款划清责任的归属，拟定出自己计算的合理索赔款额和工期顺延天数。

5. 谈判解决

经过监理工程师的索赔报告的审核，并与承包商进行了较充分的沟通后，监理工程师应提出对索赔处理决定的意见，并参加业主和承包商之间进行的索赔谈判，通过谈判，作出索赔的最后决定。

6. 争端的解决

通过谈判和协商双方达成互让的解决方案是处理纠纷的理想方式。如果双方不能达成谅解，就只能诉诸仲裁或诉讼。

5.6.3　索赔注意的问题

索赔是合同管理的重要内容，要想取得成功，仅仅有理有据还是不够的，必须讲究方式方法。

（1）要及早发现索赔机会。在投标报价时就应考虑到将来可能要发生索赔的问题，要仔细研究招标文件中的合同条款和规范，仔细查勘施工现场，探索可能索赔的机会。在进行单价分析时，应列入生产效率，把工程成本与投入资源的效率结合起来。这样，在施工过程中论证索赔原因时，可引用效率降低来论证索赔的根据。承包商应做好施工记录，记录好每天使用的设备工时、材料和人工数量、完成的工程量及施工中遇到的问题。

（2）对口头变更指令要得到确认。监理工程师常常用口头指令工程变更，如果承包商不对监理工程师的口头指令予以书面确认，就进行变更工程的施工，以后的索赔往往会失败。

（3）索赔报告要准确无误，条理清楚。索赔的计算方法和要求索赔的款额应实事求是，使人看后觉得合情合理，不会立即予以拒绝。基本资料和计算应准确无误，论证要充分。要使索赔文件有说服力,还必须注意文字简练、条理清楚,不能有含混不清之处。

(4)索赔要先易后难,有理有节。容易解决的问题要先与现场监理工程师磋商,争取其确认或者原则同意,同时不排除双方存在着某些方面的细节分歧,在现场解决不了时,应约见业主,提供论据和资料,进一步作出解释。要力争出现一个问题解决一个索赔,避免一揽子索赔。单项索赔事件简单,容易解决,而且解决后可及时得到支付。一揽子索赔,问题复杂,金额大,不易解决,支付困难。

(5)坚持采用"清理账目法"。承包商往往只注意接受业主按月结算索赔款,而忽略了索赔款的不足部分,没有以文字形式保留自己今后应获得不足部分款额的权利,等于同意并承认业主对该项索赔的付款,以后再无权追索。

(6)注意同业主、监理工程师搞好关系。项目经理要与业主建立起互相依赖、互相支持的精诚合作关系,经常了解业主的愿望和利益所在。有了这种基础,索赔就会更加顺利。监理工程师是处理解决索赔问题的公证第三方,应注意与他们搞好关系,争取监理工程师的公正裁决。

(7)力争友好解决,防止对立情绪。索赔争端是难免的,如果遇到争端不能理智地协商讨论问题,使一些本来可以解决的问题悬而未决。在索赔过程中,应防止对立情绪,力争友好解决索赔争端,竭力避免仲裁或诉讼。

小结

物联网建设工程合同是指双方或者多方当事人,包括自然人和法人,关于订立、变更、解除民事权利和义务关系的协议,主要包含的内容有标的、数量、质量、价款或者酬金、履行的期限、地点和方式、违约责任。

承包商通过公开投标或者邀请投标,取得工程项目后就可以订立工程项目合同。项目合同签订后,承包商要针对承包项目设立项目经理部,由项目经理部具体负责施工合同的履行。

合同的履行原则是指合同当事人在履行合同过程中所应遵循的基本准则。合同的履行原则,作为合同当事人履行合同的基本准则,有些是整个合同法的基本原则,如诚实信用原则;有些则是专属于合同履行的基本原则,如全面履行原则。

合同在执行过程中,由于其他原因不能执行。一方向对方发出要约,请求变更或解除合同;要约相对人作出相应的承诺,表示完全同意变更或解除合同,双方经过协商一致,变更或解除合同的新协议即告成立。

合同在执行过程中,当事人一方不履行合同义务或履行合同义务不符合规定的,应当承担违约责任,违约责任是指当事人违反合同义务所应承担的民事责任。遭受损失的一方有权向违约方或责任方索取赔偿。

思考与练习

5-1　物联网建设工程合同一般包括哪些主要条款?

5-2　订立合同应遵循哪些原则?

5-3 要约的生效要件是什么？要约与要约邀请有哪些区别？

5-4 签订合同有哪些程序？

5-5 为了有效地实施合同，应该做好哪几个方面的工作？

5-6 解决合同纠纷主要有哪几种方式？

5-7 简述索赔的程序。

5-8 合同生效后，当事人就质量、价款或者报酬、履行地点等内容没有约定或者约定不明确的，可以以协议补充；不能达成补充协议的，按照（　　）或者交易习惯确定。

  A. 公平原则   B. 项目变更流程

  C. 第三方调解的结果   D. 合同有关条款

5-9 在物联网建设工程合同的订立过程中，投标人根据招标内容在约定期限内向招标人提交的投标文件，此为（　　）。

  A. 要约邀请   B. 要约   C. 承诺   D. 承诺生效

5-10 根据《中华人民共和国合同法》，隐蔽工程在隐蔽以前，承包人应当通知（　　）来检查。若其没有及时来检查，承包人可以顺延工程日期，并有权要求赔偿停工等造成的损失。

  A. 承建人   B. 发包人   C. 分包人   D. 设计方

5-11 对承建方来说，固定单价合同适用于（　　）的项目。

  A. 工期长、工程量变化幅度很大   B. 工期长、工程量变化幅度不太大

  C. 工期短、工程量变化幅度不太大   D. 工期短、工程量变化幅度很大

5-12 对于工作规模或产品界定不甚明确的外包项目，一般应采用（　　）的形式。

  A. 固定总价合同   B. 成本补偿合同

  C. 工时和材料合同   D. 采购单

5-13 合同可以变更，但是当事人对合同变更的内容约定不明确的，推定为（　　）。

  A. 未变更   B. 部分变更   C. 已经变更   D. 变更为可撤销

5-14 下列选项中的（　　），不属于合同管理的范畴。

  A. 买方主持的绩效评审会议   B. 回答潜在卖方的问题

  C. 确认已经进行了合同变更   D. 索赔管理

5-15 合同管理的工具与技术不包括（　　）。

  A. 检查和审计   B. 支付系统   C. 绩效评审   D. 评估标准

第6章

物联网建设工程项目进度管理

🎀学习目标

知识目标

(1) 了解工程项目进度计划的概念及其类型。

(2) 掌握物联网工程项目进度计划的编制依据。

(3) 了解流水施工的主要过程。

(4) 熟悉物联网工程进度计划的主要实施内容。

能力目标

(1) 掌握工程项目进度计划的编制程序和方法。

(2) 对进度计划进行中出现的问题会进行有效控制。

🎀工程案例

1. 背景

某物联网建设工程公司承揽到新建长途硅芯管管道工程,工程由四个中继段组成,于6月10日开工。此工程的施工地点位于河流密集地区,部分路段为石质地段。项目经理部编制了施工组织设计,在施工组织设计中要求以下几点。

(1) 作业队应依据项目经理部的施工组织设计进行施工。在项目经理部的施工组织设计中,进度计划用一张横道图表示。横道图中只标出了各中继段的开始时间和完成时间。

(2) 作业队采用流水作业法进行施工,其中路由复测组的日进度为 4km,管道沟开挖组的日进度为 2km,硅芯管敷设组的日进度为 4km,回填组的日进度为 3km。

在施工过程中,发生了以下事件。

(1) 作业队根据以往施工经验,在通航河流敷设好硅芯管以后及时埋设了水线标志牌。

(2) 项目经理部在编制竣工文件时发现,4号手孔 A 端的 2 号管孔为红蓝管,5号人孔 B 端的 2 号管孔为红黄管。

(3) 在石质地段,由于管道沟难以挖到规定深度,作业队在已挖的沟内敷管回填。

2. 问题

(1) 此工程的施工组织设计中存在哪些问题?

(2) 此工程施工过程中存在哪些问题?

施工进度计划是以施工方案为基础,根据施工总体方案和工期技术物资的供应条件,遵循各施工过程合理的工艺顺序,统筹安排各项施工活动。

6.1　物联网建设工程项目进度管理概述

对于一个物联网建设工程项目,其建设进度安排是否合理,在实施过程中能否按计划执行,将直接关系到工程项目经济效益的发挥。因此,进度管理是工程项目管理的中心任务之一。

6.1.1　物联网建设工程项目进度管理的概念

进度通常是指工程项目实施的进展情况,在工程项目实施过程中要消耗时间(工期)、劳动力、材料、成本等才能完成项目任务。项目实施结果应该以项目任务的完成情况,主要是以项目的可交付成果数量来表达的。

物联网建设工程项目进度管理应以实现工程合同约定的竣工日期为最终目标,即工程的实施进度必须保证在合同规定的期限内把建设工程交付给业主(发包方)。

一般说来,物联网建设工程施工应分期分批竣工,这样,工程合同可能约定几个分期分批竣工的竣工日期。这个日期是发包人的要求,是不能随意改变的,发包人和承包人任何一方改变这个日期,都会引起索赔。因此,项目管理者应以合同约定的竣工日期作为指导控制行动的指南。

6.1.2　物联网建设工程项目进度管理的分类

物联网建设工程进度计划是在确定项目目标工期的基础上,根据应完成的工程量,规定施工项目的施工顺序、开竣工时间和相互衔接关系的计划,做好项目进度管理计划并按计划组织实施,是物联网工程项目管理的重要内容。

根据不同的划分标准,物联网建设工程进度计划有下列不同种类。

1. 按计划对象划分

(1) 物联网建设工程进度总管理计划。物联网建设工程进度总管理计划是物联网建设工程总体方案在时间序列上的反映。物联网建设工程项目在施工组织总设计阶段编制的工程总进度计划,是属于概略的控制性进度计划,用以确定各主要工程项目的施工起止日期,综合平衡各实施阶段物联网工程项目的工程量和投资分配。

(2) 单位工程施工进度管理计划。单位工程施工进度计划是以施工方案为基础,根据工程总体方案和工期技术物资的供应条件,遵循各施工过程合理的工艺顺序,统筹安排各项施工活动。它是为各施工过程指明一个确定的施工日期(时间计划),并以此为依据确定施工作业所必需的劳动力和各种技术物资的供应计划。

2. 按计划时间划分

(1) 年度施工进度管理计划。

　　（2）季度施工进度管理计划。

　　（3）月度施工进度管理计划。

　　（4）旬施工进度管理计划。

　　（5）周施工进度管理计划。

　　业主按单位工程中主要分部工程确定施工日期，并在合同中约定，是业主对工程进度的要求。承包商按承包的专业或实施阶段分解，是承包人为完成合同规定的进度管理目标，进行目标分解而确定的自我管理方式。

3. 按计划表达形式划分

　　（1）文字说明计划。文字说明计划是用文字来说明各阶段的施工任务，以及要达到的形象进度要求。

　　（2）图表形式计划。图表形式计划是用图表形式表达施工进度安排，有用横道图（甘特图）表示的进度计划和用网络图表示的进度计划等。

6.1.3　物联网建设工程项目进度管理的作用

　　物联网建设工程进度计划是施工组织设计的重要组成内容之一，是控制各分部分项工程施工进度的主要依据，也是编制季度、月度施工作业计划及各项资源需要量计划的依据，其主要作用如下。

　　（1）确定各主要分部分项工程名称及其施工顺序。

　　（2）确定各施工过程需要的延续时间。

　　（3）明确各施工过程相互之间的衔接、穿插、平行搭接、协作配合等关系。

　　（4）指导现场施工安排。

　　（5）确保施工进度和施工任务如期完成。

　　（6）确定为完成任务所必需的劳动工种和总劳动量及各种机械、各种技术物资资源的需要量。

　　工程完工后要及时提供总结报告，通过报告总结管理进度的经验方法，对存在的问题进行分析并提出改进意见，以利于以后的工作。

6.2　物联网建设工程项目进度管理计划

　　项目的进度计划意味着明确定义项目活动的开始日期和结束日期。为了提高进度计划的预见性和进度控制的主动性，在确定进度控制目标时，必须全面、细致地分析影响项目进度的各种因素，采用多种决策分析方法，制订出一个科学合理的目标工期。

　　确定目标工期主要根据工程建设总进度目标对工期的要求、相关合同或指令性工期限制、工期定额或类似工程项目的工期、工程的难易程度和工程条件的落实情况，以及企业组织管理水平和经济效益的要求等。

　　在确定目标工期时，应充分考虑资源与进度需要的平衡，以确保进度目标的实现。同时还要充分考虑外部协作条件和项目所处的自然环境、社会环境和施工环境。

6.2.1　物联网建设工程项目进度计划的编制依据

1. 物联网建设工程项目总进度计划编制依据

（1）施工合同。施工合同中的施工组织设计、合同工期、分期分批工程的开竣工日期，有关工期提前或延误调整的约定。

（2）施工进度目标。除合同约定的施工进度目标外，承包商可能有自己的施工进度目标，用以指导施工进度计划的编制（可能比业主要求的提前）。

（3）工期定额。

（4）有关技术经济资料。如施工地质、环境等资料。

（5）施工部署与主要工程施工方案。施工项目进度计划应在施工方案确定后编制。

（6）其他资料。如类似工程的进度计划。

2. 单位工程进度计划编制依据

（1）项目管理目标责任书。项目经理在项目管理目标责任书中明确规定项目进度目标。这个目标既不是合同目标，又不是定额工期，而是项目管理的责任目标，不但有工期，而且有开工时间和竣工时间。项目管理目标责任书中对进度的要求，是编制单位工程施工进度计划的依据。

（2）施工总进度计划。单位工程施工进度计划必须执行施工总进度计划中所要求的开、竣工时间。

（3）施工方案。施工方案对施工进度计划有决定性作用。施工顺序就是施工进度计划的施工顺序，施工方法直接影响施工进度。机械设备既影响所涉及的项目的持续时间、施工顺序，又影响总工期。因此，在确定施工进度计划时，对施工方案应引起足够的重视。

（4）主要材料和设备的供应能力。施工进度计划编制的过程中，必须考虑主要材料和机械设备的供应能力。一旦进度确定，则供应能力必须满足进度的需要。

（5）施工人员的技术素质及劳动效率。施工人员的技术素质及劳动效率的高低，影响着进度和质量。施工人员的技术素质必须满足规定要求。

（6）施工现场条件，包括气候条件、环境条件、地质条件等。

（7）已建成的同类工程实际进度及经济指标。

6.2.2　物联网建设工程项目进度计划的编制步骤

1. 物联网建设工程总进度计划编制步骤

制订施工项目进度计划主要有以下几个子过程。

（1）收集编制依据。

（2）确定进度管理目标。根据施工合同确定单位工程的先后施工顺序和开、竣工日期及工期。应在充分调查研究基础上，确定一个既能实现合同工期，又可实现指令工期的施工进度计划，从而确定作为进度管理目标的工期。

（3）计算工程量。首先根据建设项目的特点划分项目。项目划分不宜过多，应突出主要项目,一些附属、辅助工程可以合并。然后估算各主要项目的实物工程量。

按上述方法计算出的工程量,填入统一的工程量汇总表中,见表 6-1。

表 6-1 工程量汇总表

序号	分部分项工程名称	单位	合计	车间	仓库	管网	生活福利	临时设施	备注

(4) 确定各单位工程的施工期限和开、竣工日期。影响单位工程施工期限的因素很多,主要是结构特征、工程规模、施工方法、施工技术和施工管理水平、劳动力和材料供应情况以及施工现场的地形、地质条件等。因此,各单位工程的工期按合同约定的工期,并根据现场具体情况,综合考虑后予以确定。

(5) 安排各单位工程的搭接关系。在确定了各主要单位工程的施工期限之后,就可以进一步安排各单位工程的搭接施工时间。在解决这一问题时,一方面要根据施工方案中的计划工期及施工条件,另一方面要尽量使主要工种的人员基本上连续、均衡地施工。在具体安排时应着重考虑以下几点。

① 根据(合同约定)使用要求和施工可能,分期分批地安排施工,明确每个单位工程开、竣工时间。

② 对于施工难度较大、施工工期较长的,应优先安排施工。

③ 同一时期的开工项目不应过多,应相互错开。

④ 每个施工项目的施工准备、土建施工、设备安装和调试的时间要合理衔接。

⑤ 工程中的主要分部分项工程应实行连续、均衡的流水施工方法。

(6) 编制施工进度计划。根据各施工项目的工期与搭接时间,编制初步进度计划。按照流水施工与综合平衡的要求,调整进度计划,最后编制施工总进度计划。

2. 单项工程进度计划编制步骤

(1) 研究施工图和有关资料,调查施工条件。如认真研究施工图、施工组织总设计对单位工程进度计划的要求。

(2) 施工过程的划分。施工过程的多少、粗细程度根据工程不同而有所不同,宜粗不宜细。

① 施工过程的粗细程度。为使进度计划能简明清晰、便于掌握,原则上应在可能条件下尽量减少施工过程的数目。分项越细,则项目越多,就会显得越复杂。所以,施工过程划分的粗细要根据施工任务的具体情况来确定,原则上应尽量减少项目数量,能够合并的项目尽可能地予以合并。

② 施工过程项目应与施工方法一致。施工过程项目的划分,应结合施工方案来考虑,以保证进度计划表能够完全符合施工进度的实际情况,真正能起到指导施工的作用。

(3) 编排合理的施工顺序。施工顺序是在施工方案中确定的施工流向和施工程序的基础上,按照所选施工方法和施工机械的要求确定的。

确定施工顺序是为了按照施工的技术规律和合理的组织关系,解决各项目之间在时间上的先后顺序和搭接关系,以期做到保证质量、安全、充分利用空间、争取时间、实现合理安排工期的目的。

物联网工程与民用建筑的施工顺序不同。在设计施工顺序时,必须根据工程的特点、技术和组织上的要求以及施工方案等进行研究,不能拘泥于某种僵化的顺序。

(4) 计算各施工过程的工程量与定额。施工过程确定之后,根据施工图及有关工程量计算规则,按照施工顺序的排列,分别计算各个施工过程的工程量。

在计算工程量时,应注意施工方法,不管何种施工方法,计算出的工程量应一样。

在采用分层分段流水施工时,工程量也应按分层分段分别加以计算,以保证与施工实际吻合,有利于施工进度计划的编制。

工程量的计算单位应与劳动定额中的同一项目的单位一致,避免工程量计算后在套用定额时又要重复计算。

如已有施工图预算,则在编制施工进度计划时,不必另行计算工程量,直接从施工图预算中选取,但是要注意根据施工方法的需要,按施工实际情况加以修订和调整。

(5) 确定劳动力和机械需要量及持续时间。计算劳动量和机械台班需要量时,应根据现行劳动定额,并考虑实际施工水平,预测超额完成任务的可能性。

施工项目工作持续时间的计算方法一般有经验估计法、定额计算法和倒排计划法。

① 经验估计法。这种方法就是根据过去的经验进行估计,一般适用于采用新工艺、新技术、新结构、新材料等无定额可循的工程。先估计出完成该施工项目的最乐观时间(A)、最悲观时间(C)和最可能时间(B)三种施工时间,然后按下式确定该施工项目的工作持续时间,即

$$t = \frac{(A + 4B + C)}{6}$$

② 定额计算法。这种方法就是根据施工项目需要的劳动量或机械台班量,以及配备的劳动人数或机械台数,来确定其工作持续时间,即

$$T_i = \frac{P_i}{R_i + b}$$

式中　T_i——施工项目持续时间,天;

　　　P_i——该施工项目所需的劳动量(工日)或机械台班量(台班);

　　　R_i——该施工项目所配备的施工班组人数(人)或机械配备台数(台);

　　　b——每天采用的工作班制。

在应用上述公式时,必须先确定 R_i、b 的数值。

施工班组人数的确定。在确定施工班组人数时,应考虑最小劳动组合人数、最小工作面和可能安排的施工人数等因素。最小劳动组合即某一施工过程进行正常施工所必需的最低限度的班组人数及其合理组合;最小工作面即施工班组为保证安全生产和有效操作所必需的工作面;可能安排的人数是指施工单位所能配备的人数。

工作班制的确定。一般情况下,当工期允许、劳动力和机械周转使用不紧迫、施工工艺上无连续施工要求时,可采用一班制施工。当组织流水施工时,为了给第二天连续施工创造条件,某些施工准备工作或施工过程可考虑在夜班进行,即采用两班制施工。当工期较紧或为了提高施工机械的使用率及加快机械的周转使用,或工艺上要求连续施工时,某些施工项

目可考虑两班甚至三班制施工。

③ 倒排计划法。倒排计划法是根据流水施工方式及总工期要求,先确定施工时间和工作班制,再确定施工班组人数或机械台数。如果计算得出的施工人数或机械台数对施工项目来说过多或过少时,应根据施工现场条件、施工工作面大小、最小劳动组合、可能得到的人数和机械等因素合理调整。如果工期太紧,施工时间不能延长,则可考虑组织多班组、多班制的施工。按公式 $R_i = \dfrac{P_i}{T_i b}$ 计算。

(6)编排施工进度计划。编制进度计划应优先使用网络计划图,网络图有前导图法、箭线图法、条件图法和网络模板四种。也可使用横道计划图。具体内容将在后面讲述。

(7)提出劳动力和物资计划。有了施工进度计划以后,还需要编制劳动力和物资需要量计划,附于施工进度计划之后。这样,就更具体、更明确地反映出完成该进度计划所必须具备的基本条件,便于领导掌握情况、统一平衡、保证及时调配,以满足施工任务的实际需要。

6.2.3 流水施工

流水施工是指所有施工过程按一定的时间间隔依次投入施工,各个施工过程陆续开工、陆续竣工,使同一施工过程的施工班组保持连续、均衡施工,不同的施工过程尽可能平行搭接施工的组织方式。

大量的生产实践证明,在所有的生产领域中,流水作业法是组织产品生产的理想方法。连续、均衡生产是整个工业生产发展的方向,也是工程建设项目优质、高效施工的必由之路。

1.流水施工的优点

(1)流水施工能合理、充分地利用工作面,争取时间,加快工程的施工进度,从而有利于缩短施工工期。

(2)流水施工能保持各施工过程的连续性、均衡性,从而有利于提高施工管理水平和技术经济效益。

(3)流水施工能使各施工班组在一定时期内保持相同的施工操作和连续、均衡的施工,从而有利于提高劳动效率。

2.组织流水施工的要点

(1)划分分部、分项工程(施工过程)。首先将拟建工程,根据工程特点及施工要求,划分为若干个分部工程;其次按照工艺要求、工程量大小和施工班组情况,将各分部工程划分为若干个施工过程(即分项工程)。

(2)划分施工段。根据组织流水施工的需要,将拟建工程在平面上或空间上划分为工程量大致相等的若干个施工段。

(3)每个施工过程组织独立的施工班组。每个施工过程有独立的施工班组,这样可使每个施工班组按施工顺序,依次、连续、均衡地从一个施工段转移到另一个施工段进行相同的操作。

(4)主要施工过程必须连续、均衡地施工。对工程量较大、施工时间较长的主要施工过程,必须组织连续、均衡施工;对其他次要施工过程,可考虑与相邻的施工过程合并,如不能合并,为缩短工期,可安排间断施工。

（5）不同的施工过程尽可能组织平行搭接施工。根据施工顺序,不同的施工过程,在有工作面的条件下,除必要的技术和组织间歇时间外,应尽可能组织平行搭接施工。

3．流水施工的主要参数

在组织拟建工程项目流水施工时,需要确定下列参数。

1）施工段

为了有效地组织流水施工,通常把拟建工程项目在平面上划分成若干个劳动量大致相等的施工段落,这些施工段落称为施工段。施工段的数目通常以 m 表示。

划分施工段是组织流水施工的基础。一般情况下,一个施工段内只安排一个施工过程的专业工作队进行施工。在一个施工段上,只有前一个施工过程的工作队提供足够的工作面,后一个施工过程的工作队才能进入该段从事下一个施工过程的施工。

划分施工段需要明确两点,即划分的方式和数量。施工段的划分,在不同的分部工程中可以采用相同或不同的划分办法。在同一分部工程中最好采用统一的段数。施工段数要适当,过多势必要减少工人数而延长工期,过少又会造成资源供应过分集中,不利于组织流水施工。

2）流水节拍

在组织流水施工时,每个专业工作队在各个施工段上完成相应的施工任务所需要的工作延续时间,称为流水节拍。通常以 t_i 表示。流水节拍的大小,可以反映出流水施工速度的快慢、节奏感的强弱和资源消耗量的多少。

影响流水节拍数值大小的因素主要有项目施工时所采取的施工方案、各施工段投入的劳动力人数或施工机械台数、工作班次以及该施工段工程量的多少。为避免工作队转移时浪费工时,流水节拍在数值上最好是半个班的整倍数。

3）流水步距

在组织流水施工时,相邻两个专业工作队在保证施工顺序、满足连续施工、最大限度搭接和保证工程质量要求的条件下,在同一施工段上相继投入施工的最小时间间隔,称为流水步距。流水步距以 K 表示。

确定流水步距的原则：当施工段确定后,流水步距的大小直接影响着工期的长短。如果施工段不变,流水步距越大,则工期越长；反之,工期就越短。当施工段不变时,流水步距随流水节拍的增大而增大,随流水节拍的缩小而缩小。如果人数不变,增加施工段数,使每段人数达到饱和,而该段施工持续时间总和不变,则流水节拍和流水步距都相应地会缩小,但工期拖长了。由此可知,确定流水步距的原则是：①流水步距要满足相邻两个专业工作队,在施工顺序上的相互制约关系；②流水步距要保证各专业工作队都能连续作业；③流水步距要保证相邻两个专业工作队,在开工时间上最大限度地、合理地搭接；④流水步距的确定要保证工程质量,满足安全生产。

流水步距的确定方法很多,而简捷实用的方法,主要有图上分析法、分析计算法和潘特考夫斯基法等。

4）施工工期

流水施工工期是指从第一个专业工作队投入流水施工开始,到最后一个专业工作队完成流水施工为止的整个持续时间。由于一项建设工程往往包含有许多流水组,故流水施工

工期一般均不是整个工程的总工期。流水施工工期可按下式计算,即

$$T = \sum K + \sum t_n$$

式中　　T——流水施工工期;

　　　　$\sum K$——各施工过程(或专业工作队)之间流水步距之和;

　　　　$\sum t_n$——最后一个施工过程(或专业工作队)在各施工段上流水节拍之和。

4．流水施工的分类

1)按流水施工对象的范围分类

(1)分项工程流水施工,也称为细部流水施工。它是在一个专业工种内部组织起来的流水施工。

(2)分部工程流水施工,也称为专业流水施工。它是在一个分部工程内部、各分项工程之间组织起来的流水施工。

(3)单位工程流水施工,也称为综合流水施工。它是在一个单位工程内部、各分部工程之间组织起来的流水施工。在项目施工进度计划表上,它是若干组分部工程的进度指示线段,并由此构成一张单位工程施工进度计划表。

(4)群体工程流水施工,也称为大流水施工。它是在若干单位工程之间组织起来的流水施工。反映在项目施工进度计划上,是一张项目施工总进度计划表。

2)按施工过程分解的深度分类

根据流水施工组织的需要,有时要求将工程对象的施工过程分解得细些,有时则要求分解得粗些,这就形成了施工过程分解深度的差异。

(1)彻底分解流水。这种流水方式是指经过分解后的所有施工过程都是属于单一工种完成的施工过程。为完成该施工过程,所组织的专业队都应该是由单一工种的工人(或机械)组成。

(2)局部分解流水。在进行施工过程的分解时将一部分施工工作合并在一起,形成多工种协作的综合性施工过程,这就是不彻底分解的施工过程。这种包含多工种协作的施工过程的流水,就是局部分解流水。

3)按流水的节奏特征分类

在流水施工中,由于流水节拍的规律不同,决定了流水步距、流水施工工期的计算方法也不同,甚至影响到各个施工过程的专业工作队数目。因此,按照流水节拍的特征将流水施工进行分类,其分类情况如图 6-1 所示。

(1)有节奏流水施工。有节奏流水施工是指在组织流水施工时,每一个施工过程在各个施工段上的流水节拍都相等的流水施工,它分为等节奏流水施工和异节奏流水施工。其中等节奏流水施工是指在有节奏流水施工中,各施工过程的流水节拍都相等的流水施工,也称为固定节拍流水施工或全等节拍流水施工。异节奏流水施工是指在有节奏流水施工中,同一施工过程的流水节拍各自相等而不同施工过程之间的流水节拍不尽相等的流水施工。在组织异节奏流水施工时,又可以采用等步距和异步距两种方式。等步距异节奏流水施工是指在组织异节奏流水施工时,按每个施工过程流水节拍之间的比例关系,成立相应数量的专业工作队而进行的流水施工,也称为成倍节拍流水施工。异步距异节奏流水施工是指在组织异

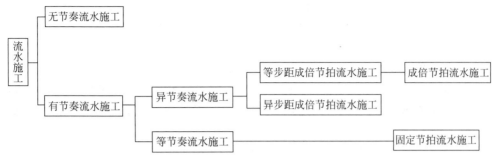

图 6-1　流水施工节奏特征分类框图

节奏流水施工时,每个施工过程成立一个专业工作队,由其完成各施工段任务的流水施工。

(2) 无节奏流水施工。无节奏流水施工是指在组织流水施工时,全部或部分施工过程在各个施工段上的流水节拍不相等的流水施工。这种方式是流水施工中最常见的一种。

5. 流水施工基本方式

按照流水节拍的特征将流水施工分为有节奏流水施工和无节奏流水施工,其中有节奏流水施工主要包括固定节拍流水施工、成倍节拍流水施工。对于管沟、道路等工程,在组织流水作业时,因另具特点,可按线性工程的流水作业组织施工。下面将分别介绍。

1) 无节奏流水施工

在组织流水施工时,经常由于工程结构形式、施工条件不同等原因,使得各施工过程在各施工段上的工程量有较大差异,或因专业工作队的生产效率相差较大,导致各施工过程的流水节拍随施工段的不同而不同,且不同施工过程之间的流水节拍又有很大差异。这时,流水节拍虽无任何规律,但仍可利用流水施工原理组织流水施工,使各专业工作队在满足连续施工的条件下,实现最大搭接。这种无节奏流水(也称为分别流水)施工方式是工程建设项目流水施工的普遍方式。

(1) 基本特点。

① 每个施工过程在各个施工段上的流水节拍不尽相等。

② 在多数情况下,流水步距彼此不相等,而且流水步距与流水节拍之间存在着某种函数关系。

③ 各专业工作队都能连续施工,个别施工段可能有空闲。

④ 专业工作队数等于施工过程数。

(2) 组织步骤。

① 确定施工起点流向,分解施工过程。

② 确定施工顺序,划分施工段。

③ 按前述流水节拍数值的确定方法计算各施工过程在各个施工段上的流水节拍。

④ 按一定的方法如用"最大差法"确定相邻两个专业工作队之间的流水步距。

⑤ 计算流水施工工期。

⑥ 绘制流水施工进度表。

综上所述,到底采取哪一种流水施工的组织形式,除要分析流水节拍的特点外,还要考虑工期要求和项目经理部自身的具体施工条件。任何一种流水施工的组织形式,仅仅是一种组织管理手段,其最终目的是要实现工程质量好、工期短、成本低、效益高和安全施工的企业目标。

2) 固定节拍流水施工

固定节拍流水是指在组织流水施工时,所有的施工过程在各个施工段上的流水节拍彼此相等,这种流水施工组织方式称为固定节拍流水,也称为等节拍流水或全等节拍流水或同步距流水。

(1) 基本特点。固定节拍流水施工是一种最理想的流水施工方式,其特点如下。

① 所有施工过程在各个施工段上的流水节拍均相等。

② 相邻施工过程的流水步距相等,且等于流水节拍。

③ 专业工作队数等于施工过程数,即每一个施工过程成立一个专业工作队,由该队完成相应施工过程所有施工段上的任务。

④ 各个专业工作队在各施工段上能够连续作业,施工段之间没有空闲时间。

(2) 组织步骤。

① 确定项目施工起点流向,分解施工过程。

② 确定施工顺序,划分施工段。

③ 根据固定节拍专业流水要求,按前述流水节拍数值的确定方法计算流水节拍数值。

④ 确定流水步距,$K = t$。

⑤ 计算流水施工的工期。

⑥ 绘制流水施工指示图表。

3) 成倍节拍流水施工

通常情况下,组织固定节拍的流水施工是比较困难的。因为在任一施工段上,不同的施工过程,其复杂程度不同,影响流水节拍的因素也各不相同,很难使得各个施工过程的流水节拍都彼此相等。但如果施工段划分得合适,保持同一施工过程各施工段的流水节拍相等是不难实现的,并使某些施工过程的流水节拍成为其他施工过程流水节拍的倍数,即形成成倍节拍流水施工。成倍节拍流水施工包括一般的成倍节拍流水施工(每个施工过程成立一个专业工作队)和加快的成倍节拍流水施工。为了缩短流水施工工期,一般均采用加快的成倍节拍流水施工方式。这里主要讨论加快的成倍节拍流水。

(1) 基本特点。

加快的成倍节拍流水施工的特点如下。

① 同一施工过程在其各个施工段上的流水节拍均相等;不同施工过程的流水节拍不等,但其值为倍数关系。

② 相邻施工过程的流水步距相等,且等于流水节拍的最大公约数。

③ 专业工作队数大于施工过程数,即有的施工过程只成立一个专业工作队,而对于流水节拍大的施工过程,可按其倍数增加相应专业工作队数目。

④ 各个专业工作队在施工段上能够连续作业,施工段之间没有空闲时间。

(2) 组织步骤。

① 确定施工起点流向,分解施工过程。

② 确定施工顺序,划分施工段。

③ 按异节拍专业流水确定流水节拍。

④ 确定流水步距。

⑤ 确定专业工作队数。

⑥ 确定计划总工期。

⑦ 绘制流水施工进度表。

4）线性工程的流水作业组织

在工程建设中常会遇到延伸很长的结构物，如道路、管沟等，通常称为线性工程。组织线性工程流水作业时，可沿其长度划分为若干施工段，根据施工过程组织作业队，按上述固定节拍或成倍节拍方式组织流水施工。如果线性工程的工程量沿程均匀分布，结构形式也一致，则只须将线性工程对象划分成若干个施工过程，组织相应的作业队，按照一定的工艺顺序相继投入施工，各队都以某一不变的速度沿线不断向前推进，每天完成同样进度的工作内容，这样的组织方式称流水线法。

6.2.4　甘特图

甘特图又称为横道图，是一种表示施工进度的表现方法，其以表格的形式表达。表格由左右两部分组成。左边部分反映拟建工程所划分的施工项目、工程量、定额、劳动量或台班量、工作班制、施工人数及工作持续时间等计算内容，右边部分则用水平线段反映各施工项目的搭接关系和施工进度，其中的格子根据需要可以是一格表示一天或若干天。甘特图示例见图 6-2。

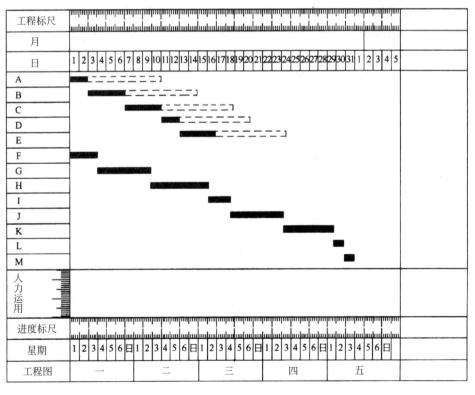

图 6-2　甘特图例

左边部分计算完毕后,即可编制施工进度计划的初步方案。一般的编制方法有以下两种。

1. 根据施工经验直接安排的方法

这是根据经验资料及有关计算,直接在进度表上画出进度线的方法。这种方法比较简单实用。但施工项目多时,不一定能达到最优计划方案。其一般步骤是:先安排主导分部工程的施工进度,再将其余分部工程尽可能配合主导分部工程,最大限度地合理搭接起来,使其相互联系,形成施工进度计划的初步方案。

在主导分部工程中,应先安排主导施工项目的施工进度,力求其施工班组能连续施工,而其余施工项目尽可能与它配合、搭接或平行施工。

2. 按工艺组合组织流水施工的方法

这种方法是将某些在工艺上有关系的施工过程归并为一个工艺组合,组织各工艺组合内部的流水施工,然后将各工艺组合最大限度地搭接起来,组织分别流水。

6.2.5 网络图

1. 双代号网络图

用一个箭线表示一个施工过程,施工过程名称写在箭线上面,施工持续时间写在箭线下面,箭尾表示施工过程开始,箭头表示施工过程结束。在箭线的两端分别画一个圆圈作为节点,并在节点内进行编号,用箭尾节点号码 i 和箭头节点号码 j 作为这个施工过程的代号,如图 6-3 所示。由于各施工过程均用两个代号表示,所以叫做双代号网络图。用这种表示方法把一项施工计划中的所有施工过程,按先后顺序及其相互之间的逻辑关系,从左到右绘制成的网状图形,就叫做双代号网络图。用这种网络图表示的计划叫做双代号网络计划。

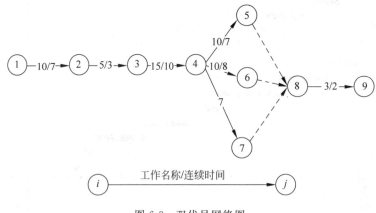

图 6-3 双代号网络图

双代号网络图由箭线、节点和线路三个要素所组成。现将其含义和特性叙述如下。

1) 箭线

(1) 一个箭线表示一个施工过程(或一项工作)。箭线表示的施工过程可大可小。在总体(或控制性)网络计划中,箭线可表示一个单位工程或一个工程项目;在单位工程网络计划中,一个箭线可表示一个分部工程(如基础工程、主体工程、装修工程等);在实施性网络计划中,一个箭线可表示一个分项工程(如挖土、垫层、浇筑混凝土等)。

(2) 每个施工过程的完成都要消耗一定的时间及资源。只消耗时间不消耗资源,如混凝土养护、砂浆找平层干燥等技术间歇,单独考虑时,也应作为一个施工过程来对待。各施工过程均用实箭线来表示。

(3) 在双代号网络图中,为了正确表达施工过程的逻辑关系,有时必须使用一种虚箭线。虚箭线是既不消耗时间也不消耗资源的一个虚拟的施工过程(称虚工作),一般不标注名称,持续时间为零。它在双代号网络图中起到对施工过程之间逻辑连接或逻辑断路的作用。

(4) 箭线的长短不表示持续时间的长短(时标网络图除外)。箭线的方向表示施工过程的施工方向,应保持自左向右的总方向。为使图形整齐,表示施工过程的箭线宜画成水平箭线或由水平线段和竖直线段组成的折线箭线。虚工作可画成水平的或竖直的虚箭线,也可画成折线形虚箭线。

(5) 在网络图中,凡是紧接于某施工过程箭线箭尾端的各过程,叫做该施工过程的紧前施工过程;紧接于某施工过程箭头端的各过程,叫做该施工过程的紧后施工过程。紧前施工过程和紧后施工过程是相对的。例如,某施工过程对这个施工过程是紧前施工过程,对另一个施工过程则是紧后施工过程。

2) 节点

在双代号网络图中,用圆圈表示的各箭线之间的连接点,称为节点。节点表示前面施工过程结束和后面施工过程的开始。

(1) 节点的分类。网络图的节点有起点节点、终点节点、中间节点。网络图的第一个节点为起点节点,它表示一项计划(或一个项目)的开始。网络图的最后一个节点称为终点节点,它表示一项计划(或一个项目)的结束。其余节点都称为中间节点。任何一个中间节点既是其紧前各施工过程的结束节点,又是其紧后各施工过程的开始节点。

(2) 节点的编号。网络图中的每一个节点都要编号。编号的顺序是:从起点节点开始,依次向终点节点进行。编号的原则是:每一个箭线的箭尾节点代号 i 必须小于箭头节点代号 j(即 $i<j$);所有节点的代号不能重复出现,但可以间断不连续,如 1-10、20-50。

3) 线路

从网络图的起点节点沿着箭线方向顺序,通过一系列箭线与节点到达终点节点的通路,称为线路。网络图中的线路可依次用该线路上的节点代号来记述。网络图可有多条线路,每条不同的线路所需的时间之和往往各不相等,其中时间之和最大者称为关键线路,其余的线路为非关键线路。位于关键线路上的施工过程称为关键施工过程,这些施工过程的持续时间长短直接影响整个施工计划完成的时间。关键施工过程在网络图中通常用粗箭线、双箭线或彩色箭线表示。有时,在一个网络图中也可能出现几条关键线路,即这几条关键线路的施工持续时间相等,关键线路越多,表明绘制的网络图越充分发挥了材料、人员、机械等的效率。

2. 网络图绘制

网络图的绘制是网络计划方法应用的关键。要正确绘制网络图,必须正确反映逻辑关系,遵守绘制网络图的基本规则。

1) 逻辑关系

逻辑关系是指网络计划中所表示的各个施工过程之间的先后顺序关系。这种顺序关系可划分为两大类:一类是施工工艺关系,称为工艺逻辑;另一类是施工组织关系,称为组织逻辑。

工艺逻辑是由施工工艺所决定的各个施工过程之间内在的客观上存在的先后顺序关系。对于一个具体的分部工程来说,当确定了施工方法以后,则该分部工程的各个施工过程的先后顺序一般是固定的,绝大部分的施工过程是绝对不能颠倒的。

组织逻辑是施工组织安排中,考虑劳动力、机具、材料或工期等因素的影响,在各个施工过程之间,主观上安排的先后施工顺序关系。这种关系不受施工工艺的限制,不是工程性质本身决定的,而是在保证施工质量、安全和工期等前提下,人为安排的先后施工顺序关系。

2) 绘图规则

(1) 在一个网络图中,只允许有一个起点节点和一个终点节点,如图 6-4 所示。

(2) 在网络图中,不允许出现循环回路,即不允许从一个节点出发,沿箭线方向再返回到原来的节点,如图 6-5 所示。

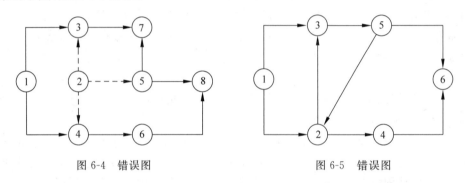

图 6-4　错误图　　　　　　　　　　图 6-5　错误图

(3) 在一个网络图中,不允许出现同样编号的节点或箭线,如图 6-6 所示。

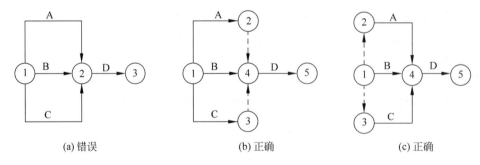

(a) 错误　　　　　　　(b) 正确　　　　　　　(c) 正确

图 6-6　不允许出现相同编号的节点或箭线

(4) 在一个网络图中,一个代号只代表一项施工过程(图 6-7)。

(5) 在网络图中,不允许出现无指向箭头或有双向箭头的连线(图 6-8)。

(6) 在网络图中,应尽量减少交叉箭线,当无法避免时,应采用过桥法或断线法表示(图 6-9)。

(a) 错误   (b) 正确

图 6-7 一个代号只代表一项施工过程

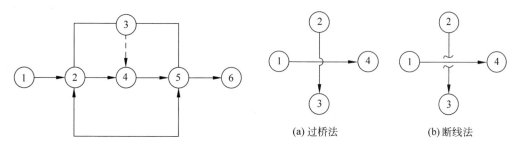

图 6-8 不允许出现双向箭头及无箭头的连线   图 6-9 箭杆按交叉的处理方法

                                             (a) 过桥法   (b) 断线法

（7）在网络图中,不允许出现没有箭尾节点的箭线和没有箭头节点的箭线。

（8）网络图必须按已定的逻辑关系绘制。

3）绘制步骤

（1）绘草图。绘出一张符合逻辑关系的网络图草图,其步骤是：首先画出从起点节点出发的所有箭线；接着从左至右依次绘出紧接其后的箭线,直至终点节点；最后检查网络图中各施工过程的逻辑关系。

（2）整理网络图。按照网络图的绘制规则绘制,绘制的网络图必须条理清楚、层次分明、逻辑正确、图案漂亮。

例题：

公司承接一家企业的信息系统集成的业务。经过公司董事会的讨论,决定任命你作为新的系统集成项目的项目经理,在你接到任命后,开始制订进度表,这样项目才可以依照进度表继续下去。

在与项目团队成员探讨后,假设已经确认了 12 项基本活动。所有这些活动的名称、完成每项活动所需的时间,以及与其他活动之间的约束关系如表 6-2 所示。

表 6-2 工作分解结构

活动名称	必需的时间/天	前置任务	活动名称	必需的时间/天	前置任务
A	3		G	2	D,E
B	4		H	4	D,E
C	2	A	I	3	G,F
D	5	A	J	3	G,F
E	4	B,C	K	3	H,I
F	6	B,C	L		H,J

试就以下问题进行分析：

（1）为了便于对项目进度进行分析，可以采用箭线图法和前导图法来描述项目进度，请画出项目进度计划中箭线图和前导图。

（2）本题中的关键路径有几条？并给出关键路径。

（3）你要花多长时间来计划这项工作？如果在任务 B 上迟滞了 10 天对项目进度有何影响？作为项目经理，你将如何处理这个问题？

参考答案：

【问题 1】

活动排序通常采用的工具为网络图，包括前导图法和箭线图法两种。

1. 前导图法

前导图法，也称单代号网络图法，如图 6-10 所示，它是一种利用方框代表活动，并利用表示依赖关系的箭线将节点联系起来的网络图的方法。每个节点活动会有以下几个时间点：最早开始时间（ES）、最迟开始时间（LS）、最早结束时间（EF）、最迟结束时间（LF）。这几个时间点通常作为每个节点的组成部分。

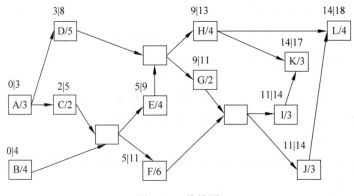

图 6-10   前导图

2. 箭线图法

箭线图法是一种利用箭线代表活动，而在节点处将活动连接起来表示依赖关系的编制项目网络图的方法。这种方法也叫做双代号网络法，如图 6-11 所示。

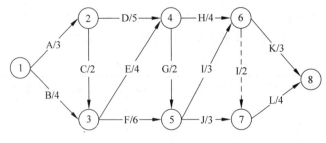

图 6-11   箭线图

在箭线图表示法中，给每个事件指定一个唯一的号码。活动的开始事件叫做该活动的紧前事件，活动的结束事件叫做活动的紧随事件。

箭线图法和前导图法存在以下的区别。

（1）双代号网络图中的每一项工作都由两个对应的代号来表示；而单代号网络图中的每一项工作则由一个独立的代号来表示，每一个节点都表示一项工作。

（2）在双代号网络图中，工作间的逻辑关系可借助虚工作（虚箭号）来表示，而在单代号网络图中，工作间的逻辑关系则用箭号来表示，因此单代号网络图中不会出现虚箭号。在一幅单代号网络图中，只会出现两个虚设的工作节点，那就是表示计划开始的虚工作节点和表示计划结束的虚工作节点。

【问题2】

问题2是时间管理的计算试题，考察应试人员对关键线路的掌握程度。为每个最小任务单位计算工期，定义最早开始和结束日期、最迟开始和结束日期，按照活动的关系形成顺序的网络逻辑图，找出必需的最长路径，即为关键路径。

在项目管理中，关键路径是指网络终端元素的元素序列，该序列具有最长的总工期并决定了整个项目的最短完成时间。绘制其项目网络图如图6-12所示。

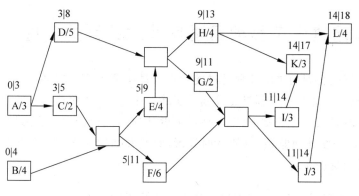

图6-12　项目网络图

一个项目可以有多个并行的关键路径。另一个总工期比关键路径的总工期略少的一条并行路径称为次关键路径。

关键路径的工期决定了整个项目的工期。任何关键路径上的终端元素的延迟将直接影响项目的预期完成时间

本题解题方法有多种，如转换成单代号网络进行计算。在每个任务上标识出最早开始时间和最早完成时间。

整个项目工期为18，根据图6-12可以判断出工作的关键点为C、E、I、J。

关键路径为：①总持续时间最长的线路称为关键线路；②总时差最小的工作组成的线路为关键线路。由此判断，关键路径为：

A→C→F→I→J→L

A→C→F→J→L

A→C→E→G→I→L

A→C→E→G→L

【问题3】

对于问题3，由于B推后了10天，导致关键路径发生改变，其单代号网络图变换如

图 6-13 所示。

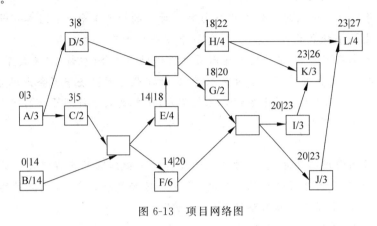

图 6-13　项目网络图

　　所以,整个项目工期为 27 天,对比于原来的 18 天,整个进度延迟了 9 天。

6.3　物联网建设工程项目进度管理计划的实施

　　编制一个科学、合理的进度计划是进度管理人员实现进度控制的首要前提。但外部环境和条件的变化均可能会对工程进度计划的实施产生影响,从而造成实际进度偏离计划进度。为此,进度管理人员应经常地、定期地对进度计划的执行情况进行跟踪检查,采取有效的监测手段进行进度计划监控,以便及时发现问题,并运用行之有效的进度调整方法和措施,确保进度总目标的实现。

6.3.1　物联网建设工程进度计划的实施

　　物联网建设工程项目进度计划的实施,要做好三项工作:编制计划书即编制年、月、季、旬、周进度计划和施工任务书,通过班组实施;记录现场实际情况;调整管理进度计划。

1. 编制月、季、旬、周进度计划和施工任务书

　　施工组织设计中编制的施工进度计划,是按整个项目(或单位工程)编制的,也带有一定的控制性,但还不能满足施工作业的要求。实际作业时是按季、月、旬、周作业计划和施工任务书执行的。

　　施工作业计划除依据施工进度计划编制外,还应依据现场情况及季、月、旬、周的具体要求编制。计划以贯彻施工进度计划为主线、明确当期任务及满足施工作业要求为前提。

　　施工任务书是一份计划文件,也是一份核算文件,又是原始记录。它把施工作业计划下达到班组,并将计划执行与技术管理、质量管理、成本核算、原始记录、资源管理等融为一体。

　　施工任务书一般由工长根据计划要求、工程数量、定额标准、工艺标准、技术要求、质量标准、节约措施、安全措施等为依据进行编制。

　　任务书由工长向班组下达,由工长向班组进行交底。交底内容为交代任务、交代操作规程、交代施工方法、交代质量标准、交代安全措施、交代定额标准、交代节约措施、交代材料的

使用、交代施工计划、交代奖罚要求等。做到任务明确,报酬预知,责任到人。

施工班组接到任务书后,应做好分工,安排如何完成任务。执行中要保质量、保进度、保安全、保节约、保工效提高。任务完成后,班组自检,在确认已经完成后,向工长报请验收。工长验收时查数量、查质量、查安全、查用工、查节约。然后回收任务书,交作业队登记结算。

2. 做好施工记录、掌握现场施工实际情况

在施工中,如实记录每项工作的开始时间、工作进程情况和工作完成时间,记录每日完成的工程数量,施工现场发生的情况,干扰因素的排除情况。可为计划实施的检查、分析、调整、总结提供原始资料。

3. 落实跟踪管理进度计划

检查作业计划执行中出现的问题,找出原因,并采取措施解决;督促供应单位按进度要求供应生产资料;控制施工现场临时设施的使用;按计划进行作业条件准备;传达决策人员的决策意图等。

6.3.2 物联网建设工程进度计划的检查

1. 检查方法

施工进度的检查与进度计划的执行是融合在一起的。计划检查是对计划执行情况的总结,是施工进度调整和分析的依据。

进度计划的检查方法主要是对比法,即实际进度与计划进度对比,发现偏差,进行调整或修改计划。

(1)用横道计划检查:双线表示计划进度,在计划图上记录的单线表示实际进度。

(2)利用网络计划检查。

① 记录实际作业时间。例如,某项工作计划为 10 天,实际进度为 8 天。

② 记录工作的开始时间和结束时间。

③ 标注已完成工作。可以在网络图上用特殊的符号、颜色记录其完成部分,如阴影部分为已完成部分。

(3)利用"香蕉"曲线进行检查。"香蕉"曲线是根据计划绘制的累计完成数量与时间对应关系的轨迹。A 线是按最早时间绘制的计划曲线,B 线是按最迟时间绘制的计划曲线,P 线是实际进度记录线。由于一项工程开始、中间和结束时曲线的斜率不相同,总的呈 S 形,故称 S 形曲线。又由于 A 线与 B 线构成香蕉状,故有的称为"香蕉"曲线(图 6-14)。

检查方法:当计划进行到时间 t_1 时,实际完成数量记录在 M 点。这个进度比最早时间计划曲线 A 的要求少完成 $\Delta C_1 = OC_1 - OC$;比最迟时间计划曲线 B 的要求多完成 $\Delta C_2 = OC - OC_2$;由于它的进度比最迟时间要求提前,故不会影响总工期,只要控制得好,有可能提前 $\Delta t_1 = Ot_1 - Ot_3$ 完成全部计划。同理,可分析 t_2 时间的进度状况。

2. 检查内容

根据不同需要可进行日、月、旬检查或定期检查,检查的内容包括以下几项。

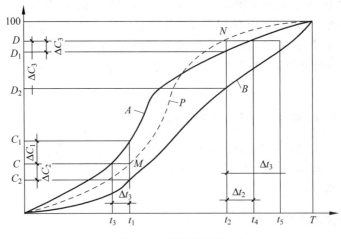

图 6-14 "香蕉"曲线

(1) 检查期内实际完成和累计完成工程量。

(2) 实际参加施工的人力、机械数量与计划数量。

(3) 窝工人数、窝工机械台班数及其产生的原因分析。

(4) 实际进度与计划进度的进度偏差情况。

(5) 进度管理情况。

(6) 影响进度的原因及分析。

3. 检查报告

通过进度计划检查,项目经理部向企业提供月度施工进度计划执行情况检查报告,其内容包括以下几项。

(1) 施工进度执行情况综合描述。

(2) 实际施工进度图。

(3) 工程变更对进度的影响情况。

(4) 施工进度偏差的状况与导致偏差的原因分析。

(5) 解决施工进度偏差问题的措施。

(6) 施工进度计划的调整意见。

6.3.3　物联网建设工程进度计划的调整

1. 物联网建设工程进度的调整内容

物联网建设工程进度计划的调整,以工程进度计划检查结果为依据进行,调整的内容包括施工内容、工程量、施工的起止时间、施工的持续时间、工作关系、资源供应。

(1) 调整内容。调整上述六项中的一项或多项,还可以将几项结合起来调整。例如,将工期与资源、工期与成本、工期、资源及成本结合起来调整,只要能达到预期目标,调整越少越好。

(2) 关键线路长度的调整方法。当关键线路的实际进度比计划进度提前时,首先要确定是否对原计划工期进行缩短。如果不缩短,可以利用这个机会降低投入的资源强度或费用,方法是选择后续关键工作中资源占用量大的或直接费用高的予以适当延长,延长的长度不应超过已完成的关键工作提前的时间量。当关键线路的实际进度比计划进度落后时,计划调整的任务是采取措施压缩关键施工过程的延续时间,增加人力、物力把失去的时间抢回来。

(3)非关键工作时差的调整。时差调整的目的是更充分地利用资源,降低成本,满足施工需要,时差调整幅度不得大于计划总时差值。

(4)增减工作项目。增减工作项目均不得打乱原网络计划总的逻辑关系。由于增减工作项目,只能改变局部的逻辑关系,此局部改变不影响总的逻辑关系。增加工作项目,只是对原遗漏或不具体的逻辑关系进行补充;减少工作项目,只是对提前完成了的工作项目或原不应该设置而设置了的工作项目予以删除。只有这样才是真正调整而不是"重编"。增减工作项目之后,重新计算各个时间参数。

(5)逻辑关系调整。施工方法或组织方法改变之后,逻辑关系也相应地按照新的施工方法或组织方法进行调整。

(6)持续时间的调整。原计划有错误或实现条件不充分时方可调整。调整的方法是更新估算。

(7)资源调整。资源调整应在资源供应发生异常时进行。异常即因供应满足不了需要(中断或强度降低),影响了施工进度计划,工期难以实现,才可以调整资源。如正常无须调整。

2. 物联网建设工程进度计划的调整

(1)物联网建设工程进度计划的调整应及时有效。

(2)使用网络计划进行调整,应充分利用关键线路,充分利用网络计划的时差进行调整。

(3)调整后编制的工程进度计划要及时下达。调整后的进度计划要及时向班组及有关人员下达,防止继续执行原进度计划。

6.4 物联网建设工程项目进度管理计划的总结

物联网建设工程进度计划完成后,项目经理部要及时对施工进度管理进行总结。

6.4.1 物联网建设工程进度管理计划总结的依据

(1)物联网建设工程进度计划。
(2)物联网建设工程进度计划执行的实际记录。
(3)物联网建设工程进度计划检查结果。
(4)物联网建设工程进度计划的调整资料。

6.4.2 物联网建设工程进度管理计划总结的内容

物联网建设工程进度管理计划总结的内容包括合同工期目标及计划工期目标完成情况、施工进度管理中的经验教训、施工进度管理中存在的问题及分析结果、科学的施工进度计划方法的应用情况、施工进度管理的改进意见。

1. 合同工期目标完成情况

$$合同工期节约值 = 合同工期 - 实际工期$$
$$指令工期节约值 = 指令工期 - 实际工期$$
$$定额工期节约值 = 定额工期 - 实际工期$$
$$计划工期提前率 \frac{计划工期 - 实际工期}{计划工期} \times 100\%$$
$$缩短工期的经济效益 = 缩短一天产生的经济效益 \times 缩短工期天数$$

分析缩短工期的原因,大致有计划周密情况、执行情况、管理情况、协调情况和劳动效率。

2. 资源利用情况

$$单方用工 = \frac{总用工数}{建筑面积}$$
$$劳动力不均衡系数 = \frac{最高日用工数}{平均日用工数}$$
$$节约工日数 = 计划用工工日 - 实际用工工日$$
$$主要材料节约量 = 计划材料用量 - 实际材料用量$$
$$主要机械台班节约量 = 计划主要机械台班数 - 实际主要机械台班数$$
$$主要大型机械节约率 = \frac{各种大型机械计划费之和 - 实际费之和}{各种大型机械费之和} \times 100\%$$

资源节约大致原因有计划积极可靠、资源优化效果好、按计划保证供应、认真制订并实施了节约措施、协调及时。

3. 成本情况

$$降低成本额 = 计划成本 - 实际成本$$
$$降低成本率 = \frac{降低成本额}{计划成本额} \times 100\%$$

节约成本的主要原因有计划积极可靠、成本优化效果好、认真制订并执行了节约成本措施、工期缩短、成本核算及成本分析工作效果好。

4. 施工进度管理经验

经验是指对成绩及其取得的原因进行分析,为以后进度管理提供借鉴的本质的、规律性的东西。分析进度管理的经验可以从以下几方面进行。

(1) 编制什么样的进度计划才能取得较大效益。

(2) 怎样优化计划更有实际意义。包括优化方法、目标、计算、电子计算机应用等。

(3) 怎样实施、调整与管理计划。包括记录检查、调整、修改、节约、统计等措施。

(4) 进度管理工作的创新。

5. 施工进度管理中存在的问题及分析

施工进度管理目标没有实现或在计划执行中存在缺陷,应对存在的问题进行分析。分析时可以定量计算,也可以定性地分析。对产生问题的原因也要从编制和执行计划中去分析,问题要找清,原因要查明,不能解释不清,严禁把遗留的问题留到下一管理循环中解决。

施工进度管理中一般存在工期拖后、资源浪费、成本浪费、计划变化大等问题。施工进度管理中出现上述问题的原因一般有计划本身的原因、资源供应和使用中的原因、协调方面的原因、环境方面的原因。

6. 施工进度管理的改进意见

对施工进度管理中存在的问题进行总结,提出改进方法或意见,在以后的工程中加以应用,避免以后工作中重复出现相同的错误。

小结

物联网建设工程的进度计划是指必须在合同规定的期限内把建筑工程交付给业主。因此,项目管理者应以合同约定的竣工日期作为指导控制行动的指南。

施工顺序和施工方法直接影响到施工进度。施工顺序包括流水施工、平行施工、依次施工。流水施工是组织施工的一种方法,它能充分地利用工作面,争取时间,加速工程的施工进度,从而有利于缩短施工工期。

施工进度计划的形式有甘特图、网络图。施工进度计划在实施的过程中由于其他原因出现了偏差,脱离了原来的目标,为了实现目标就必须对进度计划进行调整。横道图和网络图是施工进度计划的两种表现形式,是学习的重点。

物联网建设工程进度计划的调整,应以工程进度计划检查结果为依据进行,调整的内容包括施工内容、工程量、施工的起止时间、施工的持续时间、工作关系和资源供应。

思考与练习

6-1　如何编制出一个好的工程进度计划?

6-2　如何确定施工目标工期?

6-3　什么是流水施工?流水施工的特点有哪些?

6-4　简述网络图的绘制规则。

6-5　进度计划的调整中,人员怎样才能保证连续均衡不出现大起大落?

6-6　调查一个实际工程项目,了解其实际和计划工期情况,并进行对比分析。

6-7　监理工程师可以采用多种技术手段实施物联网工程的进度控制。下面(　　)不属于进度控制的技术手段。

    A. 图表控制法　　　　　　　　　　B. 网络图计划法

    C. ABC 分析法　　　　　　　　　　D. "香蕉"曲线图法

6-8　关键路径法是多种项目进度分析方法的基础。将关键路径法分析的结果应用到项目日程表中的是(　　)。

    A. PERT 网络分析　　　　　　　　　B. 甘特图

C. 优先日程图法   D. 启发式分析法

6-9 某市数字城市项目主要包括 A、B、C、D 和 E 五项任务,且五项任务可同时开展。各项任务的预计建设时间及人力投入如表 6-3 所示。

表 6-3 各项任务的预计建设时间及人力投入

任务	建设时间/天	预计投入人数/人
A	51	25
B	120	56
C	69	25
D	47	31
E	73	31

在以下安排中,( )能较好地实现资源平衡,确保资源的有效利用。

A. 五项任务同时开工

B. 待 B 任务完工后,再依次开展 A,C,D 和 E 四项任务

C. 同时开展 A,B 和 D 三项任务,待 A 任务完工后开展 C 任务,D 任务完工后开展 E 任务

D. 同时开展 A、B、D 三项任务,待 A 任务完工后开展 E 任务,D 任务完工后开展 C 任务

6-10 在物联网工程项目中,关键路径是项目事件网络中( ),组成关键路径的活动称为关键活动,只有关键活动完成后项目才能结束。

A. 最长的回路   B. 最短的回路

C. 源点和汇点间的最长路径   D. 源点和汇点间的最短路径

6-11 在工程进度网络图 6-15 中,若节点 0 和 6 分别表示源点和终点,则关键路径为( )。

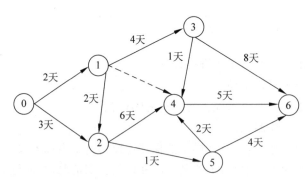

图 6-15 某工程进度网络图

A. 0→1→3→6   B. 0→1→4→6

C. 0→1→2→4→6   D. 0→2→5→6

6-12 在以下选项中,( )体现了项目计划过程的正确顺序。

A. 范围计划→范围定义→活动定义→活动历时估算

B. 范围定义→范围规划→活动定义→活动排序→活动历时估算

  C. 范围计划→范围定义→活动排序→活动定义→活动历时估算

  D. 活动历时估算→范围规划—范围定义→活动定义→活动排序

6-13 项目进度网络图是(　　)。

  A. 活动定义的结果和活动历时估算的输入

  B. 活动排序的结果和进度计划编制的输入

  C. 活动计划编制的结果和进度计划编制的输入

  D. 活动排序的结果和活动历时估算的输入

6-14 项目经理已经对项目进度表提出了几项修改。在某些情况下,进度延迟变得严重时,为了确保获得精确的绩效衡量信息,项目经理应该尽快(　　)。

  A. 发布变更信息   B. 重新修订项目进度计划

  C. 设计一个主进度表   D. 准备增加资源

6-15 施工活动排序的工具和技术有多种,工具和技术的选取由若干因素决定。如果项目经理决定在进度计划编制中使用子网络模板,这个决策意味着(　　)。

  A. 该工作非常独特,在不同的阶段需要专门的网络图

  B. 在现有的网络上具有可以获取的资源管理软件

  C. 在项目中包含几个相同或几乎相同的内容

  D. 项目中存在多条关键路径

6-16 一项任务的最早开始时间是第 3 天,最晚开始时间是第 13 天,最早完成时间是第 9 天,最晚完成时间是第 19 天。该任务(　　)。

  A. 在关键路径上   B. 有滞后

  C. 进展情况良好   D. 不在关键路径上

第**7**章

物联网工程项目质量管理

学习目标

知识目标

（1）了解工程项目质量的定义和特点。

（2）了解企业质量管理体系认证和监督的主要内容。

（3）熟悉工程准备、施工、竣工验收三个阶段的质量控制内容。

能力目标

（1）掌握质量控制的新、老七种方法。

（2）能运用所学知识建立质量控制体系。

工程案例

1. 背景

某物联网建设公司得到国家创新计划资助，决定开发 XX 地区范围内的生态信息检索系统，项目由李工负责，为期一年。

项目开始实施后，李工发现该系统内容多，并且具有地域性，以公司的实力无法单独完成，所以李工把该系统按照地区分成若干子系统，由各地相关科研机构外包完成。外包时间 10 个月，开工预付款 20%，外包合同签订时项目已经开展一个月。在外包合同中，系统功能已明确说明，但是系统界面、风格、字体等细节没有具体说明。

外包子合同签订以后，李工由于工作繁忙等原因没有及时监督外包完成情况，只是上级在计划中期检查汇报时从外包单位抽取一些文档、代码和执行界面。

10 个月后，外包任务完成，提交到公司时，李工发现子系统的界面、风格、字体等内容不统一，所以希望这些外包单位按照统一风格修改子系统。但是外包单位认为合同中没有具体说明这些内容，只说明应该实现的功能，为此双方产生争执，半个月未果。李工只付 40% 的外包费用，所以部分外包单位在子系统中加入时间锁，但没有通知李工，此时距离项目交工只有半个月时间。李工又重新组织人员进行系统集成，期间没有发现时间锁问题，最后草草完工。

投入使用后时间锁生效，系统出现故障。李工被上级领导批评，于是李工与相关外包单位交涉。最后李工交付 40% 外包费用，时间锁解除，系统正常运转。

2. 问题

（1）请对公司、李工、外包单位在这个项目开发中的行为进行点评。

（2）如果想提高软硬件产品的质量，从项目质量管理的角度，阐述李工应该采取什么措施。

（3）试结合自己的项目经验，讲述项目外包中如何避免风险，使得收益最大化。

7.1　物联网工程项目质量管理概述

物联网工程项目质量是国家现行的有关法律、法规、技术标准、设计文件及工程合同对工程的安全、适用、耐久、环境保护、经济、美观等特性的综合要求。物联网工程项目质量是基本建设实现经济效益的基本保证。

7.1.1　物联网工程项目的质量

现代社会人们赋予"质量"以综合的含义。物联网建设工程项目中质量的概念主要包括两个方面。

（1）项目的最终可交付成果（工程）的质量，工程质量是指工程的使用价值及其属性，它是一个综合性的指标，体现符合项目任务书或合同中明确提出的，以及隐含的需要与要求的功能，它包括以下几个方面。

① 工程投产运行后，所生产的产品（或服务）的质量，该工程的可用性、使用效果和产出效益，运行的安全性和稳定性。

② 工程结构设计和施工的安全性和可靠性。

③ 所使用的材料、设备、工艺、结构的质量以及其耐久性和整个工程的寿命。

④ 工程所提供的服务质量，这常常体现在服务的人性化、用户的满意度上。

⑤ 工程的其他方面，如造型美观、与环境的协调、项目运行费用的高低、资源消耗水平以及工程的可维护性等。

（2）项目工作质量。它是指为了保证工程质量，参与项目的实施者和管理者所从事工作的水平和完善程度。它反映了项目实施过程中工程质量的保证程度，项目工作质量体现在以下两个方面：

① 项目范围内所有阶段、子项目、专业工作的质量。

② 项目过程中管理工作的质量。

7.1.2　质量管理体系

目前，许多企业都进行或已通过 ISO 认证，建立了企业的质量管理体系。它包含了质量管理的所有要素。

1. 质量管理体系概念

质量管理体系是为使工程的质量满足用户的要求而建立的有机整体。该组织机构具备管理质量的人力和物力，明确各部门和人员的职责和权力，以及质量管理必须遵循的程序和活动。

2. 建立质量管理体系的原则

（1）坚持以人为本的原则。人是质量的创造者，质量管理必须"以人为本"，发挥人的积极性和创造性。

（2）坚持质量第一的原则。工程质量是物联网产品使用价值的集中体现，用户最关心的就是工程质量的优劣，或者说用户的最大利益在于工程质量。要在项目施工中牢固树立"百年大计，质量第一"的思想。

（3）坚持预防为主的原则。预防为主，是指事先分析影响产品质量的各种因素，采取各种措施加以重点管理，使质量问题消灭在发生之前或萌芽状态，做到防患于未然。

（4）坚持质量标准的原则。质量标准是评价工程质量的尺度，数据是质量管理的基础。工程质量是否符合质量标准的要求，必须通过严格检查，以数据为依据。

（5）坚持全面管理的原则。施工项目从签订承包合同一直到竣工验收，直至保修期满，质量管理应贯穿于整个过程。

质量管理是依靠项目部全体人员的共同努力，不只是领导或者质量管理人员的事情，而且是全体人员的事情。质量管理必须把项目所有人员的积极性和创造性充分调动起来，做到人人关心质量管理，做好自己所负责的质量管理工作。

7.1.3 物联网工程项目质量管理的概念

1. 质量管理

质量管理是指确立质量方针及实施质量方针的全部职能及工作内容并对其工作效果进行评价和改进的一系列工作。

质量管理的目标就是使产品质量满足业主、国家法律法规等方面所提出的质量要求（适用性、可靠性、安全性）。

质量管理的工作内容包括作业技术和作业活动，也就是包括专业技术和管理技术两个方面。围绕产品质量形成全过程的各个环节，对影响工作质量的人、材料、机械、方法、环境（4M1E）五大因素进行管理，并对质量活动的成果进行分批、分阶段验收，以便及时发现问题，采取相应措施，防止不合格产品发生，尽可能地减少损失。

2. 工程项目质量管理

工程项目质量管理是指为达到工程项目质量要求所采取的作业技术和作业活动。承建单位的责任就是为业主提供满意和合格的物联网产品，对物联网工程施工过程实行全方位、全过程的管理，防止物联网工程产品不合格。

7.1.4 物联网工程项目质量管理的要求

要保证工程项目的质量，关键在于要保证工程项目在施工作业过程中的质量控制。由于工程项目施工涉及面广，其施工过程是一个极其复杂的综合过程，再加上项目位置固定、生产流动、结构类型不一以及质量要求、施工方法不同，体形大，整体性强，建设周期长，受自然条件影响大等特点，所以物联网工程施工项目的质量比一般工业产品的质量更加难以控制。因此,必须推行质量保证体系的全面管理。

(1) 按照企业质量体系的要求,贯彻企业的质量方针和目标,坚持"质量第一、预防为主""质量是企业的生命,安全是企业的血液"等原则。

(2) 坚持计划(Plan)、执行(Do)、检查(Check)、处理(Action),简称 PDCA。PDCA 是一个周而复始、循环不停的工作方法,通过不断改进过程管理,及时总结经验,肯定成绩,分析错误,以便在下一循环中巩固成绩,避免犯同样错误,同时将行之有效的措施和对策上升为新标准。

(3) 满足物联网工程施工及验收规范、工程质量检验评定标准和业主的要求。

(4) 物联网工程施工项目质量管理包括人、材料、机械、方法、环境五个因素。

(5) 所有的施工过程都应按规定进行三检(自检、互检、交接检)。隐蔽工程、指定部位和分部工程、分项工程、检验批未经检验或经检验评为不合格的,严禁进行下道工序施工。

(6) 项目经理部建立项目质量责任制和考核评价体系,项目经理对项目质量管理负责。施工过程质量管理由每一道工序的质量管理员和岗位责任人负责。

(7) 承包人应对物联网工程项目质量和质量保修工作向业主负责,分包工程质量由分包人向承包人负责,承包人对分包人的工程质量问题承担连带责任。

7.1.5　物联网工程项目质量管理计划

在物联网工程项目质量的计划编制过程中,重要的是确定每个独特信息系统项目的相关质量标准,把质量计划到项目产品和管理项目所涉及的过程之中。质量计划编制还包括以一种能理解的、完整的形式传达为确保质量而采取的纠正措施。在项目的质量计划编制中,描述能够直接促成满足顾客需求的关键因素。在整个项目的生命周期中,应当定期进行质量计划的编制工作。

1. 工程项目质量计划要求

(1) 物联网工程质量计划由项目经理主持编制。

(2) 物联网工程质量计划应充分体现从工序、检验批、分项工程、分部工程到单位工程的全过程管理,且应体现从资源投入到完成工程质量最终检验和试验的全过程、全方位的管理。

(3) 物联网工程质量计划对外应成为质量保证和证明文件,对内应成为质量管理的依据。

2. 工程项目质量计划的内容

(1) 编制依据。物联网企业质量手册和质量体系程序。

(2) 工程项目概况。物联网工程质量计划一般是一系列文件而不是单独的文件。对于不同的工程项目套用不同的质量计划文件。

(3) 质量目标。必须将项目质量目标明确并分解到各部门及项目的每个成员,使每个部门及每个人都知道自己的任务和目标,以便于实施检查和考核。

(4) 组织机构(管理体系)。为实现物联网工程质量目标而组成的管理机构(体系)。

(5) 物联网工程质量管理及管理组织协调。有关部门和人员应承担的任务、责任、权限确定后,有关部门和人员为完成目标需要与有关部门和人员进行沟通与协调,并根据物联网工程质量管理完成情况及目标责任书进行奖罚。

(6) 必要的质量管理手段和方法。必须对施工过程进行管理、服务、检验和试验等,防止发生质量问题。

(7) 明确关键工序和特殊施工过程,并有相应的施工作业指导书。

(8) 建立与施工阶段相适应的检验、试验、测量等设备和措施,以达到验证的要求。

(9) 由于物联网工程的独特性,不可能做到质量计划很完善、周到,因此应有更改和完善质量计划的程序。

3. 质量计划实施

质量计划一旦批准生效,必须严格按计划实施。在质量计划实施过程中要及时监控,了解计划执行的情况,由于其他原因发生偏离时,及时采取纠偏措施,以确保计划的有效性。

(1) 管理人员保存管理记录。质量管理人员应按照分工管理质量计划的实施,并应按规定保存管理记录。

(2) 项目质量管理的检查。项目技术负责人应定期组织具有资格的质量检查人员和内部质量审核员验证质量计划的实施效果。当项目质量管理中存在问题或隐患时,应提出切实可行的解决措施。

(3) 质量缺陷或事故的处理。当发生质量缺陷或事故时,必须分析造成质量缺陷或事故的原因,分清责任进行整改。

(4) 对重复出现的不合格和质量问题,责任人应按规定承担责任,并应依据验证评价的结果和目标责任书的规定进行处理。

7.2　物联网工程项目各阶段的质量管理

7.2.1　工程准备阶段的质量管理

物联网工程项目的质量不是靠事后检验出来的,而是在施工过程中创造出来的,把工程质量从事后检查把关转为事前、事中管理,从对产品质量的检查转为对工作质量的检查、对工序质量的检查、对中间产品质量的检查,即把事后检查改为事前管理(把关),达到“以预防为主”的目的,必须加强对施工前、施工过程(检验批)的质量管理。

施工前的质量管理是施工中的重要一环和重要内容,是能否顺利完成物联网工程施工的重要保证。大量的实践证明,凡是重视施工前质量管理的,则该工程就能够顺利完成;反之虽有加快施工进度的良好愿望,但往往事与愿违。由于没有做好准备工作往往延误时间,有的甚至被迫停工,最后不得不反过头来,重做这项工作,这样势必减慢施工速度,造成不应有的损失。

施工前的质量管理主要包括以下内容:质量目标责任制,工作检查制度,施工组织计划,施工图会审,技术交底,材料、机械、半成品的落实,施工前测量工作,安全生产,施工人员培训。

1. 质量目标责任制

在施工前将责任落实到有关部门和人员,同时明确各级技术负责人在施工中应负的责任。

2. 工作检查制度

工作有布置、有检查,做到善始善终。发现薄弱环节和问题及时改正,经常督促改进,使工作检查逐步制度化、程序化。

3. 施工组织计划

施工组织计划主要包括工程概况及施工特点分析、施工方案、施工进度、施工平面图、主要技术经济指标等内容。

4. 施工图会审

施工图会审是指施工单位组织有关人员对设计图样进行熟悉和会审工作,使参与施工的人员掌握施工图的内容、要求和特点,了解设计意图和关键部位的工程质量要求。同时发现施工图中的问题,以便会审时统一提出,解决施工图中存在的问题,确保工程施工顺利进行。

图纸会审主要内容包括以下几项。

(1) 设计是否符合国家有关方针政策和规定;是否符合国家有关技术规范要求,尤其是强制性标准的要求;是否符合环境保护和消防安全的要求。

(2) 设计单位是否有相应的资质,是否属于无证设计或越级设计,图样是否经设计单位正式签署。

(3) 地质勘探资料是否齐全。

(4) 设计图样与说明是否齐全、清楚、明确,有无分期供图的时间表。

(5) 设计地震烈度是否符合当地要求。

(6) 几个单位共同设计的图纸,相互之间有无矛盾;专业之间及平、立、剖面图之间是否有矛盾;标高是否有漏标。

(7) 总平面图是否按核准的建筑红线划定的范围进行绘制。总平面图与施工图的尺寸、平面位置、标高等是否一致,有无错误和矛盾。

(8) 是否提供符合要求的永久水准点或临时水准点位置。

(9) 各专业图样本身是否有差错或矛盾;工程建筑与结构、结构与设备、机房建筑与设备等各专业间的图样是否相矛盾。

(10) 施工图中所用各种标准图册是否在有效期内。

(11) 地基处理方法、工程结构构造是否合理。地基处理、工程与结构构造是否存在不能施工、不便于施工,容易导致质量、安全或浪费等问题。

(12) 工艺管道、电气线路、光缆线路、运输道路与建筑物之间有无矛盾,管线之间的关系是否合理。

(13) 施工技术装备条件是否符合设计要求,如采取特殊技术措施,技术上有无困难,能否保证安全施工。

(14) 特殊物联网材料来源是否有保证，能否满足设计要求。

5. 技术交底

经过认真熟悉图样和参加图样会审，加深对图样的理解，结合施工验收规范、操作规程、工艺标准、安全规程、质量验收评定标准等，由项目技术负责人向承担施工任务的负责人(班组长)对分部工程、分项工程、检验批进行书面交底，技术交底资料应办理签字手续并归档。

(1) 技术交底的内容。分部工程、分项工程、检验批的施工程序、施工方法、操作要点、主要指标；需用原材料及成品、半成品的品种、规格、型号和技术要求；施工组织、施工现场平面管理、安全文明施工、节约材料等方面的要求；分部工程、分项工程、检验批的设计图样所示关键部位的情况，特别是尺寸、标高、预留洞、预埋件、混凝土配合比等；防止产生质量通病的方法及操作中应特别注意的关键部位及问题。

(2) 技术交底的方式。

① 书面技术交底。把交底的内容和技术要求以书面形式向施工的负责人(班组长)和全体有关人员交底，交底人与接受人在清楚交底内容以后，分别在交底书上签字，防止出现不应有的差错，以便出现差错后追究有关人员的责任。此类方法被广泛应用。

② 会议交底。通过召开有关人员会议，把交底内容向到会者交底。

③ 挂牌交底。将交底的主要内容、质量要求写在标牌上，挂在操作场所。这种交底方式很直观，能让施工人员一目了然，因此被广泛应用于装饰装修工程。

④ 口头交底。适用于人员较少，操作时间较短，工作内容简单的项目。

⑤ 样板交底。为了使操作者不但掌握一定的质量指标数据，而且还要有更直观的感性认识，可组织操作水平较高的工人先做样板，经质量检查合格后，作为交底的样板，所有的施工人员都要按此样板施工。此类方法被广泛应用于综合布线工程。

⑥ 模型交底。对于比较复杂的设备基础或建筑构件，为了使操作者能得到较深刻的认识，可做模型进行交底。此类方法被广泛应用于装饰装修工程。

6. 材料、构件、半成品落实

对供货方信誉、实力、经营状况进行评估。评估内容主要包括材料供应能否满足交货期限的要求；材料质量保证能力是否能达到连续合格；交货后售后服务是否跟得上、是否服务到位；合同履约能力等。

7. 施工前测量工作

物联网工程项目开工前应编制物联网工程测量控制方案，经项目技术负责人批准后方可实施。该方案主要控制施工范围内建筑物、构筑物之间相互关系。控制桩主要控制物联网物坐标、轴线以及有关水准点。根据已知的高程控制点和相对标高与绝对标高之间的关系，把标高控制点引到拟建工程附近。施工过程中应对测量点妥善保护，严禁擅自移动破坏。

8. 安全生产

国家安全生产法规很多，物联网工程应按有关施工安全规范施工。牢固树立"生产必须安全,安全促进生产"的思想,严格按照"安全第一,预防为主"的安全方针生产。安全生产主要包括以下内容。

（1）学习和熟悉国家关于安全生产的规程、法令、法规,认真执行上级和本企业有关安全生产的各项规定。

（2）认真执行本企业制定的安全生产制度以及安全生产责任目标。不了解安全规程的人员和未接受安全教育的人员,不得参加施工作业。

（3）认真贯彻执行本工程的各项特殊安全技术措施。在每项工序施工前,针对施工安全,向班组进行有针对性的书面交底和口头交底。

（4）经常对工人进行安全生产教育。新工人入场前必须进行三级安全教育。根据施工单位的具体情况,经常性地组织工人学习操作规程,及时传达安全生产有关文件,推广安全生产经验。安全生产教育的形式有班前班后安全会、安全月活动、广播、板报、事故现场会、安全技术专题讲座等。

（5）定期安全检查。组织本工地的安全员、机械员和班组长按照规定,定期检查安全情况,及时消除隐患,发现问题及时采取紧急防护措施,防止安全事故的发生。

（6）监督检查职工正确使用个人劳动保护用品。严格按照规章制度,对进入现场的施工人员配备劳动保护用品。

9. 施工人员必须进行安全教育培训

对全体施工人员必须进行安全教育培训,并保存好培训记录,经考试合格后方可上岗。安全教育必须抓好三步:一是传授安全知识;二是使职工掌握安全操作技能,把掌握的知识运用到实际工作中去;三是对职工进行安全态度教育。对每一个职工来说,掌握了安全技能和安全知识,不一定都执行,因此必须经常对职工进行安全态度教育,才能达到安全教育的目的。

7.2.2 施工阶段的质量管理

物联网工程施工是一个动态渐进的过程,质量管理必须伴随着生产过程进行动态管理,在整个过程中发挥作用。施工过程中的质量管理就是对施工过程在进度、质量、安全等方面实行全面管理。

质量管理的主要工作是以工序质量管理为核心,设置质量管理点,严格质量检查,做好工程变更、管理和成品保护工作。

1. 工序质量管理

工序是基础,工序质量直接影响工程项目的整体质量。因此要求施工作业人员按规定经考核后持证上岗。施工管理人员及作业人员应按操作规程、作业指导书和技术交底文件进行施工。

工序质量包含工序活动质量和工序效果质量。工序活动质量是指每道工序投入的材料质量和施工技术操作是否符合要求。工序效果质量是指每道工序施工完成的工程产品是否达到有关质量标准。工序的检验和试验应符合过程检验和试验的工作规程,对查出的质量缺陷按不合格控制程序处理。对验证中发现不合格产品和过程,应按规定进行鉴别、标识、记录、评价、隔离和处置。不合格处置应根据不合格的程度,按物联网工程施工质量验收规范的规定进行,按返工或返修或让步接受、降级使用、拒收或报废四种情况进行处理。构成等级质量事故的不合格产品和过程,应按国家法律、行政法规进行处置。

对返修或返工后的产品,应按规定重新进行检验和试验。

当不合格让步接受时,项目经理应向业主提出书面让步申请,记录不合格程度和返修的情况,业主同意后,双方签字确认让步接受协议和接收标准。

对影响物联网工程主体结构安全和使用功能的不合格产品,应邀请业主代表、监理工程师、设计人员,共同确定处理方案,形成文件,各单位项目负责人签字盖章,报建设主管部门批准。检验人员必须按规定保存不合格管理的记录。

2. 质量管理点的设置

质量管理点多,涉及面广。质量管理点可能是结构复杂的某一工程项目,也可能是技术要求高、施工难度大的某一结构或分项工程、分部工程、检验批,还可能是影响质量关键的某一环节。总之,无论是操作、工序、材料、机构、施工顺序、技术参数、自然条件还是工程环境等,均可作为质量管理点来设置,主要是视其对质量特征影响的大小及危害程度来确定。质量管理点主要涉及以下方面。

(1) 人的行为。某些工序或操作重点应管理人的行为,避免由于人的失误造成安全和质量事故,如严禁酒后人员进入施工现场进行施工。

(2) 物的状态。在某些工序或操作中,则应以物的状态作为管理的重点。如起重设备的工作状态,严禁带故障作业,应经常检查各种设备,严格执行安全操作规程,坚持"十个不准吊"。

(3) 材料的质量和性能。材料的质量和性能是直接影响工程质量的主要因素,尤其是某些工程,更应将材料的质量和性能作为管理的重点,如钢结构工程中的钢材性能、品种、规格及所含各种微量元素是否符合设计要求等。

(4) 关键的操作。如线缆接头的吻合、开局等。

(5) 施工顺序。有些工序或操作,必须严格管理相互之间的先后顺序,不允许出现操作顺序的错误。

(6) 技术问题。有些工序之间的技术间歇,时间性要求很强,不严格管理就会影响工程质量。

(7) 技术参数。有些技术参数与质量密切相关,必须严格管理。如混凝土、砂浆的配合比;钢筋的闪光对焊中的时间参数、预留参数、顶锻参数。

(8) 常见的质量通病。对常见的质量通病如"渗、漏、泛、堵、壳、裂、砂、锈",也应事先研究对策,提出预防的措施,如抹灰工程中的空鼓、屋面防水以及地下室防水工程中的渗漏问题。

(9) 新工艺、新技术、新材料应用。当新工艺、新技术、新材料虽已通过鉴定,但由于施工单位缺乏经验,尤其是初次进行施工时必须作为重点严加管理,如广泛应用于工程加固的碳纤维的施工方法。

(10) 质量不稳定、不合格率较高的工程产品。不合格率较高的产品或工艺,直接影响工程质量,因此必须作为质量管理点来管理。

(11) 特殊地基和特种结构。对于湿陷性黄土、膨胀土、红黏土等特殊土地基的处理和大跨度结构、高耸结构等技术难度大的施工环节和重要部位更应特别管理。

(12) 施工工法。施工工法对工程质量产生重大影响。如为了防止建筑物倾斜,在基础施工中应先深后浅。如果先浅后深就应该按照施工技术规程采取技术措施,防止建筑物出现不均匀沉降、建筑物倾斜的现象。

3. 施工过程中的质量检查

在施工过程中,施工人员是否按照技术交底、施工图样、技术操作规程和质量标准的要求进行施工,是直接涉及工程产品质量的关键。因此,必须加强施工过程中的质量检查。

(1) 施工操作质量的巡视检查。很多质量问题是由于操作不当所致,有些操作不符合规程要求,虽然表面上看似乎影响不大,但却隐藏着潜在的危害。所以,在施工过程中,必须注意加强对操作质量的巡视检查,对违章操作、不符合质量要求的要及时纠正,防患于未然。

(2) 工序质量交接检查。严格执行“三检”制度,即自检、互检、交接检。各工序按施工技术标准进行质量控制,每道工序完成后应进行检查。相互各专业工种之间,应进行交接检验,并形成记录。未经监理工程师检查认可,不得进行下道工序施工。

(3) 隐蔽验收检查。隐蔽验收检查是指对被其他工序施工所隐蔽的分项工程、分部工程、检验批,在隐蔽前所进行的检查验收。实践证明,坚持隐蔽验收检查,是防止隐患、避免质量事故的重要措施。隐蔽工程未验收签字,不得进行下道工序施工。隐蔽工程验收后,要办理隐蔽签证手续,收入工程档案。

(4) 工程施工预检。预检是指工程在未施工前所进行的预先检查。预检是确保工程质量,防止可能发生偏差造成重大质量事故的有力措施。它主要是指在工程未施工前,对有关施工内容的检查核对。

① 物联网工程位置:检查控制桩。

② 基础工程:检查轴线、标高、预留孔洞、预埋件的位置。

③ 砌体工程:检查墙身轴线、标高、砂浆配合比及预留孔洞位置尺寸。

④ 钢筋混凝土工程:检查模板尺寸、标高、支撑系统、预埋件、预留孔等,检查钢筋型号、规格、数量、锚固长度、保护层等,检查混凝土配合比、外加剂、养护条件等。

⑤ 主要管线:检查标高、位置、坡度。

⑥ 预制构件安装:检查构件位置、型号、支撑长度和标高。

⑦ 电气工程:检查变电、配电位置,高低压进出口方向,电缆沟位置、标高、送电方向。

预检后要办理预检手续,未经预检或预检不合格,不得进行下一道工序施工。

对检查发现的工程质量问题或不合格报告提及的问题,应由项目技术负责人组织有关人员,制订对不合格产品的处理程序,制订纠正措施,确保工程质量。

对已发现或潜在的不合格,应仔细分析原因,加以预防并记录结果。

对严重不合格或重大质量事故,必须采取纠正措施。采取纠正措施的结果,应由项目技术负责人验证并记录。对严重不合格或等级质量事故的纠正措施和实施效果的验证,应报企业管理层。对严重不合格或重大质量事故,应坚持“四不放过”(事故原因分析不清不放过,事故责任者和群众没有受到教育不放过、没有防范措施不放过、事故责任者不处理不放过)。

4．工程变更

1）工程变更的含义

工程项目任何形式、质量、数量的变动都称为工程变更。它既包括了工程具体项目的某种形式、质量、数量的改动，也包括了合同文件内容的某种改动。

2）工程变更的范围

（1）设计变更。设计变更的主要原因是投资者对投资规模的压缩或扩大，需重新设计。设计变更的另一个原因是对已交付的设计图样提出新的设计要求，需要对原设计进行修改。

（2）工程量的变动。工程量清单中的数量上的增加或减少。

（3）施工时间的变更。对已批准的承包商施工计划中安排的施工开始时间和完成时间的变动。

（4）施工合同文件变更。由于以下工作内容的变化引起施工合同文件变更。

① 施工图的变更。

② 承包商提出修改设计的合理化建议，双方对节约价值的分配。

③ 由于事先未能预料而无法防止的事件发生，允许进行合同变更，如出现瘟疫、战争、经济危机。

3）工程变更管理

工程变更可能导致项目工期、成本或质量的改变。因此，对工程变更必须进行严格的管理。

在工程变更管理中，主要应考虑以下几个方面。

① 严格管理那些能够引起工程变更的因素和条件，特别是引起成本增加、工期增长的因素。

② 分析和确认各方提出的工程变更要求的合理性和可行性。

③ 当工程变更发生时，应对其进行管理和控制。

④ 分析工程变更而引起的风险。

具体的变更程序应按图 7-1 所示流程进行。

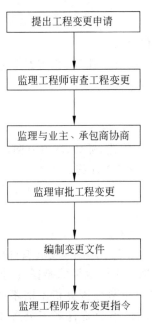

图 7-1　工程变更流程

5．成品保护

在工程项目施工中，某些部位已完成，而其他部位还正在施工，对已完成部位或成品，应采取妥善的措施加以保护；否则会造成损失，影响工程质量，造成人、财、物的浪费和拖延工期，更为严重的是有些损伤难以恢复原状，而成为永久性的缺陷。

加强成品保护，要从两个方面着手。首先，应加强教育，提高全体员工的成品保护意识；其次，要合理安排施工顺序，采取有效的保护措施。成品保护的措施包括以下内容。

（1）护。护就是提前保护，防止对成品造成污染及损伤。如机箱机柜要用板材固定保护；为了防止清水墙面受污染，在相应部位提前钉上塑料布或纸板。

（2）包。包就是进行包裹，防止对成品造成污染及损伤。如在喷浆前对电气开关、插座、灯具等设备进行包裹；铝合金门窗应用塑料布包扎。

（3）盖。盖就是表面覆盖，防止堵塞、损伤。如手孔、人孔等完成后，应用苫布覆盖；落水口、排水管安好后应加以覆盖，以防堵塞。

（4）封。封就是局部封闭。如室内塑料墙纸、木地板油漆完成后，应立即锁门封闭；屋面防水完成后，应封闭上屋面的楼梯门或出入口。

7.2.3 竣工验收阶段的质量管理

质量验收是对项目的工作和成果质量进行认可、评定和办理验收交接手续的过程。竣工验收阶段质量管理的主要工作有收尾工作、竣工资料的准备、竣工验收的预验收、竣工验收、工程质量回访。

1. 收尾工作

收尾工作的特点是零星、分散、工程量小、分布面广，如不及时完成将会直接影响项目的验收及投产使用。因此，应编制项目收尾工作计划并限期完成。项目经理和技术人员应对竣工收尾计划执行情况进行检查，重要部位要重点检查并做好记录。

2. 竣工资料的准备

竣工资料是竣工验收的重要依据。承包人应按竣工验收条件的规定，认真整理工程竣工资料。竣工资料包括以下内容。

（1）工程项目开工报告。

（2）工程项目竣工报告。

（3）图样会审和设计交底记录。

（4）设计变更通知单。

（5）技术变更核定单。

（6）工程质量事故发生后调查和处理的资料。

（7）水准点位置、定位测量记录、沉降及位移观测记录。

（8）材料、设备、构件的质量合格证明资料。

（9）试验、检验报告。

（10）隐蔽工程验收记录及施工日志。

（11）竣工图。

（12）质量验收评定资料。

（13）工程竣工验收资料。

交付竣工验收的施工项目必须有与竣工资料目录相符的分类组卷档案。

竣工资料的整理应注意以下几点。

① 工程施工技术资料的整理应始于工程开工，终于工程竣工，真实记录施工全过程，不能事后伪造。

② 工程质量保证资料的整理应按专业特点，根据工程的内在要求，按工程管理规范进行分类组卷。

③ 工程检验评定资料的整理应按单位工程、分部工程、分项工程检验批划分的顺序,进行分类组卷。

④ 竣工资料的组卷按各省、市、自治区的要求组卷。

3. 竣工验收的预验收

施工单位自行组织的内部模拟验收称为预验收,它是顺利通过验收的可靠保证。预验收过程中可及时发现遗留问题和质量缺陷,并及时采取处理方案。

对于工程质量缺陷可采用的处理方案如下。

(1) 修补处理。当工程的某些部分的质量虽未达到规定的规范标准或设计要求,存在一定的缺陷,但经过修补后还可达到要求的标准,又不影响使用功能或外观要求的,可以作出进行修补处理的决定。例如,某些混凝土结构表面出现蜂窝麻面,经调查、分析,该部位经修补处理后,不影响其结构安全使用及外观要求。

(2) 返工处理。当工程质量未达到规定的标准或要求,有明显的严重质量问题,对结构的使用和安全有重大影响,而又无法通过修补办法给予纠正时,可以作出返工处理的决定。

(3) 限制使用。当工程质量缺陷按修补方式处理无法保证达到规定的使用和安全要求,而又无法返工处理的情况下,不得已时可以作出结构卸荷、减荷以及限制使用的决定。

(4) 不做处理。某些工程质量缺陷虽不符合规定的要求或标准,但其情况不严重,经过分析、论证和慎重考虑后,可以作出不做处理的决定。可以不做处理的情况有:不影响结构安全和使用要求;经过后续工序可以弥补的不严重的质量缺陷;经复核验算仍能满足设计要求的质量缺陷。

4. 竣工验收

1) 竣工验收的程序

(1) 竣工验收准备。承包人在工程完成后做好验收准备,清理现场,准备资料,进行结构安全检测抽查。

(2) 编制竣工验收计划。对竣工工程按验收内容编制出验收计划。

(3) 组织现场验收。主要包含五方面内容:各分部工程质量检查、有关资料文件完整、安全功能部分的分部工程应检验复查、对使用功能进行抽查、观感质量检查。

(4) 进行竣工结算。验收合格后,承包方按合同约定的时间进行结算。

(5) 移交竣工资料。工程项目在工程质量验收后由承包人向业主移交竣工资料。

(6) 办理交工手续。工程项目在工程质量验收后,由承包人向业主移交工程项目所有权的过程。

2) 竣工验收的依据

(1) 批准的设计文件、施工图样及说明书。

(2) 双方签订的施工合同。

(3) 设备技术说明书。

(4) 设计变更通知书。

（5）施工验收规范及质量验收标准。

3）竣工验收的要求

（1）设计文件和合同约定的各项施工内容已经施工完毕。

（2）有完整并经核定的工程竣工资料，符合验收规定。

（3）有勘察、设计、施工、监理等单位签署确认的工程质量合格文件。

（4）有工程使用的主要物联网材料、构配件和设备进场的证明及试验报告。

（5）合同约定的工程质量标准。

（6）单位工程质量竣工验收的合格标准。

（7）单项工程达到使用条件或满足生产要求。

（8）建设项目能满足建成投入使用或生产的各项要求。

4）竣工验收的实施

承包人确认工程竣工、具备竣工验收各项要求，自检合格，经监理单位认可签署意见后，向业主提交"工程验收报告"。业主收到"工程验收报告"后，应在约定的时间和地点，组织有关单位进行竣工验收。业主组织勘察、设计、施工、监理等单位按照竣工验收程序，组成验收小组，对工程进行核查验收，并作出验收结论，形成"工程竣工验收报告"。参与竣工验收的各方负责人在竣工验收报告上签字并盖单位公章，以对工程负责，如发现质量问题便于追查责任。

通过竣工验收程序，办完竣工结算后，承包人应在规定期限内向发包人办理工程移交手续。

5．工程质量回访

工程交付使用后，应定期进行回访，按质量保证书承诺对出现的质量问题及时解决。

（1）回访。回访是承包人对工程项目正常发挥功能而制订的工作计划、程序和质量管理体系。通过回访了解工程竣工交付使用后，用户对工程质量的意见，促进承包人改进工程质量管理，为顾客提供优质服务。规范规定："执行单位在每次回访结束后填写回访记录；在全部回访结束后，应编写'回访服务报告'。主管部门应依据回访记录对回访服务的实施效果进行验证。"

根据回访工作计划的安排，每次回访结束，执行单位或项目经理部应填写"回访工作记录"，撰写回访纪要，执行负责人应在回访记录上签字确认。

回访工作记录一般包括以下内容：存在哪些质量问题；使用人有什么意见；事后应采取什么措施处理；公正、客观地记录正反两方面的评价意见。

全部回访工作结束，应提出"回访服务报告"，收集用户对工程质量的评价，分析质量缺陷的原因，总结正反两方面的经验和教训，采取相应的对策措施，以期以后的工作对哪些施工过程加强质量控制，改进施工项目的管理。

（2）保修。保修是业主与承包商在签订工程施工承包合同中根据不同行业、不同的工程情况协商制订的物联网工程保修书，对工程保修范围、保修时间、保修内容进行约定。规范规定："保修期为工程自竣工验收合格之日起计算，在正常使用条件下的最低保修期限。"

根据国务院公布的条例规定，发包人和承包人在签署"工程质量保修书"时，应约定在正常使用条件下的最低保修期限。保修期限应符合下列原则。

① 条例已有规定的,应按规定的最低保修期限执行。

② 条例中没有明确规定的,应在工程"质量保修书"中具体约定保修期限。

③ 保修期应自工程竣工验收合格之日起计算,保修有效期限至保修期满为止。

7.3　物联网工程项目质量管理方法

通常,在质量管理中广泛应用的工具有直方图、控制图、因果图、排列图、散点图、核对表和趋势分析等,这些工具都可以用于项目的质量控制。此外,在项目质量管理中,还用到检查、6σ管理等方法。

检查包括诸如测量、检查和测试等活动,进行这些活动的目的是确定结果与要求是否一致。检查可以在任何管理级别上进行(例如,可以检验单一活动的结果,也可以检验项目最终的产品或服务)。检查又有多种说法,如审查、产品审查、审计和走查等,在具体的项目领域中,这些说法有着具体的含义。检查还用于确认错误纠正,检查表是常用的检查技术。检查表通常由详细的条目组成,是用于检查和核对一系列必须采取的步骤是否已经实施的结构化工具,具体内容因行业而异。核对表是一种有条理的工具,可繁可简,语言表达形式可以是命令式口吻,如"开始招标";也可以是询问式口吻,如"招标工作已经完成了吗"。

6σ管理法。"σ"(sigma)这一个希腊字母,是用来描述任意过程参数平均值的分布或离散程度的。对商务或制造过程而言,σ是指示过程作业状况良好程度的标尺,σ值越高,则过程状况越好。也就是说,σ值指示了缺陷发生的频度,σ值越高,过程故障率越低,当σ值增大时,成本降低,过程周期时间缩短,客户满意度提高。

7.3.1　质量管理的 7 种方法

物联网工程质量管理的方法很多。科学地掌握质量状态,分析存在的质量问题,了解影响质量的各种因素,达到提高工程质量和经济效益的目的。

物联网工程上常用的质量控制方法有排列图法、因果分析图法、频数分布直方图法、控制图法、相关图法、统计调查表法和分层法。

1. 排列图法

排列图又称主次因素排列图,或称帕累托(Pareto)图。帕累托图来自于帕累托定律,该定律认为绝大多数的问题或缺陷产生于相对有限的起因。就是常说的 80/20 定律,即 20% 的原因造成 80% 的问题。帕累托图是一种柱状图,按事件发生的频率排序而成,它显示由于某种原因引起的缺陷数量或不一致的排列顺序,是找出影响项目产品或服务质量的主要因素的方法。只有找出影响项目质量的主要因素,才能有的放矢,取得良好的经济效益。影响质量的主要因素通常分为以下三类:A 类为累计百分数在 70%～80% 范围内的因素,它是主要的影响因素;B 类为除 A 类之外的累计百分数在 80%～90% 范围内的因素,是次要因素;C 类为除 A、B 两类外百分比在 90%～100% 范围的因素。因此帕累托图法又叫 ABC 分析图法。其作用是寻找主要质量问题或影响质量的主要原因以便抓住提高质量的关键因素,取得好的效果。图 7-2 是根据表 7-1 绘制的排列图。

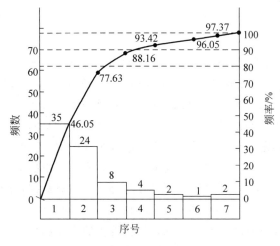

图 7-2 排列图

表 7-1 柱子不合格点频数频率统计表

序号	项目	允许偏差/mm	不合格点数	频率/%	累计频率
1	轴线位移	5	35	46.05	46.05
2	柱高	±5	24	31.58	77.63
3	截面尺寸	±5	8	10.53	88.16
4	垂直度	5	4	5.26	93.42
5	表面平整度	8	2	2.63	96.05
6	预埋钢板中心偏移	10	1	1.32	97～37
7	其他		2	2.63	100.00
	合计		76	100.00	

2. 因果分析图法

因果分析图(又叫因果图、石川图或鱼刺图),也叫特性要因图。特性就是施工中出现的质量问题。要因也就是对质量问题有影响的因素或原因。

因果分析图是一种用来逐步深入地研究和讨论质量问题,寻找其影响因素,以便从重要的因素着手进行解决的一种工具,其形状如图 7-3 所示。直观地反映了影响项目中可能出现的问题与各种潜在原因之间的关系。该技术首先确定结果(质量问题),然后分析造成这种结果的原因。每个刺都代表着可能的差错原因,用于查明质量问题的可能所在和设立相应的检验点。它可以帮助项目团队事先估计可能会发生哪些质量问题,然后,帮助制订解决这些问题的途径和方法。因果分析图也像座谈会的小结提纲,可以供人们去寻找影响质量特性的大原因、中原因和小原因。找出原因后便可以有针对性地制订相应的对策加以改进。对策表示例见表 7-2。

表 7-2 对策表

序号	项目	现状	目标	措施	地点	负责人	完成期	备注

3. 直方图

直方图又称条形图、质量分布图、矩形图和频数分布图等。频数是在重复试验中,随机事件重复出现的次数,或一批数据中某个数据(或某组数据)重复出现的次数。它通过对抽查质量数据的加工整理,找出其分布规律,从而判断整个生产过程是否正常。直方图是由平行条状的若干条宽度相同的矩形构成,矩形的排列可以是纵向的,也可以是横向的。根据矩形的分布形状和公差界限的相对关系来探索质量分布规律,分析、判断整个作业过程是否正常、稳定。具体方法可以直接观察分析,也可以将直方图与规格标准进行比较。这种方法是一种"基量整理"法,其不足是不能反映质量的动态变化,且对数据量的要求较高。

产品在生产过程中,质量状况总是会有波动的。其波动的原因,正如因果分析图中所提到的,一般有人的因素、材料的因素、工艺的因素、设备的因素和环境的因素。

为了了解上述各种因素对产品质量的影响情况,在现场随机地实测一批产品的有关数据将实测得来的这批数据进行分组整理,统计每组数据出现的频数。然后,在直角坐标系的横坐标轴上自小至大标出各分组点,在纵坐标轴上标出对应的频数。画出其高度值为其频数值的一系列直方形,即成为频数分布直方图,图 7-4 是根据表 7-3 绘制的频数分布直方图。

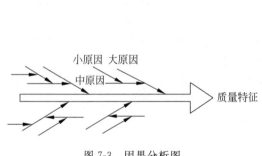

图 7-3　因果分析图

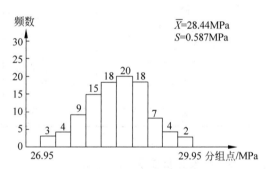

图 7-4　频数分布直方图

表 7-3　数据表

数据/MPa										最大值	最小值
29.4	27.3	28.2	27.1	28.3	28.5	28.9	28.3	29.9	28.0	29.9	27.1
28.9	27.9	28.1	28.3	28.9	28.3	27.8	27.5	28.4	27.9	28.9	27.5
28.8	27.1	27.1	27.9	28.0	28.5	28.6	28.3	28.9	28.8	28.9	27.1
28.5	29.1	28.1	29.0	28.6	28.9	27.9	27.8	28.6	28.4	29.1	27.8
28.7	29.2	29.0	29.1	28.0	28.5	28.9	27.7	27.9	27.7	29.2	27.7
29.1	29.0	28.7	27.6	28.3	28.3	28.6	28.0	28.3	28.5	29.1	27.6
28.5	28.7	28.3	28.3	28.7	28.3	29.1	28.5	27.7	29.3	29.3	27.7
28.8	28.3	27.8	28.1	28.4	28.9	28.1	27.3	27.5	28.4	28.9	27.3
28.4	29.0	28.9	28.3	28.6	27.7	28.7	27.7	29.0	29.4	29.4	27.7
29.3	28.1	29.7	28.5	28.9	29.0	28.8	28.1	29.4	27.9	29.7	27.9

频数分布直方图的作用是通过对数据的加工、整理、绘图,掌握数据的分布状况,从而判断加工能力、加工质量,以及估计产品的不合格频率。

4. 控制图法

控制图又称为管理图,是能够表达施工过程中质量波动状态的一种图形。使用管理图,能够及时地提供施工中质量状态偏离控制目标的信息,提醒人们及时地采取措施,使质量始终处于管理状态。

控制图用于决定一个过程是否稳定或者是可执行的,是反映生产程序随时间变化而发生的质量变动的状态图形,是对过程结果在时间坐标上的一种图线表示法,它用于确定过程是否"在控制之中"。控制图是一个演示解决问题的过程变量交互的图表。当一个过程符合可接受的限制条件,这个过程就不需要调整;反之则需要调整。高控制限制条件和低控制限制条件常常设为$\pm 3\sigma$(标准偏差)。控制图以取样时间或子样多少为横坐标,以质量特征值为纵坐标,在图上分别画出上下公差界限、上下控制界限和中心线。控制图法是一种"基时整理"法,反映了质量波动状态是由偶然因素引起的正常波动,还是因系统因素引起的异常波动。

使用管理图,使工序质量的管理由事后检查转变为以预防为主,使质量管理产生了一个飞跃。1924年美国人休哈特发明了这种图形,此后在质量管理中得到了日益广泛的应用。管理图与前述各统计方法的根本区别在于,前述各种方法所提供的数据是静态的,而管理图则可提供动态的质量数据,使人们有可能管理及控制异常状态的产生或蔓延。

如前所述,质量的特性总是有波动的,波动的原因主要有人、材料、设备、工艺、环境五个方面。管理图就是通过分析不同状态下统计数据的变化,来判断五个系统因素是否有异常而影响质量,也就是要及时发现异常因素并加以管理,保证工序处于正常状态。它通过子样数据来判断总体状态,以预防不良产品的产生。图7-5是一种管理图。图中的UCL称为上控制界限,LCL称为下控制界限,CL是所有数据的平均值。

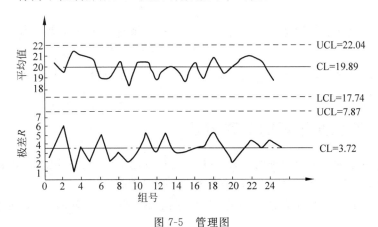

图7-5 管理图

5. 相关图法

相关图又叫散布图、散点图。它不同于前述各种方法之处是:相关图法不是对一种数据进行处理和分析。而是对两种测定数据之间的相关关系进行处理、分析和判断。它也是一种动态的分析方法。工程施工中,工程质量的相关关系有三种类型:第一种是质量特性和影响因素之间的关系,如混凝土强度与温度的关系;第二种是质量特性与质量特性之间的关系,如混凝土强度与水泥强度等级之间的关系、钢筋强度与钢筋混凝土强度之间的关系等;第三种是影响因素与影响因素之间的关系,如混凝土容重与抗渗能力之间的关系、沥青的黏结力与沥青的延伸率之间的关系等。

相关图在判断两个变量之间是否存在关系方面非常有用,有相互关联可以帮助分析产生某个问题的原因。两种变量之间的相互关联性越大,图中的点越不分散,点趋于集中在一条直线附近。相反地,如果两种变量间很少或没有相关性,那么点将完全散布开来。本例中,湿度和差错间的关联性显得很强,因为点分布在一条虚拟直线附近。

通过对相关关系的分析、判断,可以给人们提供对质量目标进行控制的信息。

分析质量结果与产生原因之间的相关关系,有时从数据上比较容易看清,但有时从数据上很难看清。这就有必要借助相关图为进行相关分析提供方便。

使用相关图,就是通过绘图、计算与观察,判断两种数据之间究竟是什么关系,建立相关方程,从而通过控制一种数据达到控制另一种数据的目的。正如掌握了在弹性极限内钢材的应力和应变的正相关关系(直线关系)可以通过控制拉伸长度(应变)而达到提高钢材强度的目的一样(冷拉的原理)。

6. 统计调查表法

统计抽样是项目质量管理中的一个重要概念。统计调查表又称检查表、核对表、统计分析表,它是用来记录、收集和累积数据并对数据进行整理和粗略分析。

项目团队中主要负责质量控制的成员必须对统计有深刻的理解,其他团队成员仅需理解一些基本概念。这些概念包括统计抽样、可信度因子、标准差和变异性。标准差和变异性是理解质量控制图的基本概念。

7. 分层法

分层指将收集来的数据按一定的标准分类、分组、整理。每组叫做一层,故又称为分类法或分组法。

数据分层是调查分析的关键,在使用时,同一层内的数据波动幅度尽可能小,层之间差别尽可能大。

7.3.2　新质量管理的 7 种方法

新质量管理是对老质量管理的一种叫法,是 20 世纪 70 年代日本总结出来的。它是运用运筹学原理,通过广泛调查研究进行分类和整理的方法。

新质量管理 7 种方法分为系统图法、关联图法、KJ 图法、矩阵图法、矩阵数据解析法、PDPC 法和箭头图法。

1. 系统图法

(1) 定义。系统图也称为树形图,它是寻求实现目的最佳手段的方法,是一种近似过去家谱图、组织图的模式。图 7-6 所示为系统图的基本形式。

(2) 系统图的用法。以质量活动为中心的系统图应用于以下几个方面:①用于方针目标的展开;②用于制订和解决企业内的产品质量等措施方案;③用于企业人员的组织机构

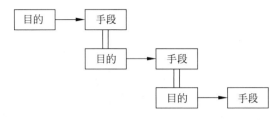

图 7-6　系统图的基本形式

和管理体制；④用于寻找影响质量问题的主要因素。

（3）系统图的绘制步骤：①制订目标；②找出手段和方法；③确立评价手段、措施；④绘制手段、措施卡片；⑤将手段、方法系统化；⑥审查系统图；⑦制订实施计划。

2．关联图法

（1）定义。关联图也称为关系图，它是用图示法将主要因素间的因果关系用箭头连接起来，确定终端因素，提出解决问题的有效方法。

（2）绘制关联图的步骤。

① 提出解决某一问题的各种因素。

② 用简单而确切的文字来表达。

③ 确定存在问题和各种因素间的因果关系，并用箭头连接起来。箭头的方向总是从原因→结果、目的→手段，这种关系是相互制约的。

④ 根据图形，不厌其烦地重复校核，检查有无遗漏。

⑤ 确定终端因素，及时采取措施。

（3）关联图的应用。关联图广泛地应用于企业的一切活动中，如从工序管理上分析某项活动的原因、机房屋面的渗漏原因分析（见图 7-7）。

3．KJ 图法

（1）定义。KJ 图法是将处于混乱状态中的语言文字资料，利用其间的内在关系加以归类整理，然后找出解决问题的方法。KJ 图的基本形式如图 7-8 所示。

（2）使用方法及步骤。大量收集资料，确定内在关系和亲和性的规律，作出逻辑性的图解。

（3）KJ 图法的主要用途。①认识事实；②确立思想观念；③打破现状；④用于参谋筹划组织。

图 7-9 所示为利用 KJ 图法绘制的抹灰质量管理组织保证图。

4．矩阵图法

（1）定义。从作为问题的事项中，找出对应的因素，排列成行和列的形式，然后找出其中有密切关系的关键问题，再寻找解决问题的手段和方法。

（2）作图方法。

① 把各种因素列表表述，找出成对的因素。

② 确定着眼点。

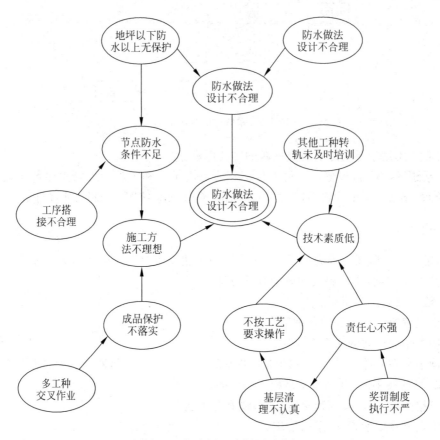

图 7-7　机房屋面渗漏原因分析

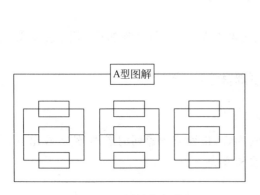

图 7-8　KJ 图的基本形式

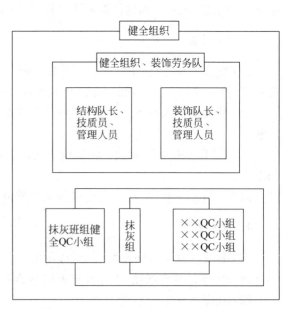

图 7-9　抹灰工程质量管理组织保证图

（3）矩阵图法用途。

① 明确质量保证与部门关系。

② 明确产品质量保证与试验检验关系。

③ 明确产品质量不合格与哪些管理部门有关系。

④ 用于产品质量与多个变量的分析。

5．矩阵数据解析法

（1）定义。矩阵数据解析法是在两个方向上把行和列分开，并且用符号或数据在该栏内记入其关联程度的图法。

（2）矩阵数据解析法的主要用途。分析由各种复杂因素组织的工序，分析由大量数据组成的不良因素，根据市场调查资料掌握用户质量要求，对复杂质量进行评价，把功能特征分类体系化等。矩阵数据分析法的计算用手工进行较复杂，因此在物联网业尚未广泛应用。

6．PDPC 法

（1）定义。PDPC（Process Decision Program Chart）法是过程决策程序图法的简称。它对事态进展过程可以设想各种可能的结果进行预测。图 7-10 所示为 PDPC 法的模式图。

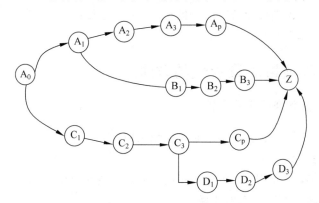

图 7-10　PDPC 法的模式图

（2）PDPC 法的原理。PDPC 法依据的是运筹学理论中系统整体性原理、动态管理、时空有序性及控制反馈性，是确定出达到最佳结果的途径。

（3）PDPC 法的用途。

① 预测计划阶段，邀请各方面的人员讨论所要解决的问题。

② 制订措施。

③ 方案评估。

④ 优化路径。

⑤ 明确分工。

7．箭头图法

箭头图法又称网络图。它反映和表达计划的安排，通过分析和计算以求得最优化方案。

正确表达工序之间的相互依存和相互制约的逻辑关系。

新七种工具着重解决全面质量管理各阶段的有关质量问题,而老七种工具主要用来预防和控制生产现场的工序质量问题。因此,它们是相辅相成的,是互相补充和充实的关系,而不是替代关系。新老七种工具对比详见表 7-4。

表 7-4　新老七种工具对比表

项目	新七种工具	老七种工具
形式	以语言、图形为主,是思维的工具	以数据为主,是整理分析数据的工具
运用特点	预见性强,多用于计划阶段,属于思考型	鉴别性强,多用于调查分析问题,属于判断型。多用于实施和检查阶段
图形	图形画法比较灵活,自由度大,难度大,表现比较复杂	图形画法固定,表现清楚
应用范围	主要用于管理决策	主要用于生产现场

7.4　工程项目质量管理持续改进与检查验证

物联网工程项目质量管理应利用施工企业质量手册中的质量方针、质量目标定期分析和评价项目管理现状,识别质量持续改进区域,确定改进目标,实施选定的质量问题的解决办法,改进质量管理体系的时效性和有效性。

7.4.1　工程项目质量管理的改进

1. 工程项目质量管理改进的步骤

(1) 分析和评价现状,以识别改进的目标和区域。

(2) 确定改进目标。

(3) 寻找可能的解决办法,以实现工程项目质量管理改进的目标。

(4) 评价这些解决办法并作出选择。

(5) 实施选定的解决办法。

(6) 测量、验证、分析和评价实施的结果,以确定这些目标是否已经实现。

(7) 正式采纳更正(即形成正式的规定)。

(8) 必要时,对改进结果进行评审,以确定进一步改进的机会。

2. 改进的方法和内容

1) 持续改进的方法

(1) 通过建立和实施质量目标,营造一个激励改进的氛围和环境。

(2) 确立质量目标以明确改进方向。

(3) 通过数据分析、内部审核不断寻求改进的机会,并作出适当的改进活动安排。

(4) 通过纠正和预防措施及其他适当的措施实现改进。

(5) 在管理评审中评价改进效果,确定新的改进目标和改进决定。

2）持续改进的范围及内容

持续改进的范围包括质量体系、过程和产品三个方面,改进的内容涉及产品质量、日常的工作和企业长远的目标。不合格现象必须纠正、改进,目前合格但不符合发展需要的也要不断改进。

3. 对不合格的管理

(1) 应按企业的不合格管理程序,不允许不合格物资进入项目的施工现场,严禁不合格工序未经处置而转入下道工序。

(2) 对验证中发现的不合格产品和过程,应按规定进行鉴别、标识、记录、评价、隔离和处置。

(3) 对不合格情况应进行评审。

(4) 不合格的处置应根据不合格的严重程度,按返工、返修或让步接收、降级使用、拒收或报废等情况进行处理。构成等级质量事故的不合格,应按国家法律、行政法规进行处置。

(5) 对返修或返工后的产品,应按规定重新进行检验和试验,并应保存记录。

(6) 对不合格让步接收时,项目经理部应向业主提出书面让步申请,记录不合格程度和返修的情况,双方签字确认让步接收协议和接收标准。

(7) 对影响物联网主体结构安全和使用功能的不合格,应邀请业主代表、监理工程师、设计人,共同确定处理方案,报建设主管部门批准。

(8) 检验人员必须保存不合格管理的记录。

4. 对不合格管理的预防措施

(1) 项目经理部应定期召开质量分析会,对影响工程质量潜在原因采取预防措施。

(2) 对可能出现的不合格,应制订防止其发生的措施并组织实施。

(3) 对质量通病应采取预防措施。

(4) 对潜在的严重不合格,应实施预防措施,按管理程序处理。

(5) 项目经理部应定期评价预防措施的有效性。

5. 对不合格管理的纠正措施

纠正措施是针对不合格产品产生的原因,采取消除原因,防止不合格再发生的措施。

(1) 对发包人或监理工程师、设计人、质量监督部门提出的质量问题,应分析原因,制订纠正措施。

(2) 对已发生或潜在的不合格信息,应分析并记录结果。

(3) 对检查发现的工程质量问题或不合格报告提及的问题应由项目技术负责人组织有关人员判定不合格程度,制订纠正措施。

(4) 对严重不合格或重大质量事故,必须实施纠正措施。

(5) 实施纠正措施的结果应由项目技术负责人验证并记录;对严重不合格或等级质量事故的纠正措施和实施效果应验证,并应报企业管理层。

(6) 项目经理部或责任单位应定期评价纠正措施的有效性。

7.4.2　工程项目质量计划的检查验证

项目经理部应对项目质量计划执行情况组织检查、内部审核和考核评价，验证实施效果。项目经理应依据考核中出现的问题、缺陷或不合格情况，定期或不定期召开有关人员参加质量分析会，并制订整改措施。

小结

物联网工程项目质量管理为达到质量要求所采取的作业技术和作业活动。工程项目的质量不是靠事后检验出来的，而是在施工过程中创造出来的，把工程质量从事后检查把关转为事前、事中管理，从对产品质量的检查转为对工作质量的检查、对工序质量的检查、对中间产品质量的检查。即把事后检查改为事前管理（把关），达到"以预防为主"的目的，必须加强对施工前、施工过程（检验批）的质量管理。

工序是基础，工序质量直接影响工程项目的整体质量。工序质量包含工序活动质量和工序效果质量。工序活动质量是指每道工序投入的材料质量和施工技术操作是否符合要求。工序效果质量是指每道工序施工完成的工程产品是否达到有关质量标准。施工管理人员及作业人员应按操作规程、作业指导书和技术交底文件进行施工。

在质量管理中广泛应用的工具有直方图、控制图、因果图、排列图、散点图、核对表和趋势分析等，这些工具都可以用于项目的质量控制。此外，在项目质量管理中，还用到检查、6σ管理等方法。

科学地掌握质量状态，分析存在的质量问题，了解影响质量的各种因素，达到提高工程质量和经济效益的目的，是施工企业追求的目标。为达到此目标，必须会选定不同的质量管理方法。

思考与练习

7-1　试述物联网工程项目中质量的概念。

7-2　建立质量管理体系有哪些原则？

7-3　为什么说工程项目的质量不是靠事后检验出来的，而是在施工过程中创造出来的？

7-4　工程竣工验收包括哪些程序？

7-5　简述新老质量管理七种方法。

7-6　回访工作由谁来回访？回访工作记录包含哪些内容？

7-7　下述有关项目质量保证和项目质量控制的描述，不正确的是（　　　）。

　　A. 项目管理班子和组织的管理层应关注项目质量保证的结果

　　B. 测试是项目质量控制的方法之一

　　C. 帕累托图通常被作为质量保证的工具或方法，而一般不应用于质量控制方面

　　D. 项目质量审计是项目质量保证的技术和方法之一

7-8 下列选项中,不属于质量控制工具的是( )。

    A. 甘特图　　　　　B. 趋势分析　　　　　C. 控制图　　　　　D. 因果图

7-9 某企业承担一个大型物联网工程项目,在项目实施过程中,为保证项目质量,采取了以下做法,其中( )是不恰当的。

    A. 项目可行性分析、系统规划、需求分析、系统设计、系统测试和系统试运行等阶段均采取了质量保证措施

    B. 该项目的项目经理充分重视项目质量,亲自兼任项目 QA

    C. 该项目的质量管理计划描述了项目的组织结构、职责、程序、工作过程及建立质量管理所需要的资源

    D. 要求所有与项目质量相关的活动都要把质量管理计划作为依据

7-10 某企业针对实施失败的项目进行分析,计划优先解决几个引起缺陷最多的问题,该企业最可能使用( )方法进行分析。

    A. 控制图　　　　　B. 鱼刺图　　　　　C. 帕累托图　　　　　D. 流程图

7-11 质量计划的工具和技术不包括( )。

    A. 成本分析　　　　　B. 基准分析　　　　　C. 质量成本　　　　　D. 质量审计

7-12 利用缺陷分布评估来指导纠错行动,这是( )的要求。

    A. 趋势分析　　　　　B. 项目检查　　　　　C. 项目控制　　　　　D. 帕累托分析

7-13 关于项目质量管理的叙述,( )是错误的。

    A. 项目质量管理必须针对项目的管理过程和项目产品

    B. 项目质量管理过程包括质量计划编制,建立质量体系,执行质量保证

    C. 质量保证是一项管理职能,包括所有为保证项目能够满足相关的质量而建立的有计划的、系统的活动

    D. 变更请求也是质量保证的输入之一

7-14 在质量管理的 PDCA 循环中,P 阶段的职能包括( )等。

    A. 确定质量改进目标,制订改进措施

    B. 明确质量要求和目标,提出质量管理方案

    C. 采取应急措施,解决质量问题

    D. 规范质量行为,组织质量计划的部署和交底

7-15 有关质量计划的编制,( )是正确的。

    A. 在整个项目的生命周期中,应当定期进行质量计划的编制工作

    B. 编制质量计划是编制范围说明书的前提

    C. 仅在编制项目计划时,进行质量计划的编制

    D. 在项目的执行阶段,不再考虑质量计划的编制

第 8 章

物联网工程项目施工管理

学习目标

知识目标

(1) 了解物联网工程项目施工管理的内容。

(2) 熟悉物联网工程项目的施工准备工作内容。

(3) 掌握施工组织设计的编制原则。

(4) 熟悉施工现场管理的主要内容。

能力目标

(1) 掌握施工组织设计方法。

(2) 掌握施工组织设计的编制方法。

(3) 掌握施工现场管理方法。

工程案例

1. 背景

某施工单位在承建的某物联网项目管道工程的施工过程中,组织了 5 个施工班组分段同时施工,出于节约成本的角度考虑,人手孔及管道包封所用水泥砂浆均采用人工搅拌。

由于施工班组较多,施工班组直接在柏油路面上搅拌,施工后又未清理工作场地,因此在路面上遗留了砂浆痕迹,市政管理部门在巡查时,发现在不到 1km 的地段,有多达 11 处水泥搅拌点,随即通知施工单位停止施工,接受处罚,并责令予以改正。

2. 问题

(1) 施工人员的这种行为正确吗? 为什么?

(2) 施工单位对此应采取什么措施?

8.1 物联网工程项目施工管理概述

8.1.1 物联网工程项目施工管理的概念

1. 物联网工程项目施工管理的概念

物联网工程项目施工管理就是施工企业运用系统的观点、理论和科学技术对施工项目进行的计划、组织、监督、控制、协调等全过程管理。

　　物联网工程项目经批准新开工建设,项目便进入了建设施工阶段,这是项目决策的实施、使用、建成投产发挥投资效益的关键环节。工程项目施工是将设计转化为实体工程,在基本建设程序中,是唯一的生产活动。施工阶段所需的投资和资源最多,花费的时间最长,施工管理所面临的对象和内容均有很大特殊性,只有进行科学的施工管理,才能处理好这些特殊性,取得好的经济效益。同时,物联网工程项目施工管理应处理好施工与其他建设程序阶段的各种关系,做到衔接适当、自成体系。

　　施工管理过程中有关各方如图 8-1 所示。

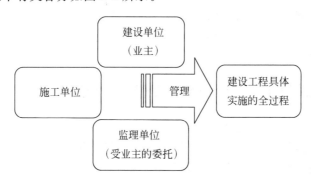

图 8-1　施工管理过程中有关各方

2.物联网工程项目施工管理的特点

　　物联网工程项目施工管理有以下特点。

　　(1)物联网工程项目施工管理的对象是施工项目。施工项目是建设项目或其中的单项工程或单位工程的施工任务,该任务的范围是由工程承包合同界定的。

　　(2)工程项目施工管理的主体是施工承包企业。虽然参与工程建设施工的单位有建设单位、勘察单位、设计单位、材料供应商、监理单位,且均与施工管理有关,但不能算作工程项目施工管理的主体。

　　(3)施工管理的内容是在一个长时间进行的有序过程之中按阶段变化的。每个工程项目从开始到结束,要经历较长的时间。随着施工过程时间的推移带来了施工内容的变化,因而要求施工管理内容也随着发生变化。从施工准备到验收交工各阶段管理的内容差异很大,管理者必须进行有针对性的动态管理,并使资源优化组合,以提高施工效率和施工效益。

　　(4)施工管理要求强化组织协调工作。由于施工活动涉及复杂的经济关系、技术关系、法律关系、行政关系和人际关系等,故施工管理中的组织协调工作最为艰难、复杂、多变,必须通过强化组织协调的办法才能保证施工顺利进行。

　　(5)施工管理不同于其他管理。施工管理与建设项目管理、生产管理、企业管理在管理主体、管理任务、管理内容和管理范围方面都是不同的,它有其自身的特殊性,但具有"管理"的共同职能,即计划、组织、指挥、控制与协调。

3.物联网工程项目施工管理的程序

　　物联网工程项目施工管理的程序是指在施工管理过程中工作开展的先后顺序。施工管理的对象,是施工项目寿命周期各阶段的工作。施工项目寿命周期可分为:投标、签约阶段;施工准备阶段;施工阶段;验收、交工与结算阶段;用后服务这五个阶段。

施工管理的程序可概括为:投标决策→收集资料,掌握信息→编制施工项目管理规划大纲→编制投标书并进行投标→谈判与签订施工合同→选定施工项目经理→项目经理接受企业法定代表人的委托组建项目经理部→企业法定代表人与项目经理签订"项目管理目标责任书"→项目经理部编制"项目管理实施规划"→进行项目开工前的准备→编写开工申请报告→施工期间按"项目管理实施规划"进行管理→在项目竣工验收阶段进行竣工结算,清理各种债权、债务,移交资料和工程→进行经济分析→作出施工项目管理总结报告并送达企业管理层有关职能部门→企业管理层组织考核委员会对施工项目管理工作进行考核评价,并兑现"项目管理目标责任书"中的奖惩承诺→项目经理部解体→在保修期满前企业管理层根据"工程质量保修书"的约定进行项目回访保修。

8.1.2　物联网工程项目施工管理的内容

物联网工程项目施工管理是承包人履行施工合同的过程,也是承包人实现该项目预期目标的过程。施工管理的主要内容可以概括为"四控""两管""一协调"。"四控"是指进度控制、成本控制、质量控制、安全控制;"两管"是指合同管理和信息管理(或资料管理);协调是指内部协调和外部协调。

施工管理的每一过程,都应体现计划、实施、检查、处理(PDCA)的持续改进过程。施工管理的内容应包括:编制"项目管理规划大纲"和"项目管理实施规划",施工项目进度控制、质量控制、安全控制、成本控制,施工项目人力资源管理、材料管理、机械设备管理、技术管理、资金管理、合同管理、信息管理、施工现场管理,施工项目组织协调,施工项目竣工验收,施工项目考核评价和施工项目回访保修等内容。具体体现在以下几个方面。

1. 建立施工项目管理组织

施工项目管理组织是指为进行施工项目管理,实现组织职能而进行组织系统的设计与建立、组织运行和组织调整。施工项目管理组织机构与企业管理组织机构是局部与整体的关系。企业在实施施工项目管理中合理设置组织机构是一个至关重要的问题。施工项目管理组织机构建立的内容主要有:由企业采用适当的方式选聘称职的项目经理;根据施工项目组织原则,选择适当的组织形式,组建管理机构,明确责任、权限和义务;在遵守企业规章制度的前提下,根据施工管理的需要,制定切实可行的管理制度;建立畅通的信息流通系统。

2. 编制施工项目管理规划

规划是定出目标及安排如何完成这些目标的过程。施工管理必须很好地利用规划的手段,编制科学、严密、有效的施工项目管理规划,通过实施该规划达到提高施工项目管理绩效的目的。施工项目管理规划的主要内容相当于传统的施工组织设计,应是施工组织设计的改革产物。

按照我国现行《建设工程项目管理规范》(GB/T 50326—2001)的规定,项目管理规划应分为项目管理规划大纲和项目管理实施规划。当承包人以编制施工组织设计代替项目管理规划时,施工组织设计应满足项目管理规划的要求。项目管理规划大纲是由企业管理层为工程投标进行编制的。项目管理实施规划必须由项目经理组织项目经理部成员在工程开工之前编制完成。

3. 进行施工项目的目标控制

目标控制是施工项目管理的核心内容。施工项目的目标有阶段性目标和最终目标,实现各项目标是施工管理的目的所在,因此应当坚持以目标控制理论为指导,进行全过程的科学控制。施工项目控制的直接目的是实现规划目标或计划目标,其最终目的是实现合同目标。因此可以说,施工项目目标控制是排除干扰,实现目标的手段,是施工管理的核心。施工项目管理内容中需要控制的目标主要有进度、质量、成本、安全、施工现场控制等目标。

4. 进行大量的组织协调工作

组织协调是指正确处理各种关系,其目的是为目标控制服务。组织协调的内容包括人际关系、组织机构关系、协作配合关系、供求关系及约束关系的协调。其内容应根据施工项目不同阶段中出现的主要矛盾作动态调整。

施工管理的协调范围是根据与施工管理组织间关系的松散与紧密状况决定的,大致有内部关系、近外层关系和远外层关系三种。其中内部关系是紧密的自身机体关系;近外层关系是指直接的和间接的合同关系,如施工项目经理部与业主、监理单位及设计单位等的关系;远外层关系是比较松散的关系,如项目经理部与政府部门、银行、服务行业部门、与现场环境相关单位的关系就是这一类。

处理协调这些关系没有定式,但施工组织协调的办法很多,包括利用合同协调、利用计划协调、利用标准协调、利用会议协调、利用制度协调等,协调中要灵活应变,防止单纯依靠相应授权作简单粗糙的指令和决策。当协调困难时,应按有关法规、公共关系准则、经济联系规章等处理。如与政府部门的关系是请示、报告、汇报、接受领导的关系,与现场环境单位的关系则是遵守有关规定,争取给予支持等。

5. 对施工项目的生产要素进行优化配置和动态管理

施工项目的生产要素是施工目标得以实现的保证,主要包括劳动力、材料、机械设备、资金和技术(即5M)。施工企业应建立和完善施工项目生产要素配置机制,适应施工管理的需要。施工项目生产要素管理应实现生产要素的优化配置、动态控制和降低成本,要适时、适量、比例适当、位置适宜地配备或投入生产要素,以满足施工需要。工程项目的实施过程是一个不断变化的过程,对生产要素的需求也在不断变化,因此生产要素的配置和组合也需要不断调整,这就需要动态管理。动态管理的基本内容就是按照工程项目的内在规律,有效地计划、组织、协调、控制各生产要素,使之在施工中合理流动,在动态中寻求平衡。施工项目生产要素管理的全过程包括生产要素的计划、供应、使用、检查、分析和改进。

6. 施工项目的合同管理

施工项目管理必须依法签订合同,进行履约经营。合同管理的优劣直接涉及施工项目管理及工程施工的技术经济效果和目标实现。施工项目的合同管理应包括施工合同的订立、履行、变更、终止和解决争议。施工合同的主体是发包人和承包人,其法律行为应由法定代表人行使,项目经理应按照承包人订立的施工合同认真履行所承接的任务,按照施工合同的约定,行使权利,履行义务。

合同管理是一项执法、守法的活动过程。施工过程中的各种原因造成的洽商变更内容,必须以书面形式签认,并作为合同的组成部分。在合同管理中,承包人在投标前应按质量管理体系文件的要求进行合同评审。为了取得经济效益,还必须注意搞好索赔,讲究方法和技巧,提供充分的索赔证据。

7. 施工项目的信息管理

现代化管理要依靠信息,施工项目管理是一项复杂的现代化管理活动,更要依靠大量信息并对信息进行管理。信息管理的目的是通过有组织的信息流通,使决策者能及时、准确地获得相应的信息,以作出科学的决策。信息管理要依靠电子计算机辅助进行施工项目管理和施工项目目标控制。

施工项目信息管理应适应施工管理的需要,为预测未来和正确决策提供依据,提高管理水平。项目经理部应建立施工项目信息管理系统,优化信息结构,实现施工项目管理信息化,应配备信息管理员,及时收集信息,并将信息准确、完整地传递给使用单位和人员。施工项目信息应包括项目经理部在施工管理过程中形成的各种数据、表格、图纸、文字、音像资料等。

8. 施工项目管理的总结

从管理的循环原理来说,管理的总结阶段既是对管理计划、执行、检查阶段经验和问题的提炼,又是进行新的管理所需信息的来源,其经验可作为新管理制度和标准的源泉,其问题有待于下一循环管理予以解决。由于施工项目的一次性特点,其信息管理更应注意总结,从而不断提高施工管理水平。总结的内容主要有:①施工项目的竣工检查、验收及资料整理(即工程总结);②施工项目的竣工结算或决算(即经济总结);③施工项目管理活动总结(即工作总结);④施工项目管理质量及效益的分析(即效果总结)。

8.1.3　工程项目施工管理的目标管理体系

1. 目标管理方法的应用

目标管理是指集体中的成员亲自参加工作目标的制订,在实施中运用现代管理技术和行为科学,借助人们的事业感、能力、自信、自尊等,实行自我控制,努力实现目标。目标管理是 20 世纪 50 年代由美国的得鲁克提出的,其精髓是以目标指导行动。由于目标有未来属性,故目标管理是面向未来的主动管理。目标管理重视成果的管理,重视人的管理。

物联网工程施工管理应用目标管理方法,可大致划分为以下几个步骤。

(1) 目标展开。目标任务制订后,把目标分解到最小的可控制单位或个人,目标应自上而下地展开。目标分解与展开从三方面进行:①纵向展开,把目标落实到各层次;②横向展开,把目标落实到各层次内的各部门;③时序展开,把年度目标再分解。

(2) 明确任务分工。确定施工项目组织内各层次、各部门的任务分工,既对完成施工任务提出要求,又对工作效率提出要求。

（3）把项目组织的任务转换为具体的目标。该目标有两类：一类是成果性目标，如工程质量、进度等；另一类是管理效率性目标，如工程成本、劳动生产率等。

（4）落实制订的目标。落实目标要做到：①落实目标的责任主体，即谁对目标的实现负责；②明确目标主体的责、权、利；③落实对目标责任主体进行检查、监督的上一级责任人及手段；④落实目标实现的保证条件。

（5）目标实施和经济责任。项目管理层的目标实施和经济责任一般有：①根据工程承包合同要求，完成施工任务，在施工过程中按企业的授权范围处理好施工过程中所涉及的各种外部关系；②努力节约各种生产要素，降低工程成本，实现施工的高效、安全、文明；③努力做好项目核算，做好施工任务、技术能力、进度的优化组合和平衡，最大限度地发挥施工潜力；④做好作业队伍的精神文明建设；⑤及时向决策层和管理层提供信息和资料。

（6）对目标的执行过程进行调控。监督目标的执行过程，进行定期检查，发现偏差，分析产生偏差的原因，及时进行协调和控制。对目标执行好的主体进行适当的激励。

（7）对目标完成的结果进行评价，把目标执行结果与计划目标进行对比，评价目标管理的好坏。

2. 工程项目施工管理的目标管理体系

工程项目施工管理的总目标是施工企业目标的一部分，企业的目标体系应以施工项目为中心，形成纵横结合的目标体系结构，如图 8-2 所示。分析该图可以了解，企业的总目标

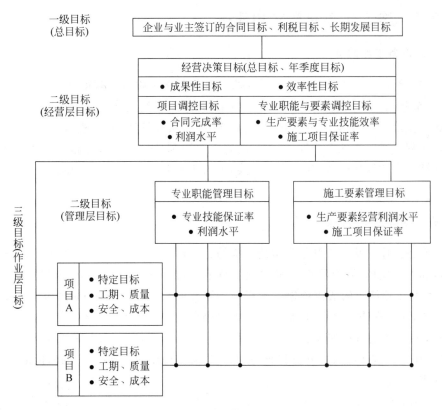

图 8-2　目标管理体系一般模式

是一级目标,其经营层和管理层的目标是二级目标,项目管理层(作业管理层)的目标是三级目标。对项目而言,需要制订成果性目标;对职能部门而言,需要制订效率性目标。不同的时间周期,要求有不同的目标,故目标有年、季、月度目标。指标是目标的数量表现,不同的管理主体、不同的时期、不同的管理对象,目标值(指标)不同。

3. 目标管理方法的分类

应用目标管理,需用到各种施工管理方法,施工管理方法按管理目标的不同可分为进度管理方法、质量管理方法、成本管理方法、安全管理方法、现场管理方法等。按管理方法的量性分,有定性方法、定量方法和综合管理方法。

最常用的分类方法是按专业性质划分,有行政管理方法、经济管理方法、管理技术方法和法律管理方法等。

一般来说,用行政方法进行施工管理,指令要少些,指导要多些。合同是依法签订的明确双方权利、义务关系的协议,广泛用于施工管理进行履约经营,在市场经济中,是最重要的法律管理方法。管理技术方法是管理中的硬方法,以定量方法居多,其科学性更高,能产生的管理效果会更好。

8.2　物联网工程项目施工准备

8.2.1　施工准备的意义和任务

1. 施工准备工作的意义

物联网工程项目施工准备工作是连接设计和施工两大阶段。取得良好施工效果的必经之路,是对拟建工程目标、资源供应和施工方案的选择,及其空间布置和时间排列等诸方面进行的施工决策。"宜未雨而绸缪,勿临渴而掘井"。实践证明,凡是重视施工准备工作,积极为拟建工程创造一切施工条件,其工程的施工会顺利地进行。做好施工准备工作的意义在于能坚持基本建设程序,可降低施工风险,可为工程开工和施工创造良好条件,并能正确处理好施工索赔。

2. 施工准备工作的任务

施工准备工作的基本任务是为拟建工程的施工提供必要的技术和物资条件,统筹安排施工力量和施工现场,为工程开工、连续施工创造一切必备条件。具体任务包括以下几个。

(1) 取得工程施工的法律依据。工程施工涉及的法律依据较多,通过施工准备取得有关法律依据,既是守法的要求,也是在施工中取得有关方面支持的需要。

(2) 掌握工程的特点和关键。每个工程均有其自身的特点,由此带来工艺上和管理上的特殊性,在施工前必须认真分析和研究,抓住其关键特点,并采取相应的保证措施,以保证施工顺利进行。

(3) 调查并创造各种施工条件。工程施工是在一定环境下进行的,构成了施工的复杂条件,其中包括社会条件、投资条件、经济条件、技术条件、自然条件、地质条件、现场条件和资源供应条件等。因此,在施工前必须进行广泛而周密的调查研究,排除不利条件,创造有利条件,使各方面的条件均能满足施工需要。

(4)预测施工中的风险和可能发生的变化。由于工程施工的复杂性和长周期性,必然会遇到各种风险,发生许多变化。通过施工准备做到心中有数,以便采取措施,减少和避免风险损失,加强计划性,做好应变筹划,提高施工中的应变和动态控制能力。

8.2.2 建设单位的施工准备工作内容

从工程项目的基本建设程序看,建设单位施工准备工作的内容应包括征地拆迁、组织规划设计、完成"三通一平"和大型临时暂设工程安排、组织设备材料订货、报建手续办理、委托建设监理、组织施工招标投标、施工合同签订等内容。

1. 征地拆迁

征地拆迁是建设单位施工准备阶段的一项重要工作内容。征地拆迁工作必须认真贯彻执行珍惜和合理利用土地的方针,全面规划,加强管理,保护开发土地资源,禁止乱占耕地和滥用土地。征地拆迁工作主要有征地、补偿、拆迁、安置和申办建设用地规划许可证以及相应土地拍卖、拆迁评估等内容,对于大中型水利水电工程建设征地还包括移民安置问题。

2. 组织规划设计

在工程项目的建设选址工作完成,并取得了建设用地规划许可证后,建设单位应着手组织建设区域内的规划设计工作。规划设计必须符合地区规划或市域规划的要求。其主要工作有:取得建设工程规划许可证;进行工程勘察;进行总体设计、初步设计、技术设计(需要时)和施工图设计;相应的工程勘察、设计招标;设计文件审查等工作内容。

3. 完成"三通一平"和大型临时暂设工程

在施工单位进入施工现场以前,建设单位应组织完成"三通一平",即建设场地通路、通电、通水和平整场地(有时称"七通一平"即通水、电、路、蒸汽与煤气、邮电、广播与电视和场地平整),以及安排完成大型临时设施工程等工作,为施工单位进场创造条件。其中大型临时设施工程是指为进行工程施工而在施工现场搭设生产和生活用的大型临时建筑物、构筑物及其他临时设施。

4. 组织设备、材料订货

建设单位应在工程开工前,组织好设备、材料的订货问题。在物联网工程项目实施中,由于设备、材料的品种、规格、数量等的不确定,会使工程无法施工,特别是设备基础的施工,需要预先知道设备规格等有关情况。另外,设备、材料订货问题解决得不好,也会使工程停工待料,延误工期,导致索赔,产生经济损失。因此,凡需由建设单位提供的工程所需设备、材料在工程开工前应落实和组织好相应订货问题。

5. 工程建设项目报建

建设单位或其委托的代理机构所编制的工程建设项目可行性研究报告或其他立项文件

批准后,须向当地建设行政主管部门或其授权机构进行报建,交验工程建设项目立项的批准文件,包括银行出具的资信证明及批准的建设用地、规划许可等其他有关文件。具备了开工条件后,按建设部《工程建设项目报建管理办法》的规定程序办理有关开工审批手续,如开工许可证的办理。经审查批准后,即可动工兴建。

6. 委托工程建设监理

为了切实保证工程项目建设质量,我国工程项目建设推行工程建设监理制度。按照实施工程建设监理项目的范围,绝大部分工程项目均需要进行工程建设监理。这就要求建设单位在工程开工前通过招投标等方式确定工程建设监理单位,以确保实施对工程建设项目的施工监督管理。

7. 组织施工招标投标

工程建设项目施工除某些不适宜招标的特殊工程建设项目外,均须实行招标投标。施工招标一般采取公开招标或邀请招标。具备招标机构条件的建设单位可组织招标,不具备的还需委托相应具备招标资格的机构进行施工招标,具体招投标工作按《中华人民共和国招标投标法》的有关规定执行。通过招投标的具体工作,优选出施工中标单位,即承包商。这也是在工程开工前建设单位应做的施工准备工作内容。

8. 签订工程施工承包合同

在工程正式开工前,建设单位和承包单位必须书面签订工程建设项目施工承包合同。工程建设项目施工承包合同的签订,必须按照《建设工程施工合同示范文本》的"合同条件",明确约定合同条款,对可能发生的问题要约定解决办法和处理原则。

为保证工程项目的顺利实施,建设单位的施工准备工作是非常重要的,除上述主要施工准备工作内容外,还应有参与承包商、监理单位的施工准备工作的相关内容,如施工图会审等。

8.2.3　承包单位的施工准备工作内容

承包单位的施工准备工作,一般是在接受施工任务后,在土地征购、房屋拆迁、基建物资、水、电、路的连接点以及施工图供应等基本落实的情况下进行的。每项工程施工准备工作的内容,应视该工程本身及其具备的条件而异。有的比较简单,有的却十分复杂。如一般小型项目和规模庞大的大中型项目、新建项目和改扩建项目等,都因工程的特殊需要和特殊条件而对施工准备工作提出各不相同的具体要求。一般工程必需的准备工作内容主要有以下几项。

(1)调查研究。调查研究是施工项目规划与准备工作的一个组成部分,在投标前和中标后都要进行。调查研究需按预先拟订的提纲有目的地进行,主要内容有:调查有关工程项目特征与要求的资料;调查施工场地及附近地区自然条件;调查施工区域的技术经济条件;调查社会生活条件等。

(2)技术准备。技术准备是施工准备的核心。由于任何技术的差错或隐患都可能引起人身安全和质量事故,造成生命、财产和经济的巨大损失。因此,必须认真做好技术准备工作,其主要内容有:熟悉、审查施工图和有关的设计资料;编制施工图预算和施工预算;编制施工项目管理实施规划。施工项目管理实施规划是施工准备工作的重要组成部分,为了正确处理人与物、主体与辅助、工艺与设备、专业与协作、供应与消耗、生产与储存、使用与维修以及它们在空间布置、时间排列之间的关系,必须根据拟建工程的规模、结构特点和建设单位的要求,在原始资料调查分析的基础上,编制出一份能切实指导该工程全部施工活动的科学方案,即施工项目管理实施规划。

(3) 物资准备。材料、构(配)件、制品、机具和设备是保证施工顺利进行的物质基础,这些物资的准备工作必须在工程开工之前完成。根据各种物资的需要量计划,分别落实货源,安排运输和储备,使其满足连续施工的要求。物资准备工作主要包括建筑材料的准备、构(配)件和制品的加工准备、建筑安装机具的准备和生产工艺设备的准备等内容。物资准备工作的流程是搞好物资准备工作的重要手段,如图 8-3 所示。

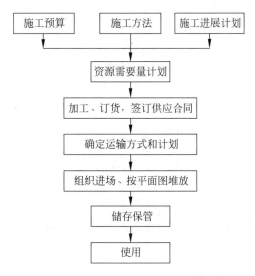

图 8-3　物资准备工作流程

(4) 劳动组织准备。劳动组织准备是承包单位施工准备工作的关键内容,其主要工作有:建立拟建工程项目的领导机构,建立精干的施工队组,同时要制订出该工程的劳动力需要量计划;集结施工力量、组织劳动力进场,同时进行安全、防火和文明施工等方面的教育,并安排好职工的生活;向施工队组、工人进行施工组织设计、计划和技术交底,建立岗位责任制;建立健全各项管理制度,如工程质量检查与验收制度、工地及班组经济核算制度、材料出入库制度、安全操作制度、机具使用保养制度等。

(5) 施工现场准备。施工现场的准备工作,主要是为了给拟建工程的施工创造有利的施工条件和物资保证。其具体内容主要有:做好施工场地的控制网测量;搞好"三通一平"甚至"七通一平";做好施工现场的补充勘探;建造临时设施;安装、调试施工机具;做好建筑构(配)件、制品和材料的储存和堆放;及时提供建筑材料的试验申请计划;做好冬雨期施工安排;进行新技术项目的试制和试验;设置消防、保安设施等。

(6) 施工的场外准备。施工准备除了现场内部的准备工作外,还有施工现场外部的准备工作。其具体内容主要有:材料的加工和订货;做好分包工作和签订分包合同;向上级提交开工申请报告等。

（7）资金准备。资金准备工作具体内容主要有：编制资金收入计划；编制资金支出计划；筹集资金；掌握资金贷款、利息、利润、税收等情况。

8.2.4　施工准备工作的实施要点

施工准备工作实施必须有计划、有领导、有分工、有责任、有检查。具体应做到以下各点。

1．编制施工准备工作计划

编制施工准备工作计划（表 8-1），在计划中应列出工作内容、责任者及要求完成日期。由于施工准备工作繁杂，故提倡编制网络计划，以明确各项施工准备工作之间的相互依赖、相互制约关系，找出关键的施工准备工作，以便于检查和调整。

表 8-1　施工准备工作计划

序号	项目	施工准备工作内容	要求	负责单位/人	涉及单位	要求完成日期	备注

2．建立严格的施工准备工作责任制

由于施工准备工作范围广、项目多、时间长，故必须建立严格的责任制，使施工准备工作得以真正落实。在编制了施工准备工作计划以后，就要按计划将责任明确到有关部门甚至个人，以便按计划要求的内容及完成时间进行工作。各级技术负责人在施工准备工作中应负的领导责任应予以明确，以便推动和促进各级领导认真做好施工准备工作。现场施工准备工作应由项目经理部全权负责。

3．建立施工准备工作检查制度

在施工准备工作实施过程中，应定期进行检查，可按周、半月、月度进行检查。其目的是检查施工准备工作计划的执行情况。如果没有完成计划要求，应进行分析，找出原因，排除障碍，协调施工准备工作进度或调整施工准备工作计划。检查的方法可采用实际与计划进行对比，即"对比法"；还可采用会议法，即相关单位或人员在一起开会，检查施工准备工作情况，当场分析产生问题的原因，提出解决问题的办法。会议法见效快，解决问题及时，应在制度中规定，多予采用。

4．坚持按建设程序办事，实行开工报告和审批制度

当施工准备工作完成到具备开工条件后，项目经理部应提出开工报告，报企业领导审批方可开工。实行建设监理的工程，企业还应将开工报告送监理工程师审批，由监理工程师发布开工命令，在限定时间内开工，不得拖延。

5．施工准备工作必须贯穿于施工全过程的始终

工程开工以后，要随时做好作业条件的施工准备工作。施工顺利与否，就看施工准备工

作的及时性和完善性。因此,企业各职能部门要面向施工现场,像重视施工活动一样重视施工准备工作,及时解决施工准备工作中的技术、供应、劳动、资金、管理等各种问题,以提供工程施工的保证条件。项目经理应主抓施工准备工作,加强施工准备工作的计划性,及时做好协调、平衡工作。

6. 多方争取协作单位的大力支持

由于施工准备工作涉及面广,因此,除了施工单位本身的努力以外,还要取得建设单位、监理单位、设计单位、材料机具等供应单位、银行及其他协作单位的大力支持,分工负责,统一步调,共同做好施工准备工作。

8.3 施工组织设计

8.3.1 施工组织设计的概念

物联网工程项目施工组织是研究工程建设的统筹安排与系统管理客观规律的一门学科。实施工程项目管理以后,施工组织设计实质上起着"施工项目管理规划"的作用,它必须服务于施工项目管理的全过程。因此,施工组织设计的定义应是:指导施工项目管理全过程的规划性的、全局性的技术、经济和组织的综合性文件。

施工组织设计是根据对拟建工程的要求,从拟建工程施工全过程中的人力、物力和空间等三个要素着手,在人力与物力、主体与辅助、供应与消耗、生产与储存、专业与协作、使用与维修和空间布置与时间排列等方面进行科学、合理的部署,为建筑产品生产的节奏性、均衡性和连续性提供最优方案,从而以最少的资源消耗取得最大的经济效果,使最终建筑产品的生产在时间上达到速度快和工期短,在质量上达到精度高和功能好,在经济上达到消耗少、成本低和利润高的目的。

施工组织设计是对拟建工程施工的全过程实行科学管理的重要手段和措施。通过施工组织设计的编制,可以全面考虑拟建工程的各种具体施工条件;能为拟建工程的设计方案在经济上的合理性、在技术上的科学性和在实施工程上的可能性进行论证提供依据;能为建设单位编制基本建设计划和施工企业编制施工计划提供依据;能为施工企业实施施工准备工作计划提供依据;能保证拟建工程施工的顺利进行,取得好、快、省和安全的效果。

8.3.2 施工组织设计的分类和主要内容

1. 施工组织设计的分类

施工组织设计按设计阶段的不同、编制对象范围的不同、使用时间的不同和编制内容的繁简程度等的不同,分为以下类型。

(1)按设计阶段的不同分类。设计按两个阶段进行时,施工组织设计分为施工组织总设计(扩大初步施工组织设计)和单位工程施工组织设计两种。设计按三个阶段进行时,施工组织设计分为施工组织设计大纲(初步施工组织条件设计)、施工组织总设计和单位工程施工组织设计三种。

（2）按编制对象范围的不同分类。可分为施工组织总设计、单位工程施工组织设计和分部分项工程施工组织设计三种。

（3）按编制内容的繁简程度的不同分类。可分为完整的施工组织设计和简单的施工组织设计两种。对于工程规模小、结构简单、技术要求和工艺方法不复杂的拟建工程项目，可以编制一般仅包括施工方案、施工进度计划和施工总平面布置图等内容的简单施工组织设计。

（4）按使用时间和编制用途的不同分类。可分为投标前的施工组织设计和投标后的施工组织设计两种。前者又称为施工项目管理规划大纲，后者又称为施工项目管理实施规划。

2. 施工组织设计的内容

施工组织设计是我国长期工程建设实践中形成的一项管理制度，其内容已约定俗成。根据工程项目管理的需要，施工组织设计的主要内容应包括以下几个方面。

1）投标前的施工组织设计内容

（1）项目概况。

（2）项目实施条件分析。主要指项目合同条件、现场条件、法律条件的分析。

（3）项目投标活动及签订施工合同的策略。

（4）项目管理目标。主要指质量、成本、工期和安全的总目标及其所分解的子目标。

（5）项目组织结构。

（6）质量目标和施工方案。

（7）工期目标和施工总进度计划。

（8）成本目标。主要是表明投标书对降低工程成本的途径和技术组织措施的分析论证情况，以技术含量和先进的措施管理支撑商务标书的竞争力。

（9）项目风险预测和安全目标。主要是指承包人对技术风险、经济风险、社会风险等作出预测分析，制订相应的防范措施和应变方案。

（10）项目现场管理和施工平面图。主要是指承包人对施工现场安全、卫生、文明施工、环境保护、建设公害治理、施工用地和平面布置方案等提出的规划安排。

（11）投标和签订施工合同。

（12）文明施工及环境保护。

2）投标后的施工组织设计内容

（1）工程概况。包括工程特点、建设地点及环境特征、施工条件、项目管理特点及总体要求。

（2）施工部署。包括项目的质量、进度、成本及安全目标，拟投入的最高人数和平均人数，分包计划、劳动力使用计划、材料供应计划、机械设备供应计划，施工程序，项目管理总体安排。

（3）施工方案。包括施工流向和施工顺序、施工阶段划分、施工方法和施工机械选择、安全施工设计、环境保护内容及方法。

（4）施工进度计划。包括施工总进度计划和单位工程施工进度计划。

（5）资源供应计划。包括劳动力需求计划，主要材料和周转材料需求计划，机械设备需求计划，预制品订货和需求计划，大型工具、器具需求计划。

（6）施工准备工作计划。包括施工准备工作组织及时间安排，技术准备及编制质量计划，施工现场准备，作业队伍和管理人员的准备，物资准备，资金准备。

（7）施工平面图。包括施工平面图说明、施工平面图、施工平面图管理规划，其中施工平面图应按现行制图标准和制度要求进行绘制。

（8）技术组织措施计划。包括保证进度目标、质量目标、安全目标、成本目标、季节施工的措施、保护环境的措施、文明施工的措施。各项措施具体应包括技术措施、组织措施、经济措施及合同措施。

（9）项目风险管理。包括风险因素识别一览表，风险可能出现的概率及损失值估计，风险管理的重点，风险防范对策，风险管理责任。

（10）信息管理。包括与项目组织相适应的信息流通系统、信息中心的建立规划、项目管理软件的选择与使用规划、信息管理实施规划。

（11）技术经济指标分析。包括规划的指标、规划指标水平高低的分析和评价，实施难点的对策。

8.3.3 施工组织设计的编制原则

施工组织设计是施工企业和施工项目经理部施工管理活动的重要技术经济文件。根据长期以来的实践经验，结合建筑产品及其生产特点，编制施工组织设计时，应遵守以下几项基本原则。

（1）认真执行工程建设程序，严格遵守国家和合同规定的工程竣工及交付使用期限。在工程中标后开工前必须认真执行建设程序，编制出科学而合理的施工组织设计。

（2）搞好项目排队，保证重点，统筹安排。根据拟建工程项目是否为重点工程、是否有工期要求、是否为续建工程等进行统筹安排和分类排队，把有限的资源优先用于国家或业主最急需的重点工程项目。

（3）遵循施工工艺及其技术规律，合理地安排施工程序和施工顺序。建筑产品及其生产既有建筑施工工艺和技术方面的规律，也有建筑施工程序和施工顺序方面的规律。遵循这些规律去组织施工，能保证各项施工活动的紧密衔接和相互促进。因此，必须正确处理好：施工准备与正式施工的关系；全场性工程与单位工程的关系；场内与场外的关系；地下与地上的关系；主体结构与装饰工程的关系；空间顺序与工种顺序的关系。

（4）采用流水施工方法和网络计划技术，组织有节奏、均衡、连续的施工。流水施工方法具有生产专业化强、劳动效率高、生产节奏性强、资源利用均衡、工人连续作业、成本低等特点。而网络计划技术是现代计划管理的新方法，具有逻辑严密、主要矛盾突出，有利于计划的优化、控制和调整，有利于计算机在计划管理中的应用等特点。因此，在编制施工组织设计时，采用网络计划技术是极为重要的。

（5）科学地安排冬雨期施工项目，保证全年生产的均衡性和连续性。拟建工程项目的施工一般要受气候和季节的影响，应采取相应可靠的技术组织措施，保证全年施工的均衡性、连续性。一般在冬雨期进行正常施工，必然会增加一些费用。因此需要在安排施工进度计划时综合考虑。

（6）提高建筑工业化程度。建筑工业化主要体现在认真执行工厂预制和现场预制相结合的方针，努力提高建筑机械化程度。为此，要因地、因工程制宜，充分利用现有的机械设备。

（7）尽量采用国内外先进的施工技术和科学管理方法。先进的施工技术与科学的施工管理手段相结合，是改善施工企业和工程项目经理部的生产经营管理素质、提高劳动生产率、保证工程质量、缩短工期、降低工程成本的重要途径。

（8）尽量减少暂设工程，合理地储备物资，减少物资运输量，科学地规划施工平面图。暂设工程在施工结束之后就要拆除，因此在满足施工需要的前提下，应使其数量最少和造价最低。在保证正常供应的前提下，其储存数额要尽可能地减少，要尽量采用当地资源，减少其运输量。同时应选择最优的运输方式、工具和线路，使其运输费用最低。施工平面图在满足施工需要的情况下，尽可能使其紧凑和合理，减少施工用地，降低工程成本。

上述原则，既是建筑产品生产的客观需要，又是加快施工速度、缩短工期、保证工程质量、降低工程成本、提高施工企业和工程项目经理部经济效益的需要，所以在编制施工组织设计中应认真地贯彻执行。

8.3.4　施工组织设计的编制、贯彻、检查和调整

施工组织设计编制完成并经会审后，由项目经理签字并报企业主管领导人审批。当监理机构对施工组织设计有异议时，经协商后可由项目经理主持修改。施工组织设计在实施中应按专业和子项目进行交底，落实执行责任，并在执行过程中进行检查和调整。当施工项目管理结束后，必须对施工组织设计的编制、执行的经验和问题进行总结分析，并归档保存。

1. 施工组织设计的编制

在编制施工组织设计时，应做到以下几点。

（1）编制的主体。当拟建工程中标后，施工单位必须编制工程项目施工组织设计。工程项目实行总包和分包的，由总包单位负责编制施工组织设计或者分阶段施工组织设计。分包单位在总包单位的总体部署下，负责编制分包工程的施工组织设计。

（2）编制的特殊要求。对结构复杂、施工难度大以及采用新工艺和新技术的工程项目，要进行专业性的研究，必要时组织专门会议，邀请有经验的专业工程技术人员参加，集中群众智慧，为施工组织设计的编制和实施打下坚实的基础。

（3）编制的统筹合作。在施工组织设计编制过程中，要充分发挥各职能部门的作用，吸收他们参加编制和审定；充分利用施工企业的技术素质和管理素质，统筹安排、扬长避短，发挥施工企业的优势，合理地进行工序交叉配合的程序设计；要广泛征求各协作单位的意见。

（4）编制的讨论修改。当比较完整的施工组织设计方案提出之后，要组织参加编制的人员及单位进行讨论，逐项逐条地研究，修改后确定，最终形成正式文件，送有关部门或机构审批。

2. 施工组织设计的贯彻

施工组织设计贯彻的实质，就是把一个静态平衡方案，放到不断变化的施工过程中，考核其效果和检查其优劣的过程，以达到预定的目标。为了保证施工组织设计的顺利实施，应做好以下几个方面的工作。

（1）传达施工组织设计的内容和要求。经过审批的施工组织设计,在开工前要召开各级的生产、技术会议,逐级进行交底,详细地讲解其内容、要求和施工的关键与保证措施,组织群众广泛讨论,拟定完成任务的技术组织措施,作出相应的决策。同时责成计划部门,制订出切实可行的施工计划;责成技术部门,拟定科学合理的具体的技术实施细则,保证施工组织设计的贯彻执行。

（2）制定各项管理制度。施工组织设计贯彻的顺利与否,主要取决于施工企业的管理素质和技术素质及经营管理水平。而体现企业和项目部素质和水平的标志,在于各项管理制度的健全与否。实践经验证明,只有科学的、健全的管理制度,企业和项目部的正常生产秩序才能维持,才能保证工程质量,提高劳动生产率,防止可能出现的漏洞或事故。

（3）推行技术经济承包制。技术经济承包是用经济的手段和方法,明确承发包双方的责任。它便于加强监督和相互促进,是保证承包目标实现的重要手段。为了更好地贯彻施工组织设计,应该推行技术经济承包制度,开展劳动竞赛,把施工过程中的技术经济责任同职工的物质利益结合起来。

（4）统筹安排及综合平衡。在拟建工程项目的施工过程中,搞好人力、物力、财力的统筹安排,保持合理的施工规模,既能满足拟建工程项目施工的需要,又能带来较好的经济效果。施工过程中的任何平衡都是暂时的和相对的,平衡中必然存在不平衡的因素,要及时分析和研究这些不平衡因素,进一步完善施工组织设计,保证施工的节奏性、均衡性和连续性。

（5）切实做好施工准备工作。施工准备工作是保证均衡和连续施工的重要前提,也是顺利地贯彻施工组织设计的重要保证。拟建工程项目不仅在开工之前要做好一切人力、物力和财力的准备,而且在施工过程中的不同阶段也要做好相应的施工准备工作。

3. 施工组织设计的检查和调整

（1）施工组织设计的检查。需重点检查的内容是主要指标的完成情况和施工总平面图的合理性。施工组织设计主要指标的检查,一般采用比较法,就是把各项指标的完成情况同计划规定的指标相对比。检查的内容应包括工程进度、工程质量、材料消耗、机械使用和成本费用等,把主要指标数额检查同其相应的施工内容、施工方法和施工进度的检查结合起来,发现其问题,为进一步分析原因提供依据。

检查施工总平面图的合理性时,要求施工总平面图必须按规划要求建造临时设施、敷设管网和运输道路,合理地存放机具、堆放材料;施工现场要符合文明施工的要求,施工现场的局部断电、断水、断路等,必须事先得到有关部门批准;施工的每个阶段都要有相应的施工总平面图,施工总平面图的任何改变都必须经有关部门批准。如果发现施工总平面图存在不合理性,要及时制订改进方案,报请有关部门批准,不断地满足施工进展的需要。

（2）施工组织设计的调整。根据施工组织设计执行情况进行检查,从而发现问题并找出其产生的原因,及时、合理地拟定其改进措施或方案,对施工组织设计的待改进部分或指标逐项进行相应调整,对施工总平面图进行修改,使施工组织设计在新的基础上实现新的平衡。

实际上,施工组织设计的贯彻、检查和调整是一项经常性的工作,必须随着施工的进展情况加强反馈并及时地进行,要贯穿拟建工程项目施工过程的始终。

8.3.5 施工组织设计的编制程序及依据

1. 施工组织设计的编制程序

概括地讲,编制施工组织设计应遵循的程序是:对施工合同和施工条件进行分析→对施工项目管理目标责任书进行分析→编写目录及框架→分工编写→汇总协调→统一审查→修改定稿→报批。

具体的施工组织设计编制程序若按编制对象范围的不同来说,有施工组织总设计的编制程序、单位工程施工组织设计的编制程序和分部分项工程施工组织设计的编制程序。三种编制程序形式、步骤基本相同,只是其内容的范围和详略程度不同,编制时都应遵循上述的编制程序,而且除了要采用正确合理的编制方法外,还必须注意有关信息的反馈。

2. 编制施工组织设计的依据

1) 施工组织总设计的编制依据

(1) 计划文件。包括可行性研究报告,单位工程项目一览表,分期分批投产的要求,投资指标和设备材料订货指标,建设地点所在地区主管部门的批件,施工单位主管部门下达的施工任务等。

(2) 设计文件。包括批准的初步设计或技术设计,设计说明书,总概算或修正总概算。

(3) 合同文件。即施工单位与建设单位签订的工程承包合同。

(4) 建设地区的调查资料。包括气象、地形、地质和地区性技术经济条件等。

(5) 定额、规范、建设政策与法规、类似工程项目建设的经验资料等。

2) 单位工程施工组织设计的编制依据

(1) 上级部门的需求,建设单位的意图和要求,工程承包合同、施工图对施工的要求等。

(2) 施工组织总设计和施工图。

(3) 年度施工计划对该工程的安排和规定的各项指标。

(4) 预算文件提供的有关数据。

(5) 劳动力配备情况,材料、构件、加工品的供应情况,主要施工机械的生产能力和配备情况。

(6) 建设单位可提供的施工用地、施工用房、水、电等供应条件。

(7) 设备安装进场时间和对土建的要求,以及对所需场地要求。

(8) 施工现场的具体情况,包括:地形,地上、地下障碍物,水准点,气象,工程与水文地质,交通运输道路等。

(9) 建设用地征购、拆迁情况,施工执照办理情况,国家有关规定、规范、规程和定额等。

8.3.6 施工方案的技术经济评价

施工方案的确定是单位工程施工组织设计的核心问题。施工方案一般包括确定施工程序和顺序、施工起点流向、施工方法和施工机械、安全施工设计和环境保护内容及方法等。对施工方案进行技术经济评价是选择最优施工方案的必要环节。施工方案的技术经济评价的目的就是对每一分部分项工程的多个可行施工方案进行筛选,选出一个工期短、质量好、材料省、劳动力安排合理、工程成本低的最优方案。

施工方案的技术经济评价涉及的因素多而复杂,一般只需对一些主要分部分项工程的施工方案进行技术经济比较,有时也需对一些重大工程项目的总体施工方案进行全面的技术经济评价。

一般来说,施工方案的技术经济评价有定性分析评价和定量分析评价两种。

1. 定性分析评价

施工方案的定性技术经济分析评价是结合施工实际经验,对若干施工方案的优缺点进行分析比较。分析评价技术上是否可行,施工复杂程度和安全可靠性如何,劳动力和机械设备能否满足需要,是否能充分发挥现有机械的作用,保证质量的措施是否完善可靠,对冬季施工带来多大困难等问题。

2. 定量分析评价

施工方案的定量技术经济分析评价是通过计算各方案的几个主要技术经济指标,进行综合比较分析,从中选择技术经济指标较佳的方案。定量分析评价通常分为两种方法。

(1) 多指标分析方法。它是用价值指标、实物量指标和工期指标等一系列单个的技术经济指标,对各个方案进行分析对比,从中选优的方法。定量分析的指标通常有以下几个。

① 工期指标。当要求工程尽快完成以便尽早投入生产或使用时,选择施工方案就要在确保工程质量、安全和成本较低的条件下,优先考虑缩短工期。

② 劳动量指标。它能反映施工机械化程度和劳动生产率水平。通常在方案中,劳动消耗量越小,机械化程度和劳动生产率越高。劳动消耗指标以工日数计算。

③ 主要材料消耗指标。反映若干施工方案的主要材料节约情况。

④ 成本指标。反映施工方案的成本高低,一般需计算方案所用的直接费和间接费。

⑤ 投资额指标。当选定的施工方案需要增加新的投资时,如需购买新的施工机械或设备,则需增加投资额的指标,进行比较。

例题：

现欲开挖大模板工艺多层钢筋混凝土结构物联网机房的基坑,其平面尺寸为 $147.5\text{m} \times 12.46\text{m}$,坑深为 3.71m,土方量为 9000m^3,挖出的土除就地存放 1200m^3 准备回填之用外,其余土须用汽车及时运走。根据现有劳动力和机械设备条件,可以采用以下三种施工方案。

方案1：采用 W1-100 型反铲挖土机开挖,翻斗汽车运土,不需开挖斜道方案。配合挖土机工作每班需普工 2 人,基坑修整所需劳动量 51 工日。反铲挖土机的台班生产率为 529m^3,每台班的租赁费为 319.95 元,拖车台班的租赁费为 333.60 元。

方案2：采用 W-501 正铲挖土机。该方案需先开挖一条供挖土机及汽车出入的斜道,斜道土方量约 120m^3,正铲挖土机台班生产率为 518m^3,每台班租赁费为 319.95 元。配合挖土机工作需配普工 2 人,斜道回填土需 33 工日,基坑修整所需劳动量 51 工日。

方案3：采用人工开挖,人工装翻斗车运土的方案。需人工开挖两条斜道,以便翻斗车进出。两条斜道土方量约为 400m^3。挖土每班配普工 69 人,翻斗车装土每班需配普工 36 人。回填斜道需劳动量为 150 工日,人工挖土方的产量定额为每工日 8m^3。

上述三种方案有关指标计算结果汇总列入表 8-2 中。由表中各指标数值可以看出,方案 1 各指标均较优,故采用方案 1。

表 8-2　基坑开挖不同方案的技术经济指标比较

开挖方案	工期/天	劳动量/(工日/m³)	成本/元	方 案 说 明
方案 1	17	119	8785.05	反铲挖土机 W1-100 型
方案 2	18.5	154	9936.33	正铲挖土机 W-501 型
方案 3	17	1937	28130.34	人工开挖

(2) 综合指标分析方法。综合指标分析方法是以多指标为基础,将各指标的值按照一定的计算方法进行综合后得到一综合指标进行评价。评价时按综合指标值最大者为最优方案。

通常的方法是:首先根据多指标中各个指标在评价中重要性的相对程度,分别定出权值 W_i,再用同一指标依据其在各方案中的优劣程度定出其相应的分值 C_{ij}。设有 m 个方案和 n 种指标,则第 j 方案的综合指标值 A_j 为

$$A_j = \sum C_{ij} W_i$$

式中,$j = 1, 2, \cdots, m$; $i = 1, 2, \cdots, n$。

8.3.7　施工平面图的科学管理

在工程项目施工组织设计管理中,科学有效地进行施工平面图的管理,有其特别的现实意义。概括地讲,施工平面图的科学管理工作应做好以下工作。

(1) 建立健全管理制度。建立统一的施工总平面图和单位工程施工平面图的管理制度,划分施工总平面图和单位工程施工平面图的使用管理范围。各区各片有人负责,严格控制各种材料、构件、机具的位置、占用时间和占用面积。遵守管理制度,做到按章办事。

(2) 实行动态管理。实行施工总平面图和单位工程施工平面图的动态管理,定期对现场平面进行实录、复核,修正其不合理的地方,定期召开施工平面图执行检查会议,奖优罚劣,协调各单位关系。

(3) 做好现场的清理和维护工作。在施工现场不准擅自拆迁建筑物和水电线路,不准随意挖断道路。大型临时设施和水电管路不得随意更改和移位。

(4) 完工总结。完工清场后,要及时对施工平面图的管理进行总结,写出总结材料。

8.4　施工现场管理

8.4.1　施工现场管理的概念

施工现场是指从事工程施工活动经批准占用的施工场地。该场地既包括红线以内占用的建筑用地和施工用地,又包括红线以外现场附近经批准占用的临时施工用地。它的管理是指对这些场地如何科学安排、合理使用,并与各种环境保持协调关系。搞好施工现场管理是工程建设法律、法规对承包人提出的合理要求。项目经理部应认真搞好施工现场管理工

作,做到文明施工、安全有序、整洁卫生、不扰民、不损害公众利益。

施工现场管理的好坏首先涉及施工活动能否正常进行,施工现场是施工的"枢纽站",涉及人流、物流和财流是否畅通;施工现场是一个"绳结",把各专业管理联系在一起,密切协作,相互影响,相互制约;施工现场管理是一面"镜子",能照出施工单位的精神面貌、管理面貌、施工面貌;施工现场管理是贯彻执行有关法规的"焦点",必须有法制观念,执法、守法、护法。

8.4.2 施工现场管理的内容

(1) 合理规划施工用地。首先要保证场内占地的合理使用。当场内空间不充分时,应会同建设单位按规定向规划部门和公安交通部门申请,经批准后才能获得并使用场外临时施工用地。

(2) 科学地进行施工总平面设计与布置。施工总平面设计是工程施工现场管理的重要内容和依据,目的是对施工场地进行科学规划,合理利用空间。在施工总平面图上的临时设施,都应各得其所,关系合理合法,从而呈现出现场文明施工,有利于安全和环境保护,有利于节约,方便于工程施工。

(3) 加强对施工现场使用的检查。现场管理人员应经常检查现场布置是否按平面布置图进行,是否符合各项规定,是否满足施工需要,还有哪些薄弱环节,从而为调整施工现场布置提供有用的信息,也应使施工现场保持相对稳定,不被复杂的施工过程打乱或破坏。

(4) 合理调整施工现场的平面布置。不同的施工阶段,施工的需要不同,现场的平面布置也应进行调整。施工内容变化是现场平面布置调整的主要原因,不应当把施工现场当成一个固定不变的空间组合。而应当对它进行动态的管理和控制,但调整也不能太频繁,以免造成混乱和浪费。

(5) 建立文明的施工现场。文明施工现场即指按照有关法规的要求,使施工现场保持良好的作业环境、卫生环境和工作秩序。建立文明施工现场有利于提高工程质量和工作质量,提高企业信誉。

(6) 及时清场转移。施工结束后,项目管理班子应及时组织清场,将临时设施拆除,剩余物资退场,组织向新工程转移,以便整治规划场地,恢复临时占用土地,不留后患。

(7) 坚持现场管理标准化,堵塞浪费漏洞。现场管理标准化的范围很广,比较突出而又需要特别关注的是现场平面布置管理和现场安全生产管理,稍有不慎,就会造成浪费和损失。因此必须强调按规定的标准去管理。

(8) 做好施工现场管理评价。在工程完工后,应对施工现场管理进行总结和综合评价。评价内容应包括经营行为管理评价、工程质量管理评价、施工安全管理评价、文明施工管理评价及施工队伍管理评价五个方面。综合评价结果可用作对企业资质实行动态管理的依据之一,作为企业申请资质等级升级的条件,作为对企业进行奖罚的依据。

8.4.3 施工现场防火管理

施工现场必须严格按照《中华人民共和国消防法》的规定,建立和执行防火管理制度。

现场必须有满足消防车出入和行驶的道路,并设置符合要求的防火报警系统和固定式灭火系统,消防设施应保持完好的备用状态。在火灾易发地区施工或储存、使用易燃、易爆器材时,承包人应当采取特殊的消防安全措施。施工现场的通道、消防出入口、紧急疏散楼道等,均应有明显标志或指示牌。

1. 施工现场防火的特点

施工现场存在的火灾隐患多,产生火灾的危险性大,稍有疏忽,就有可能发生火灾事故。施工现场防火的特点如下。

(1) 施工工地易燃建筑物多且场地狭小,缺乏应有的安全距离。因此,一旦起火,容易蔓延成灾。

(2) 施工现场易燃材料多,容易失火。

(3) 施工现场临时用电线路多,容易漏电起火。

(4) 在施工进展期间,施工方法不同,会出现不同的火灾隐患。

(5) 施工现场人员流动性大,交叉作业多,管理不便,火灾隐患不易发现。

(6) 施工现场消防水源和消防道路均系临时设置,消防条件差,一旦起火,灭火困难。

2. 火灾预防管理工作

(1) 对上级有关消防工作的政策、法规、条例要认真贯彻执行。将防火纳入领导工作的议事日程,做到在计划、布置、检查、总结、评比时均考虑防火工作,制定各级领导防火责任制。

(2) 企业建立防火制度。防火制度包括:各级安全防火责任制;工人安全防火岗位责任制;现场防火工具管理制度;重点部位安全防火制度;安全防火检查制度;火灾事故报告制度;易燃易爆物品管理制度;用火、用电管理制度;防火宣传、教育制度。

(3) 建立安全防火委员会。在进入现场后立即建立由现场施工负责人主持,有关技术、安全保卫、行政等部门参加的安全防火委员会。其职责是:贯彻国家消防工作方针、法律、文件及会议精神,结合本单位具体情况部署防火工作;定期召开防火委员会会议;开展安全消防教育和宣传工作;组织安全防火检查,并监督落实;制订安全消防制度及保证防火的安全措施;对防火灭火有功人员奖励,对违反防火制度及造成事故的人员批评、处罚以至追究责任。

(4) 设专职、兼职防火员,成立义务消防组织。其职责是:监督、检查、落实防火责任制的情况;审查防火工作措施并督促实施;参加制定、修改防火工作制度;经常进行现场防火检查,发现火灾隐患有权指令停止生产或查封,并立即报告有关领导研究解决;推广消防工作先进经验;对工人进行防火知识教育;参加火灾事故调查、处理、上报。

8.4.4 施工现场文明施工管理

文明施工有广义和狭义两种理解。广义的文明施工,就是科学地组织施工。这里所讲狭义的文明施工是指在施工现场管理中,要按现代化施工的客观要求,使施工现场保持良好的施工环境和施工秩序,它是施工现场管理的一项综合性基础管理工作。

1．文明施工的意义

（1）文明施工能促进企业综合管理水平的提高。

（2）文明施工是现代化施工本身的客观要求。

（3）文明施工是企业管理的对外窗口。

（4）文明施工有利于培养一支懂科学、善管理、讲文明的施工队伍。

2．文明施工的措施

文明施工的措施是落实文明施工标准，实现科学管理的重要途径。

1）组织管理措施

（1）健全管理组织。施工现场应成立以项目经理为组长，主管生产副经理、主任工程师、栋号负责人（或承包队长）以及生产、技术、质量、安全、消防、保卫、材料、环保、行政卫生等管理人员为成员的施工现场文明施工管理组织。

（2）健全管理制度。主要包括：个人岗位责任制；经济责任制；文明施工检查制度；文明施工管理奖惩制度；施工现场持证上岗制度；文明施工会议制度；文明施工各项专业管理制度，如质量、安全、场容、卫生、民工管理等专业制度。

（3）健全管理资料。在文明施工管理过程中，应健全有关文明施工的标准、规定、法律法规、施工日志、教育、培训、考核记录以及文明施工会议、检查等活动记录的相应资料。

（4）开展竞赛。公司之间、项目经理部之间、现场各个专业管理之间应开展文明施工竞赛活动，并与检查、考评、奖惩相结合。

（5）加强宣传教育培训工作。通过文明施工宣传教育培训工作，专业管理人员要熟练掌握文明施工标准，特别要加强对民工的文明施工岗前教育工作。

（6）积极推广应用新技术、新工艺、新设备和现代化管理方法，提高机械化作业程度。文明施工是现代工业生产本身的客观要求，广泛应用新技术、新设备、新材料是实现现代化施工的必由之路，它为文明施工创造了条件，打下了基础。

2）现场管理措施

（1）开展"5S"活动。"5S"活动是指对施工现场各生产要素所处状态不断地进行整理、整顿、清扫、清洁和素养（这五个词日文、罗马文的第一个字母都是"S"）。"5S"活动在日本和西方国家企业中广泛实行。

5S活动是符合现代化大生产特点的一种科学管理方法，是提高现场管理效果的一项有效措施和手段。

整理（Seiri）：将工作场所内的物品分类，并把不要的东西坚决清理掉，腾出空间，防止误用。

具体要求如下。

① 将不再使用的物品处理掉。

② 将使用频率较低的物品放置在储存处。

③ 将经常使用的物品留置在工作场所。

整顿（Seiton）：将使工作场所内所有物品按规定分类摆放好，保持整齐有序的状态，并进行必要的标识。

具体要求如下。

① 杜绝乱堆乱放、互相混淆、该找的东西找不到等无序现象。

② 对可供放置的场所进行规划,将物品在上述场所堆放整齐,使工作的环境一目了然,整整齐齐,消除寻找物品的时间。

清扫(Seiso):将工作场所内所有的地方,工作时使用的设备、仪器、工夹量具、材料等打扫干净,使工作场所始终保持一个干净、宽敞、明亮的环境。

具体要求如下。

① 防止和减少工业灾害,保证品质稳定。

② 清扫从地面到墙板到天花板所有物品。

③ 机器工具彻底清理、润滑。

④ 杜绝污染物泄漏。

⑤ 破损的物品修理。

清洁(Seiketsu):经常性地作整理、整顿、清扫工作,并对以上三项进行定期或不定期的监督和检查。每天上下班花 3～5min 做好 5S 工作,养成良好的习惯,不断持续改善。

素养(Shitshke):就是努力提高施工现场全体职工的素质,树立讲文明、积极敬业的精神,培养好习惯。

具体要求如下。

① 遵守规则,按时出勤,守时惜时。

② 服装整齐,带好识别卡,保持良好的工作状态。

③ 待人接物诚恳而有礼貌,尊重他人,乐于助人,互相配合,营造良好的团队氛围。

④ 爱护公物,用完归位,保持清洁。

开展"5S"活动,要特别注意调动全体职工的积极性,由职工自己动手,创造一个整齐、清洁、方便、安全和标准化的施工环境,使全体职工养成遵守规章制度和操作规程的良好风尚;要加强组织、严格管理、领导高度重视,要将"5S"活动纳入岗位责任制,并按照文明施工标准检查、评比与考核。

(2) 合理定置。合理定置是指把全工地施工期间所需要的物在空间上合理布置,实现人与物、人与场所、物与场所、物与物之间的最佳结合,使施工现场秩序化、标准化、规范化,体现文明施工水平,是实现文明施工的一项重要措施。合理定置设计其实质就是现场空间布置的细化、具体化,要根据原施工现场平面布置图的实际情况及时作出修改、补充、调整,确保科学合理。对合理定置实施方案要推行 PDCA 循环和考核工作,定置管理要贯穿施工的全过程。

(3) 目视管理。目视管理是一种符合现代化施工要求和生理及心理需要的科学管理方式,是搞好文明施工、安全生产的一项重要措施。目视管理就是用眼睛看的管理,也可称为"看得见的管理"。它是利用形象直观、色彩适宜的各种视觉感知信息来组织现场施工生产活动,达到提高劳动生产率、保证工程质量、降低工程成本的目的。目视管理是一种简便适用、便于职工自主管理和自我控制、科学组织生产的一种有效的管理方式。

3. 文明施工管理要点

根据国家建设部对施工现场文明施工管理的规定,施工单位应当贯彻文明施工的要求,推行现代管理方法,科学组织施工,做好施工现场的各项管理工作。其管理要点如下。

（1）施工单位应当按照施工总平面布置图设置各项临时设施。大宗材料、成品、半成品和机具设备的堆放,不得侵占场内道路及安全防护等设施。设置的职工生活设施,应符合卫生、通风、照明等要求。职工的膳食、饮水供应等应当符合卫生要求。工程项目实行总包和分包的,分包单位确需进行改变施工总平面布置图活动的,应当先向总包单位提出申请,经总包单位同意后方可实施。

（2）标牌和标志。施工现场必须设置明显的标牌,标明工程项目名称、建设单位、设计单位、监理单位、施工单位、项目经理和施工现场总代表人的姓名,开、竣工日期,施工许可证批准文号等。施工单位负责施工现场标牌的保护工作。施工现场的主要管理人员在施工现场应当佩戴证明其身份的证卡。施工现场应保证道路畅通、排水系统处于良好的使用状态,保持场容场貌的整洁,随时清理建筑垃圾。在车辆、行人通行的地方施工,应当设置沟井坎穴覆盖物和施工标志。

（3）施工现场的用电和施工机械。施工现场的用电线路、用电设施的安装和使用必须符合安装规范和安全操作规程,并按照施工组织设计进行架设,严禁任意拉线接电,必须设有保证施工安全要求的夜间照明,危险潮湿场所的照明以及手持照明灯具,必须采用符合安全要求的电压。施工机械应当按照施工总平面布置图规定的位置和线路设置,不得任意侵占场内道路。施工机械进场必须经过安全检查,经检查合格的方能使用,施工机械操作人员必须建立机组责任制,并依照有关规定持证上岗,禁止无证人员操作。

（4）安全生产和事故处理。施工单位必须执行国家有关安全生产和劳动保护的法规,建立安全生产责任制,加强规范化管理,进行安全交底、安全教育和安全宣传,严格执行安全技术方案。施工现场的各种安全设施和劳动保护器具,必须定期进行检查和维护,及时消除隐患,保证其安全有效。施工现场发生的工程建设重大事故的处理,依照《工程建设重大事故报告和调查程序规定》执行。

（5）安全保卫。建设单位或施工单位应当做好施工现场安全保卫工作,采取必要的防盗措施,在现场周边设立围护设施。施工现场在市区的,周围应当设置遮挡围栏,临街的脚手架也应当设置相应的围护设施。非施工人员不得擅自进入施工现场。非建设行政主管部门对工程项目施工现场实施监督检查时,应当通过或者会同当地人民政府建设行政主管部门进行。

8.4.5　施工现场环境保护管理

环境保护是我国的一项基本国策。这里介绍的环境保护是指保护和改善施工现场的环境。具体地说,就是按照国家、地方法规和行业、企业要求,采取措施控制施工现场的各种粉尘、废水、废气、固体废弃物以及噪声、振动等对环境的污染和危害。

1. 环境保护的意义

（1）保护和改善施工环境是保证人们身体健康和社会文明的需要。搞好施工现场环境卫生,改善作业环境,就能保证职工身体健康。搞好环境保护是坚持"以人为本"重要思想的体现。

（2）保护和改善施工现场环境是消除外部干扰保证施工顺利进行的需要。在城市施工,施工扰民问题反映突出,如果及时采取防治措施,就能防止污染环境,消除外部干扰,使施工顺利进行。

(3)保护和改善施工环境是现代化大生产的客观要求。现代化施工广泛应用新设备、新技术、新的生产工艺,对环境质量要求很高。

(4)环境保护是国家和政府的要求,是企业的行为准则。我国宪法、环境保护法等对环境保护都作了明确的规定。加强环境保护是符合人民根本利益和造福子孙后代的一件大事,是保证社会和企业可持续发展的需要。

2.环境保护的措施

(1)实行环保目标责任制。把环保指标以责任书的形式层层分解到有关单位和个人,列入承包合同和岗位责任制,建立一支懂行善管的环保自我监控体系。

(2)加强检查和监控工作。要加强检查,加强对施工现场粉尘、噪声、废气的监测和监控工作,要与文明施工现场管理一起检查、考核、奖罚。及时采取措施消除粉尘、废气和污水的污染。

(3)保护和改善施工现场的环境,要进行综合治理。施工单位要采取有效措施控制人为噪声、粉尘的污染和采取技术措施控制烟尘、污水、噪声污染;建设单位应该负责协调外部关系,同当地居委会、办事处、派出所、居民、环保部门加强联系。要做好宣传教育工作,认真对待来信来访。

(4)要有技术措施,严格执行国家的法律、法规。在编制施工组织设计时,必须有环境保护的技术措施。在施工现场平面布置和组织施工过程中,都要执行国家、地区、行业和企业有关环境保护的法律、法规和规章制度。

(5)采取措施防止大气污染。施工现场垃圾渣土要及时清理出现场,道路应指定专人定期洒水清扫,形成制度。袋装水泥、白灰、粉煤灰等易飞扬的细颗散体材料,应库内存放。禁止在施工现场焚烧会产生有毒、有害烟尘和恶臭气体的物质。尽量采用消烟除尘型和消烟节能型的工地茶炉、大灶和锅炉。工地搅拌站除尘是治理的重点,有条件要修建集中搅拌站。拆除旧有建筑物时,应适当洒水,防止扬尘。

(6)防止水源污染措施。禁止将有毒有害废弃物作土方回填,施工现场搅拌站废水、现制水磨石的污水须经沉淀池沉淀后再排入城市污水管道或河流。现场存放油料,必须对库房地面进行防渗处理,使用时要采取措施,防止油料跑、冒、滴、漏。工地临时食堂的污水排放可设置简易有效的隔油池。临时厕所、化粪池应采取防渗漏措施,并有防蝇、灭蛆措施。化学药品、外加剂等要妥善保管,库内存放。

(7)防止噪声污染措施。严格控制人为噪声。在人口稠密区进行强噪声作业时,须严格控制作业时间。确系特殊情况须昼夜施工时,尽量采取降低噪声措施,并会同建设单位找当地居委会或居民协调,出安民告示,求得群众谅解。尽量选用低噪声设备和工艺代替高噪声设备与加工工艺,或在声源处安装消声器。在传播途径上采取吸声、隔声、隔振和阻尼等方法来降低噪声。

工程施工由于受技术、经济条件限制,对环境的污染不能控制在规定范围内的,建设单位应当会同施工单位事先报请当地人民政府建设行政主管部门和环境行政主管部门批准。

小结

工程项目施工管理就是施工企业运用系统的观点、理论和科学技术对施工项目进行的计划、组织、监督、控制、协调等全过程管理。

施工管理的程序可概括为：投标决策→收集资料，掌握信息→编制施工项目管理规划大纲→编制投标书并进行投标→谈判与签订施工合同→选定施工项目经理→项目经理接受企业法定代表人的委托组建项目经理部→企业法定代表人与项目经理签订"项目管理目标责任书"→项目经理部编制"项目管理实施规划"→进行项目开工前的准备→编写开工申请报告→施工期间按"项目管理实施规划"进行管理→在项目竣工验收阶段进行竣工结算，清理各种债权、债务，移交资料和工程→进行经济分析→作出施工项目管理总结报告并送达企业管理层有关职能部门→企业管理层组织考核委员会对施工项目管理工作进行考核评价，并兑现"项目管理目标责任书"中的奖惩承诺→项目经理部解体→在保修期满前企业管理层根据"工程质量保修书"的约定进行项目回访保修。

工程项目施工准备工作是连接设计和施工两大阶段，取得良好施工效果的必经之路，是对拟建工程目标、资源供应和施工方案的选择，及其空间布置和时间排列等诸方面进行的施工决策。做好施工准备工作的意义在于能坚持基本建设程序，可降低施工风险，可为工程开工和施工创造良好条件，并能正确处理好施工索赔。

流水作业的基本特征是使生产过程具有连续性和均衡性。在物联网工程施工中，生产人员和机具、材料在空间位置上不断地移动，并把一定数量的材料和半成品在某个部位上进行加工或装配，使其成为物联网工程的一部分，然后又流动到另外的部位上，重复同样的工作，从而使生产过程具有连续性和均衡性。

施工组织设计是根据对拟建工程的要求，从拟建工程施工全过程中的人力、物力和空间等三个要素着手，在人力与物力、主体与辅助、供应与消耗、生产与储存、专业与协作、使用与维修和空间布置与时间排列等方面进行科学、合理的部署，为建筑产品生产的节奏性、均衡性和连续性提供最优方案，从而以最少的资源消耗取得最大的经济效果，使最终建筑产品的生产在时间上达到速度快和工期短，在质量上达到精度高和功能好，在经济上达到消耗少、成本低和利润高的目的。

施工现场是指从事工程施工活动经批准占用的施工场地。它的管理是指对这些场地如何科学安排、合理使用，并与各种环境保持协调关系。搞好施工现场管理是工程建设法律、法规对承包人提出的合理要求。项目经理部应认真搞好施工现场管理，做到文明施工、安全有序、整洁卫生、不扰民、不损害公众利益。

思考与练习

8-1 物联网工程项目施工管理有什么特点？包括哪些程序？

8-2 试述承包单位施工准备工作的内容。

8-3 简述物联网工程施工管理中应用目标管理方法的步骤。

8-4 施工管理中的"四控""两管""一协调"包括哪些内容?

8-5 简述流水施工的特点。

8-6 试述流水施工参数的概念。

8-7 简述施工组织设计的主要内容。

8-8 简述施工现场管理的内容。

8-9 ( )不是 5S 活动的内容。

    A. 整理   B. 整顿   C. 清扫   D. 保养

8-10 在项目每个阶段结束时进行项目绩效评审是很重要的,评审的目标是( )。

    A. 根据项目的基准计划来决定完成该项目需要多少资源

    B. 根据上一阶段的绩效调整下一阶段的进度和成本基准

    C. 得到客户对项目绩效的认同

    D. 决定项目是否可以进入下一个阶段

8-11 施工现场准备工作不包括( )。

    A. 做好施工场地的控制网测量   B. 搞好"三通一平"甚至"七通一平"

    C. 做好施工现场的补充勘探   D. 施工队伍管理

8-12 在工程完工后,应对施工现场管理进行( )。

    A. 经营行为管理评价   B. 工程质量管理评价

    C. 施工安全管理评价   D. 文明施工管理评价

    E. 施工队伍管理评价

学习目标

知识目标

(1) 掌握工程项目现场环境管理和文明施工的相关知识。

(2) 熟悉物联网工程项目安全生产管理内容。

(3) 了解物联网工程项目安全管理的特点。

(4) 熟悉物联网工程项目安全施工实施细则。

能力目标

(1) 会运用所学知识布置物联网工程项目施工现场。

(2) 会对物联网工程项目安全管理事故进行处理。

工程案例

1. 背景

某物联网工程公司承接的智能交通项目中有一段高速公路管道光缆工程全长 320km，工期为 4 月 1 日至 6 月 30 日。项目经理部组织人员沿线进行了现场勘察，并编写了施工组织设计，其中包含安全控制计划。项目经理部计划分三个施工队分段完成此工程施工。由于在高速公路上施工的危险性比较大，项目经理决定亲自负责此工程的安全管理工作。在工程开工前，项目经理组织全体管理人员、施工人员召开安全会，进行了安全技术交底工作，并要求与会人员在签到表上签字。在交底会上，项目经理重点介绍了在施工中应如何保护施工人员和光缆的安全。

工程于 4 月 1 日开工。项目经理要求项目经理部的技术负责人每周一次检查各施工队质量的同时检查施工安全，并将检查结果向其汇报。技术负责人每周检查完以后，都及时向项目经理口头汇报现场的情况。在施工过程中，施工人员严格按"高管处"的要求摆放安全标志，服从公路管理部门的指挥，保证了施工人员及材料的安全；由于施工人员在收工前未清理干净公路上的下脚料，致使公路上行驶的一辆车的后轮胎爆胎，险些发生重大交通事故；为了赶进度，施工队在雾天施工。在项目经理部及全体施工人员的共同努力下，此工程最终按期完工，未发生重大安全事故。

2. 问题

(1) 本工程的安全控制要点有哪些？

(2) 本工程的安全检查工作应重点检查哪些安全问题？

(3) 本工程的安全工作存在哪些问题？

工程项目现场环境管理是对工程项目现场内的活动及空间所进行的管理。在施工现场由于有大量的人、材料、机械、电等，很可能出现安全事故，可能出现人员伤亡和财产损失，因此安全管理显得尤为重要。

9.1　物联网工程项目环境管理

9.1.1　物联网工程项目现场环境管理的概念

物联网建设工程现场是指用于进行该工程项目的施工活动，经有关部门批准占用的场地。这些场地可用于生产、生活或两者兼有，当该项工程施工结束后，这些场地将不再使用。施工现场包括红线以内或红线以外的用地，但不包括施工单位自有的场地或生产基地。

现场管理是用科学的管理制度、标准和方法对现场的各生产要素进行合理的、科学的安排，并与各种环境保持协调的关系。现代管理领域的许多新内容，如 ISO 14000《国际标准——环境管理体系》、OHASA 18000《安全管理体系》等都要求在工程项目中反映出来。现场管理的目标是做到场容规范、文明作业、安全有序、不损害公众利益。

工程项目现场环境管理是对工程项目现场内的活动及空间所进行的管理。工程项目部负责人应负责施工现场文明施工的总体规划和部署，各分包单位按各自的划分区域和工程项目部的要求进行现场环境管理，并接受项目部的管理监督。

9.1.2　物联网工程项目现场环境管理的目的

物联网工程项目的现场环境管理要做到"文明施工、安全有序、整洁卫生、不扰民、不损害公众利益"。其目的在于防止建设项目产生污染造成对生态环境的破坏，以保护环境。

工程项目的现场环境管理是项目管理的一个重要部分，主要是指在工程建设和运行过程中对自然和生态环境的保护，以及按照法律法规、合同和企业要求，保护和改善作业现场环境，控制和减少现场的各种粉尘、废水、废气、固体废弃物、噪声、振动等对环境的污染和危害。良好的现场环境管理使场容美观整洁，道路畅通，材料放置有序，施工有条不紊，安全、消防、保安均能得到有效的保障，有关单位都能满意；相反，低劣的现场环境管理会影响施工进度，为事故的发生埋下隐患。

承建单位必须树立良好的信誉，防止事故的发生，增强企业在市场的竞争力，必须要做好现场的文明施工，做到施工现场井井有条、整洁卫生。

9.1.3　物联网工程项目现场环境管理的意义

物联网工程现场环境管理是文明施工的重要内容之一，其意义主要体现在以下几个方面。

1. 体现一个城市贯彻国家有关法规和城市管理法规的一个窗口

工程施工与城市各部门、企业人员交往很多，与工程有联系的单位和人员都会注意到工程现场环境的好与坏,现场环境管理涉及城市规划、市容整洁、交通运输、消防安全、文明建设、居民生活和文物保护等。因此,工程项目现场环境管理是一个严肃的社会和政治问题,稍有不慎就可能出现危及社会安定的问题。现场管理人员必须具有强烈的法制观念,具有全心全意为人民服务的精神。

2. 体现施工单位的形象和面貌

工程现场环境管理的好坏,通过观察施工现场一目了然。工程现场环境管理的水平直接反映施工企业的管理水平及施工企业的面貌。一个文明的施工现场,能产生很好的社会效益,会赢得广泛的社会赞誉;反之则会损害企业声誉。施工现场的环境管理从一个方面体现了企业的形象和社会效益。

3. 工程现场是一个周转站,能否管理好直接影响施工活动

大量的物资设备、人员在施工现场,如果管理不好就会引起窝工、材料二次搬运、交叉运输等问题,直接影响到施工活动。因此,合理布置现场是工程项目能否顺利施工和按时完成的关键所在。

4. 施工现场把各专业管理联系在一起

施工现场把物联网工程、土建工程、给水排水工程、电气工程、智能化工程、园林工程、市政工程、热能工程、通风空调工程、电梯工程等各专业联系在一起,各专业在施工现场合理分工、分头管理、密切合作,各专业之间既相互影响又相互制约。

9.1.4 物联网工程项目现场环境管理的内容

1. 合理规划施工用地,保证场内占地合理使用

在满足施工的条件下,要紧凑布置,尽量不占或少占农田。当场内空间不满足施工要求时,应会同业主(建设单位)向规划部门和公安交通等有关部门申请,经批准后才能获得并使用场外临时施工用地。

2. 在工程组织设计中,科学地进行施工总平面设计

施工总平面设计,其目的就是对施工场地进行科学规划、合理利用空间,以方便工程的顺利施工。

3. 根据工程进度的具体需要,按阶段调整施工现场的平面布置

不同的施工阶段,施工的需求不同,现场的平面布置也应该随施工阶段的不同而调整。

4. 加强对施工现场使用的检查

现场管理人员经常检查现场布置是否按平面布置图进行,如不按平面图布置应及时改正,保证按施工现场的布置进行施工。

5. 文明施工

文明施工是指按照有关法规的要求,使施工现场范围和临时占地范围内的施工秩序井然。文明施工有利于提高工程质量和工作质量,提高企业信誉。

6. 完工场清

工程施工结束,及时组织人员清理现场,将施工临时设施拆除,剩余物资退出现场,将现场的材料、机械转移到新工地。

9.1.5　工程项目现场环境管理组织体系

物联网工程项目现场环境管理的组织体系根据项目管理情况不同而有所不同。业主可将现场环境管理的全部工作委托给总包单位,由总包单位作为现场环境管理的主要责任人,如图 9-1 所示。

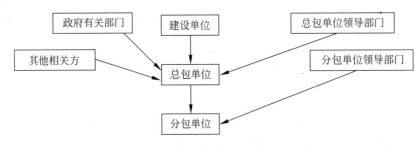

图 9-1　现场环境管理组织体系示意图

现场环境管理除去在现场的单位外,当地政府的有关部门如市容管理、消防、公安等部门,现场周围的公众、居民委员会以及总包、施工单位的上级领导部门也会对现场管理工作施加影响。因此,现场环境管理工作的负责人应把现场管理列入经常性的巡视检查内容,纳入日常管理并与其他工作有机地结合在一起,要积极、主动、认真听取有关政府部门、近邻单位、社会公众和其他相关方面的意见和反映,及时抓好整改,取得他们的支持。

施工单位内部对现场环境管理工作的归口管理不尽一致,有的企业将现场环境管理工作分配给安全部门,有的则分配给办公室或企业管理办公室,也有的分配给器材科。现场环境管理工作的分配部门可以不一致,但应考虑到现场管理的复杂性和政策性,应当安排能够了解全面工作、能协调组织各部门工作的人员进行管理为妥。

在施工现场管理的负责人应组织各参建单位,成立现场管理组织。

现场管理组织的任务如下。

(1) 根据国家和政府的有关法令,向参建单位宣传现场环境管理的重要性,提出现场管理的具体要求。

(2) 对参建单位进行现场管理区域的划分。

(3) 进行定期和不定期的检查,发现问题,及时提出改正措施,限期改正,并作改正后的复查。

(4) 进行项目内部和外部的沟通,包括与当地有关部门和其他相关方的沟通,听取他们的意见和要求。

（5）施工中有关现场环境管理的事项。

（6）在业主和总包的委托下,对参建单位有表扬、批评、培训、教育和处罚的权利和职责。

（7）审批使用明火、停水、停电、占用现场内公共区域和道路的权利。

9.1.6 物联网工程项目现场环境管理的考核

现场环境管理的检查考核是进行现场管理的有效手段。除现场专职人员的日常专职检查外,现场的检查考核可以分级、分阶段、定期或不定期进行。例如,现场项目管理部可每周进行一次检查并以例会的方式进行沟通;施工企业基层可每月进行一次检查;施工单位的公司可每季进行一次检查;总公司或集团可每半年进行一次检查。有必要时可组织有关单位针对现场环境管理问题进行专门的专题检查。

由于现场环境管理涉及面大、范围广,检查出的问题也往往不是一个部门所能解决的。因此,有的企业把现场环境管理和质量管理、安全管理等其他管理工作结合在一起进行综合检查,既可节约时间又可成为一项综合的考评。

9.2 物联网工程项目安全管理

安全管理是指承建单位采取措施使项目在施工中没有危险,不出事故,不造成人身伤亡和财产损失。安全既包括人身安全,也包括财产安全。

"安全生产管理"是指经营管理者对安全生产工作进行的策划、组织、指挥、协调、管理和改进的一系列活动,目的是保证在生产经营活动中的人身安全、资产安全,促进生产的发展,保持社会的稳定。

安全生产长期以来一直是我国的一项基本方针,它不仅是要保护劳动者生命安全和身体健康,也是要促进生产的发展,必须贯彻执行。同时安全生产也是维护社会安定团结,促进国民经济稳定、持续、健康发展的基本条件,是社会文明程度的重要标志。

安全与生产的关系是辩证统一的关系,而不是对立的、矛盾的关系。安全与生产的统一性表现在:一方面,是指生产必须安全,安全是生产的前提条件,不安全就无法生产;另一方面,安全可以促进生产,抓好安全,为员工创造一个安全、卫生、舒适的工作环境,可以更好地调动员工的积极性,提高劳动生产率和减少因事故带来的不必要的损失和麻烦。

9.2.1 物联网工程项目安全管理的特点

施工现场安全管理就是工程项目在施工过程中,组织安全生产的全部管理活动。施工现场是施工企业安全管理的基础,必须要强化施工现场安全的动态管理。施工现场安全管理的特点如下。

1. 工程项目安全管理的难点多

由于受自然环境的影响大,冬雨季施工多,高空作业多,地下作业多,大型机械多,用电作业多,易燃易爆物多。因此,安全事故引发点多,安全管理的难点必然多。

2. 安全管理的劳保责任重

这是因为工程施工是劳动密集型,手工作业多,人员数量大,交叉作业多,高空作业的危险性大。因此,劳动保护责任重大,要通过加强劳动保护创造安全施工条件。

3. 工程项目安全管理是企业安全管理的一个子系统

施工现场安全管理处在企业安全管理的大环境之中,企业安全系统包括安全组织系统、安全法规系统和安全技术系统,这些系统都与工程项目安全有密切关系。安全法规系统是国家、地方、行业的安全法规,各企业必须执行;安全组织系统是企业内部安全部门和安全管理人员,是安全法规的执行者;安全技术系统是国家对不同工种、行业制定的技术安全规范。

4. 施工现场是安全管理的重点和难点

施工现场人员集中、物资集中,是作业场所,事故一般都发生在现场,因此施工现场是安全管理的重点和难点。

5. 安全管理的严谨性

安全状态具有触发性,其控制措施必须严谨,一旦失控就会造成损失和伤害。

9.2.2 物联网工程项目安全管理的原则

1. "安全第一,预防为主"的原则

在生产活动中,把安全放在第一位,当生产和安全发生矛盾时,生产必须服从安全,即安全第一。预防为主是实现安全第一的基础,要做到安全第一,首先要做好预防措施。预防工作做好了,就可以保证安全生产,实现安全第一。

2. 明确安全管理的目的性

安全管理是对生产中的人、物、环境等因素状态的管理。做好对人的不安全行为和物的不安全状态的管理,就能消除或避免事故。

3. 坚持全方位、全过程的管理

只要有生产就有发生事故的可能,因此必须坚持全员、全过程、全方位、全天候的安全管理状态。

4. 不断提高安全管理水平

随着社会的发展,生产活动是不断发生变化的,因此安全管理工作也会随着生产活动的变化而发生变化,承建单位需要不断总结安全管理经验,提高安全管理水平。

5."生产必须安全,安全促进生产"

许多企业提出"质量是企业的生命,安全是企业的血液",足以看出企业对安全的重视程度。"生产必须安全"是指劳动过程中,必须尽一切可能为劳动者创造必要的安全卫生条件,积极克服不安定不卫生因素,防止伤亡事故和职业性毒害的发生,使劳动者在安全卫生的条件下,顺利地进行劳动生产。"安全促进生产"是指安全工作必须紧紧围绕生产活动来进行,不仅要保护职工的生命安全和身体健康,而且要促进生产的发展。承建单位的任务是想尽一切办法克服不安全因素,促进生产发展,离开了生产,安全工作就毫无实际意义。

安全管理是生产管理的重要组成部分,只有安全才能促进生产的发展。特别是生产任务繁忙时,就更应该处理好二者的关系,生产任务越忙越要重视安全,把安全工作搞好;否则如若出现工伤事故,既妨碍生产又影响企业声誉。因此,生产和安全是互相联系、互相依存的,要正确处理好二者之间的关系。

9.2.3 物联网工程项目安全管理的内容

物联网工程项目的安全管理,主要是组织实施企业安全管理规划、指导、检查和决策。施工现场安全管理的内容,大体可归纳为安全组织管理、场地与设施管理(文明施工)、行为控制和安全技术管理四个方面,分别对生产中的人、物、环境的行为与状态进行具体的管理与控制。

1. 施工现场安全组织管理

施工现场的项目经理为安全生产的第一责任者。施工现场应成立以项目经理为首的,有施工员、安全员、班组长等参加的安全生产管理小组。要建立由工地领导参加的包括施工员、安全员在内的轮流值班制度,检查监督施工现场及班组安全制度的贯彻执行,并做好安全值日记录。工地还要建立健全各类人员的安全生产责任制、安全技术交底、安全宣传教育、安全检查、安全设施验收和事故报告等管理制度。

对总、分包工程,总包单位应统一领导和管理安全工作,并成立以总包单位为主,分包单位参加的联合安全生产领导小组,统筹协调、管理施工现场的安全生产工作。各分包单位都应成立分包工程安全管理组织或确定安全负责人,负责分包工程安全管理,并服从总包单位的安全监督检查。在同一施工现场,由建设单位直接分包分部分项工程的施工单位除负责本单位施工安全外,还应服从现场总包施工单位的监督检查和管理。

2. 施工现场的安全措施要求

(1) 一般工程的施工现场安全措施要求。

① 平面布置。施工平面布置图中运输道路、临时用电线路、各种管道、生活设施等临时工程的安排,均要符合安全要求。工地四周应有与外界隔离的围护设置,入口处一般应标示安全纪律或施工现场安全管理规定。工地排水设施应全面规划,其设置不得妨碍交通和工地周围环境。

② 道路运输。工地的人行道、车行道应坚实平坦,保持畅通。工地通道不得任意挖掘

或截断。如必须开挖时,有关部门应事先协调、统一规划,同时将通过道路和沟渠,搭设安全牢固的桥板。

③ 材料堆放。一切建筑施工器材都应该按施工平面布置图规定的地点分类堆放整齐稳固。作业中使用剩余器材及现场拆下来的模板、脚手架杆件和余料、废料等都应随时清理回收,并且将钉子拔掉或者打弯再分类集中堆放。油漆及其稀释剂和其他对职工健康有害物质,应该存放在通风良好、严禁烟火的专用仓库。

④ 施工现场的安全设施。安全设施如安全网、洞口盖板、护栏、防护罩、各种限制保险装置都必须齐全有效,并且不得擅自拆除或移动。

⑤ 安全标牌。施工现场除应设置安全宣传标语牌外,危险部位还必须悬挂按照《安全色》(GB 2893—1982)和《安全标志》(GB 2894—1982)规定制作的标牌。夜间有人经过的坑洞等处还应设红灯示警。

(2) 特殊工程施工现场安全措施要求。特殊工程系指工程本身有特殊性或工程所在区域有特殊性或采用的施工工艺、方法有特殊要求的工程。特殊工程施工现场安全管理,除具有一般工程的基本要求外,还应根据特殊工程的性质、施工特点、要求等制订有针对性的安全管理和安全技术措施。其基本要求是:编制特殊工程施工现场安全管理制度,并向参加施工的全体职工进行安全教育和交底;特殊工程施工现场周围要设置围护,要有出入制度并设值班人员;强化安全监督检查制度;对从事危险作业如爆破、吊装拆除工程等的人员要进行安全检测和设置监护;施工现场应设医务室或派医务人员;要备有灭火、防爆炸等物资。

(3) 防火与防爆。安全管理工程施工现场防爆安全管理工作的主要内容是:对于爆破及引爆物品的储存、保管、领用和各种气瓶的运输、存放、使用都必须严格按规定执行;各种可燃性液体、油漆涂料等在运输、保存、使用中,除按规定外,要根据其性能特点采取相应的防爆措施;向操作者及其有关人员做好安全交底。

3. 安全技术管理

安全技术管理的工作程序是:根据工程特点进行安全分析、评价、设计、制订对策、组织实施。实施中收集信息反馈,进行必要的技术调整或巩固安全技术效果。安全技术管理分为内业管理和外业管理两部分。

(1) 内业管理。内业即技术分析、决策和信息反馈的研究处理。安全技术资料是内业管理的重要工作,它不仅是施工安全技术的指令性文件与实施的依据和记录,而且是提供安全动态分析的信息流,并且对上级制定法规、标准也有着重要的研究价值。

(2) 外业管理。外业管理主要是组织实施,监督检查。作业部门及人员都必须认真遵照经审定批准的措施方案和有关安全技术规范进行施工作业。各项安全设施如脚手架、龙门架、模板、塔吊、安全网、施工用电、洞口等的搭设及其防护设置完成后必须组织验收,合格后才准使用。在使用过程中,要进行经常性的检查维修,确保安全有效。各施工作业完成后,安全设施、防护装置确认不再需要时,经批准后方可拆除。对拆除复杂和危险性的设施必须按拆除方案和有关拆除工程规定进行,并派安全监护,同时要划定危险区域,设立警告标志。

9.2.4　物联网工程项目安全技术措施

1．落实安全责任制

项目经理部应根据安全生产责任制的要求,把安全责任目标分解到岗、落实到人。安全生产责任制必须经项目经理批准后实施。

(1) 项目经理的安全职责包括:认真贯彻安全生产方针、政策、法规和各项规章制度,制订和执行安全生产管理办法;严格执行安全考核指标和安全生产奖惩办法;严格执行安全技术措施审批和施工安全技术措施交底制度;定期组织安全生产检查和分析,针对可能产生的安全隐患制订相应的预防措施;当施工过程中发生安全事故时,项目经理必须按安全事故处理的预案和有关规定程序及时上报和处置,并制订防止同类事故再次发生的措施。

(2) 安全员安全职责包括:落实安全设施的设置;对施工全过程的安全进行监督,纠正违章作业;配合有关部门排除安全隐患;组织安全教育和全员安全活动;监督劳保用品质量和正确使用。

(3) 作业队长安全职责包括:向作业人员进行安全技术措施交底,组织实施安全技术措施;对施工现场安全防护装置和设施进行验收;对作业人员进行安全操作规程培训,提高作业人员的安全意识,避免产生安全事故;当发生重大或恶性工伤事故时,应保护现场,立即上报并参与事故调查处理。

(4) 班组长安全职责包括:安排施工生产任务时,向本工种作业人员进行安全措施交底;严格执行本工种安全技术操作规程,拒绝违章指挥;作业前应对本次作业所使用的机具、设备、防护用具及作业环境进行安全检查,消除安全隐患,检查安全标牌是否按规定设置,标识方法和内容是否正确完整;组织班组开展安全活动,召开上岗前安全生产会;每周应进行安全讲评。

(5) 操作工人安全职责包括:认真学习并严格执行安全技术操作规程,不违规作业;自觉遵守安全生产规章制度,执行安全技术交底和有关安全生产的规定;服从安全监督人员的指导,积极参加安全活动;爱护安全设施;正确使用防护用具;对不安全作业提出意见,拒绝违章指挥。

(6) 承包人对分包人的安全生产责任的管理。审查分包人的安全施工资格和安全生产保证体系,不应将工程分包给不具备安全生产条件的分包人;在分包合同中应明确分包人安全生产责任和义务;对分包人提出安全要求,并认真监督、检查;对违反安全规定冒险蛮干的分包人,应令其停工整改;承包人应统计分包人的伤亡事故,按规定上报,并按分包合同约定协助处理分包人的伤亡事故。

(7) 分包人安全生产责任包括:分包人对本施工现场的安全工作负责,认真履行分包合同规定的安全生产责任;遵守承包人的有关安全生产制度,服从承包人的安全生产管理,及时向承包人报告伤亡事故并参与调查,处理善后事宜。

2．实施安全教育的规定

(1) 项目经理部的安全教育内容包括:学习安全生产法律、法规、制度和安全纪律,讲解安全事故案例。

（2）作业队安全教育内容包括：了解所承担施工任务的特点，学习施工安全基本知识、安全生产制度及相关工种的安全技术操作规程；学习机械设备和电器使用、高处作业等安全基本知识；学习防火、防毒、防爆、防洪、防尘、防雷击、防触电、防高空坠落、防物体打击、防坍塌、防机械伤害等知识及紧急安全救护知识；了解安全防护用品发放标准以及防护用具、用品使用基本知识。

（3）班组安全教育内容包括：了解本班组作业特点，学习安全操作规程、安全生产制度及纪律；学习正确使用安全防护装置（设施）及个人劳动防护用品知识；了解本班组作业中的不安全因素及防范对策、作业环境及所使用的机具安全要求。

3. 安全技术交底

（1）单位工程开工前，项目经理部的技术负责人必须将工程概况、施工方法、施工工艺、施工程序、安全技术措施，向承担施工的作业队负责人、工长、班组长和相关人员进行交底。

（2）结构复杂的分部分项工程施工前，项目经理部的技术负责人应有针对性地进行全面、详细的安全技术交底。

（3）项目经理部应保存双方签字确认的安全技术交底记录。

9.2.5 安全施工实施细则

1. 施工现场安全

（1）在城镇的下列地点作业时，应根据有关规定设立明显的安全警示标志、防护围栏等安全设施和设置警戒人员。必要时应搭设临时便桥等设施，并设专人负责疏导车辆、行人或请交通管理部门协助管理。

① 街巷拐角、道路转弯处、交叉路口。

② 有碍行人或车辆通行处。

③ 在跨越道路架线、放缆需要车辆临时限行处。

④ 架空光（电）缆接头处及两侧。

⑤ 挖掘的坑、洞、沟处。

⑥ 打开井盖的人（手）孔处。

⑦ 跨越十字路口或在直行道路中央施工区域两侧。

（2）安全警示标志和防护设施应随工作地点的变动而转移，作业完毕应及时撤除，清理干净。

（3）施工需要阻断道路通行时，应事先取得当地有关单位和部门批准，并请求配合。

（4）在公路、高速公路、铁路、桥梁、通航的河道、市区等特殊地段施工时，应使用有关部门规定的警示标志，必要时派专人警戒看守。

（5）施工作业区内严禁一切非工作人员进入。严禁非作业人员接近和触碰正在施工运行中的各种机具与设施。

（6）在城镇和居民区内施工使用发电机、空压机、吹缆机、电锤、电锯、破碎锤（炮）等，有噪声扰民时，应采取防止和减轻噪声扰民措施，并在相关部门规定时间内施工。需要在夜间施工的或在禁止时间内施工的,应报请有关单位和部门同意、批准。

(7) 施工现场有两个以上施工单位交叉作业时,建设单位应明确各方的安全职责,对施工现场实行统一管理。

(8) 在物联网机房作业时,应遵守物联网机房的管理制度,严禁在机房内饮水、吸烟。应按照指定地点设置施工的材料区、工器具区、剩余料区。钻膨胀螺栓孔、开凿墙洞应采取必要的防尘措施。

机房设备扩容、改建工程项目需要动用正在运行设备的缆线、模块、电源接线端子等时,须经机房值班人员或随行人员许可,严格按照施工组织设计方案实施,本班施工结束后应检查动用设备运行是否正常,并及时清理现场。

2. 施工驻地安全

(1) 施工驻地设置的工器具、器材库房,应执行有关库房管理要求和有防潮、防雨、防火、防盗措施,并指定专人负责。入库的工器具、器材应认真检测、检验,保证工器具、器材完好。

(2) 施工驻地临时搭建的员工宿舍、办公室、仓库必须安全、牢固、美观,符合消防安全规定,不得使用易燃材料搭设。临时搭建的生活设施不得靠近电力设施,应保证与高压架空电线的水平距离大于 6m。施工驻地应按规定配备消防设施。员工不得在宿舍擅自安装电源线和使用违规电器。

(3) 临时宿舍内必须设置安全通道。通道宽度不小于 0.9m,每间宿舍居住人员不得超过 15 人。宿舍内应设置单人铺,床铺宜高出地面 0.3m,面积不小于 $1.9 \times 0.9m$,床铺间距不得小于 0.3m,床铺的搭设不得超过两层。

(4) 宿舍内应设置生活用品专柜,生活用品摆放整齐。宿舍必须设置可开启式窗户,保持室内通风。宿舍夏季应有防暑降温措施,冬季应有取暖和防煤气中毒的措施。生活区必须保持清洁卫生,定期清扫和消毒。

(5) 应定期对住宿人员进行安全、治安、消防、卫生防疫、环境保护等法律、法规教育。

(6) 施工驻地临时食堂应有独立的制作间,配备必要的排风和消毒设施。施工驻地临时食堂应严格执行食品卫生管理的有关规定,炊事人员应有身体健康证,上岗应穿戴洁净的工作服、工作帽,并保持个人卫生。

(7) 食堂用液化气瓶必须严格按照下列规定使用。

① 不得靠近火源、热源和暴晒。

② 冬季液化气瓶严禁火烤和开水加热(只可用 40℃ 以下温水加热)。

③ 禁止自行倾倒残液,防止发生火灾和爆炸。

④ 严禁剧烈振动和撞击。

⑤ 液化瓶内气体不得用尽,应留一定余气。

⑥ 购置液化气体时必须到当地政府指定的供应站购买。

3. 施工交通安全

(1) 必须建立、健全车辆、驾驶员管理制度和档案。选聘施工车辆驾驶员应严格考察其素质。受聘驾驶员必须具有熟练的驾驶技术。

（2）驾驶员必须遵守交通法规。驾驶车辆应注意交通标志、标线。保持安全行车距离，不强行超车、不疲劳驾驶、不酒后驾驶、不驾驶故障车辆。严禁将机动车辆交给无驾驶执照人员驾驶。

（3）车辆不得客货混装或超员、超载、超速。车辆行驶时，乘坐人员应注意沿途的电线、树枝及其他障碍物，不得将肢体露于车厢外。待车辆停稳后方可上下车。

（4）工程项目施工时租用车辆应与车主签订"租车协议"，明确双方安全责任和义务。

（5）施工人员使用自行车和三轮车时，应经常检查刹车和牢固情况。骑车时，不得肩扛、手提物件或携带梯子及较长的杆棍等物。

4. 施工现场防火

（1）在光（电）缆进线（地下）室、水线房、无（有）人站以及木工场地、机房、材料库等处施工时，应制订防火安全措施。

（2）消防器材设置地点应便于取用，分布位置合理。使用方法必须明示，必要时进行示范，做到人人会用。消防设施不得被遮挡，消防通道不得被堵塞。

（3）配置的消防器材必须在有效期内，过期的消防器材必须及时处理。

（4）电气设备着火时，应首先切断电源，必须使用干粉灭火器，严禁使用水和泡沫灭火器。

（5）在封闭和有特殊要求的施工场所严禁吸烟。

（6）易燃、易爆的化学危险品和压缩可燃性气体容器等应当按其性质分类放置并保持安全距离。

（7）废弃的易燃、易爆化学危险物料应当按照相关部门的规定及时清除。

（8）机房内施工不得使用明火。需要用明火时应经相关单位部门批准，落实安全防火措施，并在指定的地点、时间内作业。每天施工结束后必须认真清理现场，消除火种。

（9）使用灯泡照明时不得靠近可燃物。使用后未冷却的电烙铁、热风机不得随意丢放。

（10）在室内进行油漆作业时，必须保持通风良好，照明灯具应使用防爆灯头，室内禁止明火。

5. 野外作业安全

（1）作业人员在野外施工作业时，必须按照国家有关部门关于安全和劳动保护的规定，正确佩戴安全防护和劳动保护用品。

（2）在炎热或寒冷、冰雪天气施工作业时应采取防暑或防寒、防冻、防滑措施。当地面被积雪覆盖时，应用棍棒试探前行。

遇有强风、暴雨、大雾、雷电、冰雹、沙尘暴等恶劣天气时，应停止露天作业。雷雨天不得在电杆、铁塔、大树、广告牌下躲避。

（3）勘测复测管线路由时，应对沿线情况进行地理、环境等综合调查，将管线路走向所遇到的河流、铁路、公路、穿跨越其他线路等进行详细记录，熟悉线路环境，辨识和分析危险源，制订相应的预防和安全控制措施。

（4）砍伐树木作业时应遵守以下规则。

① 砍伐人员必须选择在安全可靠的位置。

② 在道路旁砍伐树木时,必须在树木周围设置安全警示标志,并设专人指挥行人和车辆通行。

③ 遇树上有毒蜂或毒蛇等动物时,砍伐前应采取清除措施。

④ 风力在 5 级以上时,不得砍伐树木。

(5) 在水田、泥沼中施工作业时应穿长筒胶鞋,预防蚂蟥、血吸虫、毒蛇等叮咬。野外作业应备有防毒及解毒药品。

(6) 在滩涂、湿地及沼泽地带施工作业时,应注意有无陷入泥沙中的危险。

(7) 在山区和草原施工作业时,应遵守以下规则。

① 在山岭上不得攀爬有裂缝、易松动的地方或不稳固的石块。

② 在林区、草原或荒山等地区作业时,严禁烟火。需动用明火时,应征得相关部门同意,同时必须采取严密的防范措施。

③ 应熟悉工作地区环境。在有毒的动、植物区内施工时,应采取戴防护手套、眼镜、绑扎裹腿等防范措施。

④ 在已知野兽经常出没的地方行走和住宿时,应特别注意防止野兽的侵害。夜晚查修线路障碍时,要两人以上并携带防护用具或请当地相关人员协助。

⑤ 不要触碰或玩弄猎人设置的捕兽陷阱或器具;不要食用不知名的野果或野菜;不要喝生水。

⑥ 严禁在有塌方、山洪、泥石流危害的地方和高压输电线路下面架设帐篷及搭建简易住房。

(8) 在铁路沿线施工作业时,应遵守以下规则。

① 严禁在铁轨、桥梁上坐卧。

② 严禁在铁轨或双轨中间行走。

③ 携带较长的工具、材料在铁路沿线行走时,所携带的工具、材料要与路轨平行,并注意避让。跨越铁路时,必须注意铁路的信号灯和来往的火车。

(9) 穿越江河、湖泊水面施工作业时,应遵守以下规则。

① 遇有河流,在未弄清河水的深浅时,不得涉水过河。需要涉渡时,应以竹竿试探前进,严禁泅渡过河。

② 在江河、湖泊及水库等水面上作业时,应配置与携带必要的救生用具,作业人员必须穿好救生衣,听从统一指挥。

(10) 进入高原地区作业时,应遵守以下规则。

① 对进入高原地区施工人员应进行体格检查,不得派遣不宜进入高原的人员进入高原施工。

② 组织进入高原的施工作业人员学习高原防病知识,了解高原反应的注意事项,提高自我防范意识,消除对高原的恐惧心理,增强对高原环境的适应能力。

③ 应预备氧气和防治急性高原病的药物。

④ 在高原地区出现比较严重的高山反应症状时,应立即撤离到海拔较低的地方或去医院医治。

⑤ 在高原施工时,应穿戴防紫外线辐射的防护用品。

6．用电安全

（1）施工现场用电，应采用三相五线制的供电方式。用电应符合三级配电结构，即由总配线箱（配线室内的配线柜）经分配电箱（负荷或用电设备相对集中处）到开关箱（用电设备处）。分三个层次逐级配送电力，做到一机（施工机具）一箱。

（2）施工现场用的各种电气设备必须按规定采取可靠的接地保护，并应由电工专业人员负责电源线的布放和连接。

（3）施工现场用电线路必须按规范架设，应采用绝缘护套导线。

（4）电动工具的绝缘性能、电源线、插头和插座应完好无损，电源线不应任意接长或更换。维修和检查时应由专业人员负责。

（5）检修各类配电箱、开关箱、电气设备和电力工具时，必须切断电源。在总配线箱或者分配线箱一侧悬挂"检修设备请勿合闸"警示标牌，必要时设专人看管。

9.2.6　物联网工程项目安全管理事故的处理

1．安全隐患处理

（1）项目经理部应区别"通病""顽症""首次出现""不可抗力"等类型，对这些隐患采取修订和完善安全整改措施。

（2）项目经理部应对检查出的隐患立即发出安全隐患整改通知单。受检单位应对安全隐患原因进行分析，制订纠正和预防措施。纠正和预防措施应经检查单位负责人批准后实施。

（3）安全检查人员对检查出的违章指挥和违章作业行为向责任人当场指出，限期纠正。

（4）安全员对纠正和预防措施的实施过程和实施效果应进行跟踪检查，保存验证记录。

2．项目经理部进行安全事故处理

（1）安全事故处理必须坚持"事故原因不清楚不放过，事故责任者和员工没有受到教育不放过，事故责任者没有处理不放过，没有制订防范措施不放过"的"四不放过"原则。

（2）安全事故处理程序。

① 安全事故。安全事故发生后，受伤者或最先发现事故的人员应立即用最快的传递手段，将发生事故的时间、地点、伤亡人数、事故原因等情况，上报至企业安全主管部门。企业安全主管部门视事故造成的伤亡人数或直接经济损失情况，按规定向政府主管部门报告。

② 事故处理。抢救伤员，排除险情，防止事故蔓延扩大，做好标识，保护好现场。

③ 事故调查。项目经理应指定技术、安全、质量等部门的人员，会同企业工会代表组成调查组，开展调查。

④ 调查报告。调查组应把事故发生的经过、原因、性质、损失责任、处理意见、纠正和预防措施撰写成调查报告，并经调查组全体人员签字确认后报企业安全主管部门。

小结

工程项目现场环境管理是对工程项目现场内的活动及空间所进行的管理。施工现场环境管理得好坏,通过观察施工现场一目了然,直接反映施工企业的管理水平及施工企业的面貌,一个文明的施工现场,能产生很好的社会效益,会赢得广泛的社会赞誉;反之会损害企业声誉。

施工现场包括入口、边界围护、场内道路、堆场的整齐清洁,也包括办公室环境及施工人员的行为。现场设立门卫传达,根据需要设置警卫,负责施工现场保卫工作,并采取必要的防盗措施。施工现场泥浆和污水未经处理不得直接排入城市排水设施。做好卫生防疫的管理,重点是食堂和现场卫生。现场施工不出事故,不造成人身伤亡和财产损失是企业追求的目标。

安全管理是指承建单位采取措施使项目在施工中没有危险,不出事故,不造成人身伤亡和财产损失。安全既包括人身安全,也包括财产安全。

"安全生产管理"是指经营管理者对安全生产工作进行的策划、组织、指挥、协调、管理和改进的一系列活动,目的是保证在生产经营活动中的人身安全、资产安全,促进生产的发展,保持社会的稳定。

安全事故处理必须坚持"事故原因不清楚不放过,事故责任者和员工没有受到教育不放过,事故责任者没有处理不放过,没有制订防范措施不放过"的"四不放过"原则。

思考与练习

9-1 现场环境管理的意义是什么?

9-2 安全管理有何特点?

9-3 安全管理的原则是什么?

9-4 怎样进行施工项目安全检查?

9-5 安全事故发生后如何处理?

9-6 (　　)是施工项目现场管理的目的。
  A. 文明施工   B. 安全有序
  C. 整洁卫生   D. 不扰民、不损害公众利益

9-7 安全管理是指在施工中(　　)。
  A. 没有危险   B. 不出事故
  C. 不造成人身伤亡   D. 不造成财产损失

9-8 (　　)是施工项目安全管理的原则。
  A. 安全第一,预防为主   B. 明确安全管理的目的性
  C. 坚持全方位全过程管理   D. 不断提高安全管理水平

9-9 施工项目现场管理的意义是(　　)。
  A. 体现一个城市贯彻有关法规和城市管理法规的一个窗口

B. 体现施工企业的面貌

C. 施工现场是一个周转站,能否管理好直接影响施工活动

D. 施工现场把各专业管理联系在一起

9-10　企业法定代表人是安全生产的(　　)责任人。

　　A. 第一　　　　　　B. 第二　　　　　　C. 第三　　　　　　D. 第四

9-11　下列选项中,(　　)不列入企业安全生产"三个到位"之中。

　　A. 责任到位　　　B. 投入到位　　　　C. 措施到位　　　　D. 管理到位

9-12　承包企业要正确处理好安全与(　　)的关系。

　　A. 生产效益　　　B. 进度　　　　　　C. 管理　　　　　　D. 技术

第 10 章
物联网工程项目风险管理

学习目标

知识目标

(1) 掌握物联网工程项目风险的基本概念。

(2) 了解物联网工程项目风险的管理、风险的识别。

(3) 会运用所学知识对物联网工程项目风险进行防范。

能力目标

本章的重点是风险的概念。风险具有隐蔽性,而人们常常容易被一些表面现象迷惑,或被一些细小利益所引诱而看不到内在的风险。风险管理的难点是风险的识别和风险的防范。

工程案例

1. 背景

某物联网建设公司近期承接某市政府的电子城管工程,政府先支付部分款项,公司任命张工作为项目主管。由于政府初次实施电子城管,对其功能不是太清楚,提出的需求也不是太明确,张工花费好长时间、用了很多方法进行需求分析,需求基本明确后开始开发。由于开发过程中用户需求经常变更,加重了项目组的工作量,原定 4 个月就完成的项目,搞了 6 个月才完工。

项目完成后进入试运行实施阶段,由于公司和政府关系比较紧密,所以政府一直没有支付剩余的全部款项;对于实施中某些需要政府牵头的事情,如服务器安装、培训等,政府经常以领导近期忙、需要开会讨论等理由搪塞,结果造成整个实施进度的拖延;政府主要领导对这个系统的指指点点,随便一句话,就要进行需求变更,导致项目试运行一直无法结束;政府没有项目周期的概念,对合同规定的验收等反馈不予回应,需要公司的高层领导亲自协调。源于此,项目组成员十分不满,张工也十分苦恼。

2. 问题

(1) 如果张工想快速结束这个项目,试述应该怎么处理。

(2) 在现阶段电子城管开发和实施过程中,如何应付政府领导的长官意志和政府工作的拖沓作风?

(3) 电子城管承办机构在电子城管信息化实施过程中,为了避免项目失败,同时也为了获得收益,需要解决政府机关对于电子城管理解的哪些误区?

10.1　物联网工程项目风险管理概述

10.1.1　风险

1. 风险的概念

人们对任何未来的结果不可能完全预料,实际结果与主观预料之间的差异就构成了风险。

任何项目都有风险,由于项目中总是有这样或那样的不确定因素,所以无论项目进行到什么阶段,无论项目的进展多么顺利,随时都会出现风险,进而产生问题。风险发生后既可能给项目带来问题,也可能给项目带来机会,关键是项目的风险管理水平如何。

风险管理就是要对项目风险进行认真的分析和科学的管理,这样,是能够避开不利条件、少受损失、取得预期的结果并实现项目目标的,能够争取避免风险的发生或尽量减小风险发生后的影响。但是,完全避开或消除风险,或者只享受权益而不承担风险是不可能的。

2. 风险的分类

从宏观上来看,可将风险分为项目风险、技术风险和商业风险三大类。

项目风险是指潜在的预算、进度、个人(包括人员和组织)、资源、用户和需求方面的问题,以及它们对工程项目的影响。项目复杂性、规模和结构的不确定性也构成项目的(估算)风险因素。项目风险威胁到项目计划,一旦项目风险成为现实,可能会拖延项目进度,增加项目的成本。

技术风险是指潜在的设计、实现、接口、测试和维护方面的问题。此外,规格说明的多义性、技术上的不确定性、技术陈旧、最新技术(不成熟)也是风险因素。技术风险之所以出现是由于问题的解决比预想的要复杂,技术风险威胁到待开发项目的质量和预定的交付时间。如果技术风险成为现实,开发工作可能会变得很困难或根本不可能。

商业风险威胁到待开发项目的生存能力。五种主要的商业风险如下。

① 建立的项目虽然很优秀但不是市场真正想要的(市场风险)。

② 建立的项目不再符合公司的整个软件产品战略(策略风险)。

③ 建立了销售部门不清楚如何推销的项目(销售风险)。

④ 由于重点转移或人员变动而失去上级管理部门的支持(管理风险)。

⑤ 没有得到预算或人员的保证(预算风险)。

实际应用中,人们从不同的角度、根据不同的风险标准划分如下。

(1) 按风险后果划分。

① 纯粹风险。不能带来机会、无获得利益可能的风险,叫纯粹风险。纯粹风险只有两种可能的后果,即造成损失和不造成损失。

② 投机风险。既可能带来机会、获得利益,又隐含威胁、造成损失的风险,叫投机风险。投机风险有三种可能的后果,即造成损失、不造成损失和获得利益。

（2）按风险来源划分。

① 自然风险。由于自然力的作用,造成财产毁损或人员伤亡的风险属于自然风险。

② 人为风险。人为风险是指由于人的活动而带来的风险。人为风险又可以细分为行为、经济、技术、政治和组织风险等。

此外,按照影响范围,风险可分为局部风险和整体风险;按照风险的可预测性,风险可分为已知风险、可预测风险和不可预测风险。

10.1.2　物联网工程项目风险

1. 物联网工程项目风险的概念

物联网工程项目在实施运行过程中,都有可能产生变化,使得原定的计划方案受到干扰,目标不能实现。这些事先不能确定的干扰因素,称为工程项目风险。

2. 工程项目风险的特点

（1）风险的多样性。在一个项目中有许多种类的风险存在,如政治风险、经济风险、法律风险、自然风险、合同风险、合作者风险等。

（2）风险的覆盖性。项目的风险不仅在实施阶段,而且隐藏在决策、设计及所有相关阶段的工作中,贯穿于整个项目的各个阶段,即风险覆盖于整个项目的各个阶段。

（3）风险的相关性。风险的影响往往不是局部的,在某一段时间风险也会随着项目的发展,其影响会逐渐扩大。

（4）风险的规律性。项目的实施有一定的规律性,所以风险的发生和影响也有一定的规律性,是可以进行预测的。

10.1.3　风险管理的内容

在项目风险管理的基本流程中,主要活动有以下六项。

① 编制风险管理计划:确定项目中风险管理活动的步骤。

② 识别风险:确定项目中可能存在的风险。

③ 风险定性分析:通过对风险的发生概率和潜在影响排定风险优先级,为后续的分析做准备。

④ 风险定量分析:量化分析风险对项目目标的影响。

⑤ 编制风险应对策略:制定相应的策略,减轻风险对项目目标的影响。

⑥ 风险跟踪与监控:跟踪并监控识别出的风险,执行风险应对策略,并评估其在整个项目生命周期中的效果。

1. 风险识别

对潜在的可能造成损失的风险识别是首要的任务,也是最困难的任务。识别风险可依靠观察、掌握有关的知识、调查研究、实地踏勘、采访或参考有关资料、听取专家意见、咨询有关法规等方法进行。

风险识别是风险分析和跟踪的基础,项目管理者需要通过风险识别过程确认项目中潜在的风险,并制订风险防范策略。通常,项目环境不断变化,风险识别也不是一蹴而就的,需要贯穿整个项目生命周期。

风险识别的主要方法有头脑风暴、专家评估、因果分析(鱼骨图)、假设分析和风险检查表等。风险识别的结果是一份风险列表,其中记录了项目中所有发现的风险。

2. 风险分析和评价

对已识别的风险要进行分析和评价。风险的分析与评价涉及统计与财务方法,内容涉及预测技术、总体研究、估计可能的最大损失、严重灾害分析、事故分析、灾害逻辑分析等,且要特别注意已完类似工程项目的索赔率及索赔事件严重程度的评审。

1) 风险的定性分析

通过对风险的发生概率和潜在影响排定风险优先级,为后续的分析做准备。风险定性分析过程需要输入组织过程资产库、项目范围陈述、风险管理计划和已经识别的风险列表。在评估过程中,需要根据这输入对已识别的风险进行逐项的评估,并更新风险列表。定性的分析风险的一种常用方法是风险优先级矩阵。

2) 风险的定量分析

量化分析风险对项目目标的影响。相对于定性分析来说,风险定量分析更难以操作。风险量化分析并不需要直接制订出风险应对措施,而是确定项目的预算、进度要求和风险情况,并将这些作为风险应对策略的选择依据。

德尔菲(Delphi)法是最流行的专家评估技术,在没有历史数据的情况下,这种方法适用于评定过去与将来、新技术与特定程序之间的差别,但专家"专"的程度及对项目的理解程度是工作中的难点。德尔菲法鼓励参加者就问题相互讨论,要求有多种项目相关经验人的参与,互相说服对方。

3. 风险的处理

一旦风险被识别、分析、评价以及风险量被确定之后,就要考虑各种风险的处理方法。风险处理一般有下列方法。

(1) 风险控制。采取措施避免风险,一旦风险发生,力争将损失降至最低限度。

(2) 风险自留,或称保留风险。即风险量被确定认为不大,可以自留风险,将风险损失费用控制在项目的可控范围之内。

(3) 风险转移。包括将风险转移给合同对手、第三方以及专业保险公司或其他风险投资机构等。

(4) 风险监督。包括对风险发生的监督和对风险管理的监督。

风险监控是执行风险应对措施,并且持续地对项目工作进行监督以发现新的风险和变化的风险。风险跟踪与监控不仅仅是对已经识别出的风险的状态进行跟踪,还包括监控风险发生标志、更深入地分析已经识别出的风险、继续识别项目中新出现的风险、复审风险应对策略的执行情况和效果。由此可见,风险跟踪与监控的结果会涉及包括项目计划在内的很多内容。例如,根据目前风险监控的结果修改风险应对策略,或根据新识别出的风险进行分析并制订新的风险应对措施等。

10.2　物联网工程项目风险的识别与分析

10.2.1　物联网工程项目风险的识别

风险具有隐蔽性，而人们常常容易被一些表面现象迷惑，或被一些细小利益所引诱而看不到内在的风险。在实践中，人们常说的风险有三种，即真风险、潜伏的风险和假风险。作为风险管理的第一步，必须首先正确识别风险，然后才能制订出相应的管理应对措施。

风险的识别一般按以下步骤进行。

（1）确认不确定性的客观存在。即辨认所发现或推测的因素是否存在不确定性，也就是确定风险存在的可能性。

（2）建立风险清单。清单中应明确列出客观存在的和潜在的各种风险，如表10-1所示。

表 10-1　物联网工程项目风险清单

风　险　因　素		典型风险事件
技术风险	设计	设计内容不全，设计缺陷错误和遗漏，应用规范不恰当，未考虑地质条件，未考虑施工可能性等
	施工	施工工艺落后，施工技术和方案不合理，施工安全措施不当，应用新技术、新方案失败，未考虑场地情况等
	其他	工艺设计未达到先进性指标，工艺流程不合理，未考虑操作安全性等
非技术风险	自然与环境	洪水、地震、火灾、台风、雷电等不可抗拒自然力，不明的水文气象条件，复杂的工程地质条件，恶劣的气候，施工对环境的影响等
	政治法规	法律及规章的变化，战争和骚乱，罢工，经济制裁或禁运等
	经济	通货膨胀或紧缩，汇率变动，市场动荡，社会各种摊派和征费的变化，资金不到位，资金短缺等
	组织协调	业主和上级主管部门的协调，业主和设计方、施工方以及监理方的协调，业主内部的组织协调等
	合同	合同条款遗漏、表达有误、合同类型选择不当，承发包模式选择不当，索赔管理不力，合同纠纷等
	人员	业主人员、设计人员、监理人员、一般工人、技术员、管理人员的素质（能力、效率、责任心、品德）不高
	材料设备	原材料、半成品、成品或设备供货不足或拖延，数量差错或质量规格问题，特殊材料和新材料使用问题，过度损耗和浪费，施工设备供应不足、类型不配套、故障、安装失误、选型不当等

（3）建立各种风险事件并推测其结果。根据清单中风险，推测与其相关联的各种合理的可能性。

（4）对潜在风险进行重要性分析和判断。

（5）风险分类。

① 费用超支风险。在施工过程中，由于通货膨胀、环境、新的规定等原因，致使工程施工的实际费用超出原来的预算。

② 工期拖延风险。在施工过程中，由于设计错误、施工能力差、自然灾害等原因致使项

目不能按期建成。

③ 质量风险。在施工过程中,由于原材料、构配件质量不符合要求,技术人员或操作人员水平不高,违反操作规程等原因而产生质量问题。

④ 技术风险。在施工项目中采用的技术不成熟,或采用新技术、新设备、新工艺时未掌握要点致使项目出现质量、工期、成本等问题。

⑤ 资源风险。在项目施工中因人力、物力、财力不能按计划供应而影响项目顺利进行时造成的损失。

⑥ 自然灾害和意外事故风险。自然灾害是指由火灾、雷电、龙卷风、洪水、暴风雨、地震、雪灾、地陷等一系列自然灾害所造成的损失。意外事故是指由人们的过失行为或侵权行为给施工项目带来的损失。

⑦ 财务风险。由于业主经济状况不佳而拖欠工程款致使工程无法顺利进行,或由于意外使项目取得外部贷款发生困难,或已接受的贷款因利率过高而无法偿还。

(6)建立风险目录。根据风险轻重缓急和先后发生的可能列出目录以后及时预防处理解决。

10.2.2　物联网工程项目风险的分析

风险分析是指应用各种风险分析技术,用定性、定量或两者相结合的方式处理不确定性的过程。

1. 风险分析

(1)采集数据。首先必须采集与所要分析的风险相关的各种数据,所采集的数据必须是客观的、可统计的。

(2)完成不确定性模型。以已经得到的有关风险的信息为基础,对风险发生的可能性和可能的结果给予明确的定量化。

(3)对风险影响进行评价。在不同风险事件的不确定性已经模型化后,就要评价这些风险对工程项目的全面影响。

2. 风险分析的主要内容

每一个风险都有自己的规律、特点、影响范围和影响量,通过分析可将它们的影响统一为成本目标的形式,按货币单位来度量,主要对以下内容进行分析和评价。

(1)风险存在和发生的时间分析。风险可能在项目的哪个阶段、哪个环节上发生。通过分析对风险的预警有很大的作用。

(2)风险的影响和损失分析。风险的影响是个复杂的问题,有的风险影响面较小,有的风险影响面很大,可能引起整个工程的中断或报废。

(3)风险发生的可能性分析。研究风险自身的规律性,通常可用概率表示。

(4)风险级别。按风险的等级来决定风险的轻重缓急。

(5)风险的起因和可控性分析。有的风险是人力可以控制的,而有的却不可控制。有的风险是自然因素产生的,而有的是人为的。这为风险发生后,为有关责任人责任的认定提供依据。

3. 风险分析说明

风险分析结果必须用文字、图表进行表达说明,作为风险管理的文档,即以文字、表格的形式作风险分析报告。

10.3 物联网工程项目风险的防范与处理

10.3.1 物联网工程项目风险的防范

风险是客观存在的,防范是主观的判断。一定时期内凭经验观察,可判断出其大致规律,从而有意识地采取一些预防手段来防范。

风险贯穿于物联网工程施工各个过程,因此风险防范始终贯彻于施工项目全过程中。

1. 风险的可测性

风险并不是秘不可测的,它有其特定的根源、发生迹象和征兆。通过细心观察、深入分析研究、科学地推测及概率预测,预测风险可能造成的损失程度。

2. 风险的普遍性

风险存在于日常生活中,因而具有普遍性。

3. 风险概率的互斥性

一个事件的演变具有多种可能,而这些可能具有互斥性。例如,工程项目管理可能有两种,即盈利或亏损。

4. 风险的可转移性

风险的可转移性是指通过保险公司投保,转移大部分风险。

5. 风险的可分散性

风险的可分散性是指将风险分散给其他单位。例如,承包商又可以通过分包将工程各子项中潜伏的风险分散转移至各分包商,即可调动各方面的积极因素,克服消极因素,大家共同承担风险。

6. 有些风险具有可利用性

投机风险即为典型的可利用性的风险。

10.3.2 物联网工程项目风险的处理

1. 风险的回避

风险的回避主要指在投标阶段发现招标文件中可能招致风险的问题,则应争取在合同谈判阶段,通过修改、补充合同中有关规定或条款来解决。

例如,招标文件未列入调价公式,则应主动争取列入;招标文件中未规定延期支付的限制,则应主动提出延期支付要付利息,超过规定期限要提高利率等。

2. 风险的分散

风险的分散主要指把风险转移和分散给其他单位,如联营体的合伙人、工程分包商、设备供应商等。

例如,分包工程时,可以将风险比较大的部分分包出去,将业主规定的延期损害赔偿费如数订入分包合同,将这项风险转移给分包商。

3. 风险的转移

风险的转移主要指向保险公司投保,以转移大部分风险,通过付出少量的保险费,避免大的风险。一般业主在招标文件中都规定了保险的要求和范围,如整个工程保险(连同有关材料和配套设备的全部替换价格)、第三方责任险、承包商的设备保险等。此外,承包商可根据情况进行其他方面的投保以转移风险,如人身意外险、货物运输险、汽车保险以至战争保险等。

4. 控制风险损失

控制风险损失主要指在工程实施阶段注意风险因素,发现问题及时采取措施等。

5. 预留风险费

即使风险采取了上述各种措施,但风险本身仍具有意外性和随机性,所以在投标报价中一定要考虑一定比例的风险费,在国内也叫不可预见费。这笔费用是对那些业已明确的潜在风险的处理预备费,这和设计时的安全系数是一样的。在工程估价中也应计入风险费。

国外工程的风险费一般在 $4\% \sim 6\%$ 之间。对于一个工程而言,是取高限还是取低限,取决于风险分析,也可以参照前面介绍的单纯评分比较法的分析结果加上投标人员的经验来确定。

小结

工程项目在实施运行过程中,都有可能产生变化,使得原定的计划方案受到干扰,目标不能实现。这些事先不能确定的干扰因素,称为工程项目风险。风险贯穿于整个过程中,通过对风险的分析,把风险分散,把风险控制在可控范围之内。

思考与练习

10-1　试说明国内物联网工程实施中存在哪些风险?通货膨胀对建筑工程有无风险?

10-2　试说明国外物联网工程实施中存在哪些风险?国外政府更迭、汇率变化对建筑工程有无风险？

10-3 下列工程项目风险事件中,( )属于技术性风险因素。

A. 新材料供货不足 B. 设计时未考虑施工要求

C. 索赔管理不力 D. 合同条款表达有歧义

10-4 按照风险可能造成的后果,可将风险划分为( )。

A. 局部风险和整体风险 B. 自然风险和人为风险

C. 纯粹风险和投机风险 D. 已知风险和不可预测风险

10-5 下列选项( )不是对风险的正确认识。

A. 所有项目都存在风险 B. 风险可以转化成机会

C. 风险可以完全回避或消除 D. 对风险可以进行分析和管理

10-6 在某项目中,项目经理采用德尔菲技术和鱼骨图对风险进行分析,这表明其正在进行( )。

A. 风险识别 B. 定性的风险分析

C. 定量的风险分析 D. 风险监控

10-7 在项目风险管理的基本流程中,不包括下列中的( )。

A. 风险分析 B. 风险追踪

C. 风险规避措施 D. 风险管理计划编制

第11章

物联网工程项目信息管理

学习目标

知识目标

(1) 掌握工程项目信息管理的概念。

(2) 了解工程项目管理信息系统的建立与开发。

能力目标

(1) 能及时、准确地获得进行项目规划、项目控制和项目管理所需的信息。

(2) 能进行工程项目管理信息系统的建立与开发。

工程案例

1. 背景

某物联网工程公司项目经理部承包了智能电力系统扩容工程,工程包括调整走线架、更换列头柜熔丝座、机柜搬迁、新机柜安装、缆线敷设、本机测试、系统测试等工作量。在开工前,项目经理部编写了施工组织设计,并针对人员伤亡事故编写了应急预案。

在人员伤亡事故应急预案中,主要涉及交通事故、人员从高凳上掉下、触电、被重物砸伤等方面。应急预案的内容主要包括应急期间的负责人、应急人员及应采取的措施,发生事故时各方面的顾问、专家的责任、权限和义务,项目经理部所在地急救中心的联系电话。

在更换列头柜熔丝座时,由于作业人员操作紧张,使得电力室熔丝被烧断。由于一时找不到电力室值班人员,致使系统瘫痪90min。

在施工人员所住的宾馆内,由于一个房间失火,致使施工人员未能及时找到安全出口,险些窒息。

2. 问题

(1) 此工程人员伤亡事故应急预案中哪些内容不妥?还缺少哪些内容?

(2) 此工程还应编制哪些应急预案?所编制的应急预案应包括哪些内容?

(3) 对于施工过程中发生的电源短路事故应如何处理?

11.1 工程项目信息管理概述

11.1.1 工程项目信息管理

1. 信息

信息是经过加工后的数据，它对接收者有用，它对决策或行为有现实或潜在的价值。

2. 信息管理

信息管理就是项目管理人员能及时、准确地获得进行项目规划、项目控制和项目管理所需的信息。信息管理的内容贯穿于项目的各个阶段。信息管理就是对信息进行收集、传递、加工、储存、维护和使用。

3. 管理信息系统

管理信息系统是一个由人和计算机等组成的能进行信息收集、传输、加工、保存、维护和使用的系统。

4. 工程项目信息管理的基本条件

项目经理部要配备必要的计算机硬件和软件、项目信息管理员，使用和开发项目信息管理系统。

11.1.2 工程项目基本信息

物联网工程项目基本信息包括工程项目、工程管理过程中的各种数据、表格、图纸、文字、音像资料等，可分为公共信息和单位工程信息。

公共信息包括法规和部门规章制度、市场信息、自然条件信息等。

单位工程信息包括工程概况信息、工程记录信息、工程技术资料信息、工程协调信息、过程进度计划及资源计划信息、成本信息、商务信息、质量检查信息、安全文明工程及行政管理信息、交工验收信息等。

11.2 工程项目信息管理内容及管理系统

11.2.1 工程项目信息管理内容

物联网工程项目信息管理包括以下内容。

（1）法规和部门规章信息。

（2）市场信息。市场信息包括材料价格表，材料供应商表，机械设备供应商表，机械设备价格表，新材料、新技术、新工艺、新管理方法信息表。

（3）自然条件信息。应建立自然条件信息表。表中至少应包括地区、场地土的类别、年平均气温、年最高气温、年最低气温、雨季工程（×月～×月）、风季工程（×月～×月）、冬季工程（×月～×月）、年最大风力、地下水位高度、交通运输条件（优、良、中、差）、环保要求等。

（4）工程概况信息。应建立工程概况信息表，表中至少应包括工程编号、工程名称、工程地点、建筑面积、地下层数、地上层数、结构形式、计划工期、实际工期、开工日期、竣工日期、合同质量等级、建设单位、设计单位、工程单位、监理单位等。

（5）工程记录信息。工程记录信息包括工程日志、质量检查记录表、材料设备进场记录表等信息。

（6）工程技术资料信息。

① 技术资料汇总目录表。技术资料汇总目录表至少应包括序号、案卷题名、文字册数、文字页数、图样册数、图样页数、其他册数、其他页数、保管人、备注等。

② 技术资料分目录表。技术资料分目录表至少应包括序号、单位工程名称、分目录名称、资料编号、资料日期、案卷题名、主题词、内容摘要、文字册数、文字页数、图样册数、图样页数、其他册数、其他页数、备注等。

（7）月工程计划表、工程统计表、材料消耗表和现金台账等。

（8）进度控制信息。包括工作进度计划表、资源计划表、资源表、完成工作分析表、WBS作业表和WBS界面文件表。

（9）成本信息。包括承包成本表、责任目标成本表、实际成本表、降低成本计划和成本分析等管理成本信息。

（10）资源需要量计划信息。资源需要量计划信息包括劳动力需要计划表、主要材料需要计划表、构件和半成品需要量计划表、工程机械需要量计划表、设备需要量计划表、资金需要量计划表。

（11）商务信息。商务信息包括工程预算（工程量清单及其单价）、中标的投标书、合同、工程款、索赔。

（12）安全文明工程及行政管理信息。安全文明工程及行政管理信息的主要内容有安全交底、安全设施验收、安全教育、安全措施、安全处罚、安全事故、安全检查、复查整改记录、会议通知、会议记录。

（13）交工验收信息。交工验收信息的主要内容有工程项目质量合格证书、单位工程质量核定表、交工验收证明、工程技术资料移交表、工程项目结算、回访与保修等。

11.2.2　工程项目信息管理系统

物联网工程项目信息管理系统是以工程项目为目标系统，利用计算机辅助工程项目管理的信息系统。

物联网工程项目信息管理系统是一个针对工程项目的计算机应用软件系统，通过及时地对工程项目中数据进行收集和加工，向工程项目部门提供有关信息，支持项目管理人员确定项目规划，在项目实施过程中控制项目目标。

物联网工程项目管理需要在项目实施过程中对产生的大量信息进行处理，为项目规划和项目控制提供所需信息。计算机在工程项目信息管理中起着重要作用，它已经成为信息处理的重要工具。物联网工程项目信息管理工作的迅速增长,使计算机的应用范围越来越广,应用的功能也由一般的数据处理走向支持决策,逐渐形成项目信息管理系统。

1. 工程项目信息管理系统的分类

物联网工程项目信息管理系统按其数据处理的综合集成度可分为以下几种。

(1) 部分程序。一个部分程序只能解决一个问题或某一部分的内容。

(2) 单项软件。单项软件可以解决一个完整的问题,进行单项事务处理,其主要是模仿人工工作过程,如计算工资、编制工程图预算、进度计划编制等。

(3) 软件包。一个软件包由若干个单项软件组成,它是从单项应用发展至数据共享的职能事务处理系统。例如,工程项目进度管理系统,可以建立和优化进度计划,对项目资源进行安排、进度查询、跟踪比较项目进度、进度报告等。

2. 工程项目信息管理系统的结构和功能

一个完整的物联网工程项目管理系统一般主要由费用控制子系统、进度控制子系统、质量控制子系统、合同管理子系统和公用数据库所构成。

整个系统中的各个子系统与公用数据库相联系,与公用数据库进行数据传递和交换,使项目管理的各种职能任务共享共同的数据,保证数据的兼容性和一致性。

工程项目信息管理系统是一个由几个功能子系统的关联而合成的一体化的信息系统,它提供统一格式的信息,简化各种项目数据的统计和收集工作,使信息成本降低;及时、全面地提供不同需要、不同浓缩度的项目信息,从而可以迅速作出分析解释,及时产生正确的控制;完整、系统地保存大量的项目信息,能方便、快速地查询和综合,为项目管理决策提供信息支持;利用模型方法处理信息,预测未来,科学地进行决策。

3. 工程项目信息管理系统的建立与开发

物联网工程项目信息管理系统的开发研制是一项非常复杂的工作,它的开发周期长、耗资巨大、投入高、风险大。它是以工程项目的管理系统为环境所设计的一套系统,所涉及的相关专业多,且专业需求程度高,项目管理专业人士在研制过程中起着重要作用。由于它所需大量的人力、物力,工程企业无须自行开发(因为成本太大),一般情况下,工程企业对通过有关组织鉴定的软件会用就可以。

小结

工程项目信息包括工程项目、工程管理过程中的各种数据、表格、图纸、文字、音像资料。工程项目管理信息系统是一个针对工程项目的计算机应用软件系统,它由于需要大量的人力、物力,所以无须自行开发,一般情况下,工程企业对通过有关组织鉴定的软件会用就可以。

思考与练习

11-1　当前网络信息发展很快,如何才能赶上信息化的步伐?

11-2　怎样获取工程项目信息?

11-3　物联网网络安全有哪些需求?

11-4　信息管理是指对信息进行(　　　)。

  A. 收集　　　　　　　　　　　　B. 传递

  C. 加工和储存　　　　　　　　　D. 维护和使用

11-5　为保证施工项目信息管理的基本条件,项目经理部必须具备的基本条件有(　　　)。

  A. 计算机　　　　　　　　　　　B. 软件

  C. 信息管理员　　　　　　　　　D. 信息管理系统

11-6　项目的公共信息包括(　　　)。

  A. 法规和部门规章制度　　　　　B. 市场信息

  C. 自然条件信息　　　　　　　　D. 社会信息

11-7　成本信息包括(　　　)。

  A. 承包成本表　　　　　　　　　B. 责任目标成本表

  C. 实际成本表　　　　　　　　　D. 降低成本计划和成本分析

11-8　商务信息包括(　　　)。

  A. 施工预算　　　　　　　　　　B. 中标的投标书

  C. 合同　　　　　　　　　　　　D. 工程款与索赔

附录 A
中华人民共和国合同法

(1999 年 3 月 15 日第九届全国人民代表大会第二次会议通过)

总 则

第一章 一般规定

第一条　为了保护合同当事人的合法权益,维护社会经济秩序,促进社会主义现代化建设,制定本法。

第二条　本法所称合同是平等主体的自然人、法人、其他组织之间设立、变更、终止民事权利义务关系的协议。

婚姻、收养、监护等有关身份关系的协议,适用其他法律的规定。

第三条　合同当事人的法律地位平等,一方不得将自己的意志强加给另一方。

第四条　当事人依法享有自愿订立合同的权利,任何单位和个人不得非法干预。

第五条　当事人应当遵循公平原则确定各方的权利和义务。

第六条　当事人行使权利、履行义务应当遵循诚实信用原则。

第七条　当事人订立、履行合同,应当遵守法律、行政法规,尊重社会公德,不得扰乱社会经济秩序,损害社会公共利益。

第八条　依法成立的合同,对当事人具有法律约束力。当事人应当按照约定履行自己的义务,不得擅自变更或者解除合同。

依法成立的合同,受法律保护。

第二章 合同的订立

第九条　当事人订立合同,应当具有相应的民事权利能力和民事行为能力。

当事人依法可以委托代理人订立合同。

第十条　当事人订立合同,有书面形式、口头形式和其他形式。

法律、行政法规规定采用书面形式的,应当采用书面形式。当事人约定采用书面形式的,应当采用书面形式。

第十一条　书面形式是指合同书、信件和数据电文(包括电报、电传、传真、电子数据交换和电子邮件)等可以有形地表现所载内容的形式。

第十二条　合同的内容由当事人约定,一般包括以下条款:

(一)当事人的名称或者姓名和住所;

(二)标的;

（三）数量；

（四）质量；

（五）价款或者报酬；

（六）履行期限、地点和方式；

（七）违约责任；

（八）解决争议的方法。

当事人可以参照各类合同的示范文本订立合同。

第十三条　当事人订立合同，采取要约、承诺方式。

第十四条　要约是希望和他人订立合同的意思表示，该意思表示应当符合下列规定：

（一）内容具体确定；

（二）表明经受要约人承诺，要约人即受该意思表示约束。

第十五条　要约邀请是希望他人向自己发出要约的意思表示。寄送的价目表、拍卖公告、招标公告、招股说明书、商业广告等为要约邀请。

商业广告的内容符合要约规定的，视为要约。

第十六条　要约到达受要约人时生效。

采用数据电文形式订立合同，收件人指定特定系统接收数据电文的，该数据电文进入该特定系统的时间，视为到达时间；未指定特定系统的，该数据电文进入收件人的任何系统的首次时间，视为到达时间。

第十七条　要约可以撤回。撤回要约的通知应当在要约到达受要约人之前或者与要约同时到达受要约人。

第十八条　要约可以撤销。撤销要约的通知应当在受要约人发出承诺通知之前到达受要约人。

第十九条　有下列情形之一的，要约不得撤销：

（一）要约人确定了承诺期限或者以其他形式明示要约不可撤销；

（二）受要约人有理由认为要约是不可撤销的，并已经为履行合同作了准备工作。

第二十条　有下列情形之一的，要约失效：

（一）拒绝要约的通知到达要约人；

（二）要约人依法撤销要约；

（三）承诺期限届满，受要约人未作出承诺；

（四）受要约人对要约的内容作出实质性变更。

第二十一条　承诺是受要约人同意要约的意思表示。

第二十二条　承诺应当以通知的方式作出，但根据交易习惯或者要约表明可以通过行为作出承诺的除外。

第二十三条　承诺应当在要约确定的期限内到达要约人。

要约没有确定承诺期限的，承诺应当依照下列规定到达：

（一）要约以对话方式作出的，应当即时作出承诺，但当事人另有约定的除外；

（二）要约以非对话方式作出的，承诺应当在合理期限内到达。

第二十四条　要约以信件或者电报作出的，承诺期限自信件载明的日期或者电报交发之日开始计算。信件未载明日期的，自投寄该信件的邮戳日期开始计算。要约以电话、传真等快速通信方式作出的,承诺期限自要约到达受要约人时开始计算。

第二十五条 承诺生效时合同成立。

第二十六条 承诺通知到达要约人时生效。承诺不需要通知的,根据交易习惯或者要约的要求作出承诺的行为时生效。

采用数据电文形式订立合同的,承诺到达的时间适用本法第十六条第二款的规定。

第二十七条 承诺可以撤回。撤回承诺的通知应当在承诺通知到达要约人之前或者与承诺通知同时到达要约人。

第二十八条 受要约人超过承诺期限发出承诺的,除要约人及时通知受要约人该承诺有效的以外,为新要约。

第二十九条 受要约人在承诺期限内发出承诺,按照通常情形能够及时到达要约人,但因其他原因承诺到达要约人时超过承诺期限的,除要约人及时通知受要约人因承诺超过期限不接受该承诺的以外,该承诺有效。

第三十条 承诺的内容应当与要约的内容一致。受要约人对要约的内容作出实质性变更的,为新要约。有关合同标的、数量、质量、价款或者报酬、履行期限、履行地点和方式、违约责任和解决争议方法等的变更,是对要约内容的实质性变更。

第三十一条 承诺对要约的内容作出非实质性变更的,除要约人及时表示反对或者要约表明承诺不得对要约的内容作出任何变更的以外,该承诺有效,合同的内容以承诺的内容为准。

第三十二条 当事人采用合同书形式订立合同的,自双方当事人签字或者盖章时合同成立。

第三十三条 当事人采用信件、数据电文等形式订立合同的,可以在合同成立之前要求签订确认书。签订确认书时合同成立。

第三十四条 承诺生效的地点为合同成立的地点。

采用数据电文形式订立合同的,收件人的主营业地为合同成立的地点;没有主营业地的,其经常居住地为合同成立的地点。当事人另有约定的,按照其约定。

第三十五条 当事人采用合同书形式订立合同的,双方当事人签字或者盖章的地点为合同成立的地点。

第三十六条 法律、行政法规规定或者当事人约定采用书面形式订立合同,当事人未采用书面形式但一方已经履行主要义务,对方接受的,该合同成立。

第三十七条 采用合同书形式订立合同,在签字或者盖章之前,当事人一方已经履行主要义务,对方接受的,该合同成立。

第三十八条 国家根据需要下达指令性任务或者国家订货任务的,有关法人、其他组织之间应当依照有关法律、行政法规规定的权利和义务订立合同。

第三十九条 采用格式条款订立合同的,提供格式条款的一方应当遵循公平原则确定当事人之间的权利和义务,并采取合理的方式提请对方注意免除或者限制其责任的条款,按照对方的要求,对该条款予以说明。

格式条款是当事人为了重复使用而预先拟定,并在订立合同时未与对方协商的条款。

第四十条 格式条款具有本法第五十二条和第五十三条规定情形的,或者提供格式条款一方免除其责任、加重对方责任、排除对方主要权利的,该条款无效。

第四十一条　对格式条款的理解发生争议的,应当按照通常理解予以解释。对格式条款有两种以上解释的,应当作出不利于提供格式条款一方的解释。格式条款和非格式条款不一致的,应当采用非格式条款。

第四十二条　当事人在订立合同过程中有下列情形之一,给对方造成损失的,应当承担损害赔偿责任:

(一) 假借订立合同,恶意进行磋商;

(二) 故意隐瞒与订立合同有关的重要事实或者提供虚假情况;

(三) 有其他违背诚实信用原则的行为。

第四十三条　当事人在订立合同过程中知悉的商业秘密,无论合同是否成立,不得泄露或者不正当地使用。泄露或者不正当地使用该商业秘密给对方造成损失的,应当承担损害赔偿责任。

第三章　合同的效力

第四十四条　依法成立的合同,自成立时生效。

法律、行政法规规定应当办理批准、登记等手续生效的,依照其规定。

第四十五条　当事人对合同的效力可以约定附条件。附生效条件的合同,自条件成就时生效。附解除条件的合同,自条件成就时失效。

当事人为自己的利益不正当地阻止条件成就的,视为条件已成就;不正当地促成条件成就的,视为条件不成就。

第四十六条　当事人对合同的效力可以约定附期限。附生效期限的合同,自期限届至时生效。附终止期限的合同,自期限届满时失效。

第四十七条　限制民事行为能力人订立的合同,经法定代理人追认后,该合同有效,但纯获利益的合同或者与其年龄、智力、精神健康状况相适应而订立的合同,不必经法定代理人追认。

相对人可以催告法定代理人在一个月内予以追认。法定代理人未作表示的,视为拒绝追认。合同被追认之前,善意相对人有撤销的权利。撤销应当以通知的方式作出。

第四十八条　行为人没有代理权、超越代理权或者代理权终止后以被代理人名义订立的合同,未经被代理人追认,对被代理人不发生效力,由行为人承担责任。

相对人可以催告被代理人在一个月内予以追认。被代理人未作表示的,视为拒绝追认。合同被追认之前,善意相对人有撤销的权利。撤销应当以通知的方式作出。

第四十九条　行为人没有代理权、超越代理权或者代理权终止后以被代理人名义订立合同,相对人有理由相信行为人有代理权的,该代理行为有效。

第五十条　法人或者其他组织的法定代表人、负责人超越权限订立的合同,除相对人知道或者应当知道其超越权限的以外,该代表行为有效。

第五十一条　无处分权的人处分他人财产,经权利人追认或者无处分权的人订立合同后取得处分权的,该合同有效。

第五十二条　有下列情形之一的,合同无效:

(一) 一方以欺诈、胁迫的手段订立合同,损害国家利益;

(二) 恶意串通,损害国家、集体或者第三人利益;

(三) 以合法形式掩盖非法目的;

（四）损害社会公共利益；

（五）违反法律、行政法规的强制性规定。

第五十三条　合同中的下列免责条款无效：

（一）造成对方人身伤害的；

（二）因故意或者重大过失造成对方财产损失的。

第五十四条　下列合同，当事人一方有权请求人民法院或者仲裁机构变更或者撤销：

（一）因重大误解订立的；

（二）在订立合同时显失公平的。

一方以欺诈、胁迫的手段或者乘人之危，使对方在违背真实意思的情况下订立的合同，受损害方有权请求人民法院或者仲裁机构变更或者撤销。

当事人请求变更的，人民法院或者仲裁机构不得撤销。

第五十五条　有下列情形之一的，撤销权消灭：

（一）具有撤销权的当事人自知道或者应当知道撤销事由之日起一年内没有行使撤销权；

（二）具有撤销权的当事人知道撤销事由后明确表示或者以自己的行为放弃撤销权。

第五十六条　无效的合同或者被撤销的合同自始没有法律约束力。合同部分无效，不影响其他部分效力的，其他部分仍然有效。

第五十七条　合同无效、被撤销或者终止的，不影响合同中独立存在的有关解决争议方法的条款的效力。

第五十八条　合同无效或者被撤销后，因该合同取得的财产，应当予以返还；不能返还或者没有必要返还的，应当折价补偿。有过错的一方应当赔偿对方因此所受到的损失，双方都有过错的，应当各自承担相应的责任。

第五十九条　当事人恶意串通，损害国家、集体或者第三人利益的，因此取得的财产收归国家所有或者返还集体、第三人。

第四章　合同的履行

第六十条　当事人应当按照约定全面履行自己的义务。

当事人应当遵循诚实信用原则，根据合同的性质、目的和交易习惯履行通知、协助、保密等义务。

第六十一条　合同生效后，当事人就质量、价款或者报酬、履行地点等内容没有约定或者约定不明确的，可以协议补充；不能达成补充协议的，按照合同有关条款或者交易习惯确定。

第六十二条　当事人就有关合同内容约定不明确，依照本法第六十一条的规定仍不能确定的，适用下列规定：

（一）质量要求不明确的，按照国家标准、行业标准履行；没有国家标准、行业标准的，按照通常标准或者符合合同目的的特定标准履行。

（二）价款或者报酬不明确的，按照订立合同时履行地的市场价格履行；依法应当执行政府定价或者政府指导价的，按照规定履行。

（三）履行地点不明确，给付货币的，在接受货币一方所在地履行；交付不动产的，在不动产所在地履行；其他标的，在履行义务一方所在地履行。

（四）履行期限不明确的，债务人可以随时履行，债权人也可以随时要求履行，但应当给对方必要的准备时间。

（五）履行方式不明确的，按照有利于实现合同目的的方式履行。

（六）履行费用的负担不明确的，由履行义务一方负担。

第六十三条　执行政府定价或者政府指导价的，在合同约定的交付期限内政府价格调整时，按照交付时的价格计价。逾期交付标的物的，遇价格上涨时，按照原价格执行；价格下降时，按照新价格执行。逾期提取标的物或者逾期付款的，遇价格上涨时，按照新价格执行；价格下降时，按照原价格执行。

第六十四条　当事人约定由债务人向第三人履行债务的，债务人未向第三人履行债务或者履行债务不符合约定，应当向债权人承担违约责任。

第六十五条　当事人约定由第三人向债权人履行债务的，第三人不履行债务或者履行债务不符合约定，债务人应当向债权人承担违约责任。

第六十六条　当事人互负债务，没有先后履行顺序的，应当同时履行。一方在对方履行之前有权拒绝其履行要求。一方在对方履行债务不符合约定时，有权拒绝其相应的履行要求。

第六十七条　当事人互负债务，有先后履行顺序，先履行一方未履行的，后履行一方有权拒绝其履行要求。先履行一方履行债务不符合约定的，后履行一方有权拒绝其相应的履行要求。

第六十八条　应当先履行债务的当事人，有确切证据证明对方有下列情形之一的，可以中止履行：

（一）经营状况严重恶化；

（二）转移财产、抽逃资金，以逃避债务；

（三）丧失商业信誉；

（四）有丧失或者可能丧失履行债务能力的其他情形。

当事人没有确切证据中止履行的，应当承担违约责任。

第六十九条　当事人依照本法第六十八条的规定中止履行的，应当及时通知对方。对方提供适当担保时，应当恢复履行。中止履行后，对方在合理期限内未恢复履行能力并且未提供适当担保的，中止履行的一方可以解除合同。

第七十条　债权人分立、合并或者变更住所没有通知债务人，致使履行债务发生困难的，债务人可以中止履行或者将标的物提存。

第七十一条　债权人可以拒绝债务人提前履行债务，但提前履行不损害债权人利益的除外。

债务人提前履行债务给债权人增加的费用，由债务人负担。

第七十二条　债权人可以拒绝债务人部分履行债务，但部分履行不损害债权人利益的除外。

债务人部分履行债务给债权人增加的费用，由债务人负担。

第七十三条　因债务人怠于行使其到期债权，对债权人造成损害的，债权人可以向人民法院请求以自己的名义代位行使债务人的债权，但该债权专属于债务人自身的除外。

代位权的行使范围以债权人的债权为限。债权人行使代位权的必要费用，由债务人负担。

第七十四条　因债务人放弃其到期债权或者无偿转让财产,对债权人造成损害的,债权人可以请求人民法院撤销债务人的行为。债务人以明显不合理的低价转让财产,对债权人造成损害,并且受让人知道该情形的,债权人也可以请求人民法院撤销债务人的行为。

撤销权的行使范围以债权人的债权为限。债权人行使撤销权的必要费用,由债务人负担。

第七十五条　撤销权自债权人知道或者应当知道撤销事由之日起一年内行使。自债务人的行为发生之日起五年内没有行使撤销权的,该撤销权消灭。

第七十六条　合同生效后,当事人不得因姓名、名称的变更或者法定代表人、负责人、承办人的变动而不履行合同义务。

第五章　合同的变更和转让

第七十七条　当事人协商一致,可以变更合同。

法律、行政法规规定变更合同应当办理批准、登记等手续的,依照其规定。

第七十八条　当事人对合同变更的内容约定不明确的,推定为未变更。

第七十九条　债权人可以将合同的权利全部或者部分转让给第三人,但有下列情形之一的除外:

(一) 根据合同性质不得转让;

(二) 按照当事人约定不得转让;

(三) 依照法律规定不得转让。

第八十条　债权人转让权利的,应当通知债务人。未经通知,该转让对债务人不发生效力。

债权人转让权利的通知不得撤销,但经受让人同意的除外。

第八十一条　债权人转让权利的,受让人取得与债权有关的从权利,但该从权利专属于债权人自身的除外。

第八十二条　债务人接到债权转让通知后,债务人对让与人的抗辩,可以向受让人主张。

第八十三条　债务人接到债权转让通知时,债务人对让与人享有债权,并且债务人的债权先于转让的债权到期或者同时到期的,债务人可以向受让人主张抵销。

第八十四条　债务人将合同的义务全部或者部分转移给第三人的,应当经债权人同意。

第八十五条　债务人转移义务的,新债务人可以主张原债务人对债权人的抗辩。

第八十六条　债务人转移义务的,新债务人应当承担与主债务有关的从债务,但该从债务专属于原债务人自身的除外。

第八十七条　法律、行政法规规定转让权利或者转移义务应当办理批准、登记等手续的,依照其规定。

第八十八条　当事人一方经对方同意,可以将自己在合同中的权利和义务一并转让给第三人。

第八十九条　权利和义务一并转让的,适用本法第七十九条、第八十一条至第八十三条、第八十五条至第八十七条的规定。

第九十条　当事人订立合同后合并的,由合并后的法人或者其他组织行使合同权利,履行合同义务。当事人订立合同后分立的,除债权人和债务人另有约定的以外,由分立的法人或者其他组织对合同的权利和义务享有连带债权,承担连带债务。

第六章 合同的权利义务终止

第九十一条 有下列情形之一的,合同的权利义务终止:

(一)债务已经按照约定履行;

(二)合同解除;

(三)债务相互抵销;

(四)债务人依法将标的物提存;

(五)债权人免除债务;

(六)债权债务同归于一人;

(七)法律规定或者当事人约定终止的其他情形。

第九十二条 合同的权利义务终止后,当事人应当遵循诚实信用原则,根据交易习惯履行通知、协助、保密等义务。

第九十三条 当事人协商一致,可以解除合同。

当事人可以约定一方解除合同的条件。解除合同的条件成就时,解除权人可以解除合同。

第九十四条 有下列情形之一的,当事人可以解除合同:

(一)因不可抗力致使不能实现合同目的;

(二)在履行期限届满之前,当事人一方明确表示或者以自己的行为表明不履行主要债务;

(三)当事人一方迟延履行主要债务,经催告后在合理期限内仍未履行;

(四)当事人一方迟延履行债务或者有其他违约行为致使不能实现合同目的;

(五)法律规定的其他情形。

第九十五条 法律规定或者当事人约定解除权行使期限,期限届满当事人不行使的,该权利消灭。

法律没有规定或者当事人没有约定解除权行使期限,经对方催告后在合理期限内不行使的,该权利消灭。

第九十六条 当事人一方依照本法第九十三条第二款、第九十四条的规定主张解除合同的,应当通知对方。合同自通知到达对方时解除。对方有异议的,可以请求人民法院或者仲裁机构确认解除合同的效力。

法律、行政法规规定解除合同应当办理批准、登记等手续的,依照其规定。

第九十七条 合同解除后,尚未履行的,终止履行;已经履行的,根据履行情况和合同性质,当事人可以要求恢复原状、采取其他补救措施,并有权要求赔偿损失。

第九十八条 合同的权利义务终止,不影响合同中结算和清理条款的效力。

第九十九条 当事人互负到期债务,该债务的标的物种类、品质相同的,任何一方可以将自己的债务与对方的债务抵销,但依照法律规定或者按照合同性质不得抵销的除外。

当事人主张抵销的,应当通知对方。通知自到达对方时生效。抵销不得附条件或者附期限。

第一百条 当事人互负债务,标的物种类、品质不相同的,经双方协商一致,也可以抵销。

第一百零一条　有下列情形之一,难以履行债务的,债务人可以将标的物提存:

(一)债权人无正当理由拒绝受领;

(二)债权人下落不明;

(三)债权人死亡未确定继承人或者丧失民事行为能力未确定监护人;

(四)法律规定的其他情形。

标的物不适于提存或者提存费用过高的,债务人依法可以拍卖或者变卖标的物,提存所得的价款。

第一百零二条　标的物提存后,除债权人下落不明的以外,债务人应当及时通知债权人或者债权人的继承人、监护人。

第一百零三条　标的物提存后,毁损、灭失的风险由债权人承担。提存期间,标的物的孳息归债权人所有。提存费用由债权人负担。

第一百零四条　债权人可以随时领取提存物,但债权人对债务人负有到期债务的,在债权人未履行债务或者提供担保之前,提存部门根据债务人的要求应当拒绝其领取提存物。

债权人领取提存物的权利,自提存之日起五年内不行使而消灭,提存物扣除提存费用后归国家所有。

第一百零五条　债权人免除债务人部分或者全部债务的,合同的权利义务部分或者全部终止。

第一百零六条　债权和债务同归于一人的,合同的权利义务终止,但涉及第三人利益的除外。

第七章　违约责任

第一百零七条　当事人一方不履行合同义务或者履行合同义务不符合约定的,应当承担继续履行、采取补救措施或者赔偿损失等违约责任。

第一百零八条　当事人一方明确表示或者以自己的行为表明不履行合同义务的,对方可以在履行期限届满之前要求其承担违约责任。

第一百零九条　当事人一方未支付价款或者报酬的,对方可以要求其支付价款或者报酬。

第一百一十条　当事人一方不履行非金钱债务或者履行非金钱债务不符合约定的,对方可以要求履行,但有下列情形之一的除外:

(一)法律上或者事实上不能履行;

(二)债务的标的不适于强制履行或者履行费用过高;

(三)债权人在合理期限内未要求履行。

第一百一十一条　质量不符合约定的,应当按照当事人的约定承担违约责任。对违约责任没有约定或者约定不明确,依照本法第六十一条的规定仍不能确定的,受损害方根据标的的性质以及损失的大小,可以合理选择要求对方承担修理、更换、重作、退货、减少价款或者报酬等违约责任。

第一百一十二条　当事人一方不履行合同义务或者履行合同义务不符合约定的,在履行义务或者采取补救措施后,对方还有其他损失的,应当赔偿损失。

第一百一十三条　当事人一方不履行合同义务或者履行合同义务不符合约定,给对方造成损失的,损失赔偿额应当相当于因违约所造成的损失,包括合同履行后可以获得的利益,但不得超过违反合同一方订立合同时预见到或者应当预见到的因违反合同可能造成的损失。

经营者对消费者提供商品或者服务有欺诈行为的,依照《中华人民共和国消费者权益保护法》的规定承担损害赔偿责任。

第一百一十四条　当事人可以约定一方违约时应当根据违约情况向对方支付一定数额的违约金,也可以约定因违约产生的损失赔偿额的计算方法。

约定的违约金低于造成的损失的,当事人可以请求人民法院或者仲裁机构予以增加;约定的违约金过分高于造成的损失的,当事人可以请求人民法院或者仲裁机构予以适当减少。

当事人就迟延履行约定违约金的,违约方支付违约金后,还应当履行债务。

第一百一十五条　当事人可以依照《中华人民共和国担保法》约定一方向对方给付定金作为债权的担保。债务人履行债务后,定金应当抵作价款或者收回。给付定金的一方不履行约定的债务的,无权要求返还定金;收受定金的一方不履行约定的债务的,应当双倍返还定金。

第一百一十六条　当事人既约定违约金又约定定金的,一方违约时,对方可以选择适用违约金或者定金条款。

第一百一十七条　因不可抗力不能履行合同的,根据不可抗力的影响,部分或者全部免除责任,但法律另有规定的除外。当事人迟延履行后发生不可抗力的,不能免除责任。

本法所称不可抗力,是指不能预见、不能避免并不能克服的客观情况。

第一百一十八条　当事人一方因不可抗力不能履行合同的,应当及时通知对方,以减轻可能给对方造成的损失,并应当在合理期限内提供证明。

第一百一十九条　当事人一方违约后,对方应当采取适当措施防止损失的扩大;没有采取适当措施致使损失扩大的,不得就扩大的损失要求赔偿。

当事人因防止损失扩大而支出的合理费用,由违约方承担。

第一百二十条　当事人双方都违反合同的,应当各自承担相应的责任。

第一百二十一条　当事人一方因第三人的原因造成违约的,应当向对方承担违约责任。当事人一方和第三人之间的纠纷,依照法律规定或者按照约定解决。

第一百二十二条　因当事人一方的违约行为,侵害对方人身、财产权益的,受损害方有权选择依照本法要求其承担违约责任或者依照其他法律要求其承担侵权责任。

第八章　其 他 规 定

第一百二十三条　其他法律对合同另有规定的,依照其规定。

第一百二十四条　本法分则或者其他法律没有明文规定的合同,适用本法总则的规定,并可以参照本法分则或者其他法律最相类似的规定。

第一百二十五条　当事人对合同条款的理解有争议的,应当按照合同所使用的词句、合同的有关条款、合同的目的、交易习惯以及诚实信用原则,确定该条款的真实意思。

合同文本采用两种以上文字订立并约定具有同等效力的,对各文本使用的词句推定具有相同含义。各文本使用的词句不一致的,应当根据合同的目的予以解释。

第一百二十六条　涉外合同的当事人可以选择处理合同争议所适用的法律,但法律另有规定的除外。涉外合同的当事人没有选择的,适用与合同有最密切联系的国家的法律。

　　在中华人民共和国境内履行的中外合资经营企业合同、中外合作经营企业合同、中外合作勘探开发自然资源合同,适用中华人民共和国法律。

　　第一百二十七条　工商行政管理部门和其他有关行政主管部门在各自的职权范围内,依照法律、行政法规的规定,对利用合同危害国家利益、社会公共利益的违法行为,负责监督处理;构成犯罪的,依法追究刑事责任。

　　第一百二十八条　当事人可以通过和解或者调解解决合同争议。

　　当事人不愿和解、调解或者和解、调解不成的,可以根据仲裁协议向仲裁机构申请仲裁。涉外合同的当事人可以根据仲裁协议向中国仲裁机构或者其他仲裁机构申请仲裁。当事人有订立仲裁协议或者仲裁协议无效的,可以向人民法院起诉。当事人应当履行发生法律效力的判决、仲裁裁决、调解书;拒不履行的,对方可以请求人民法院执行。

　　第一百二十九条　因国际货物买卖合同和技术进出口合同争议提起诉讼或者申请仲裁的期限为四年,自当事人知道或者应当知道其权利受到侵害之日起计算。因其他合同争议提起诉讼或者申请仲裁的期限,依照有关法律的规定。

分　　则

第九章　买　卖　合　同

　　第一百三十条　买卖合同是出卖人转移标的物的所有权于买受人,买受人支付价款的合同。

　　第一百三十一条　买卖合同的内容除依照本法第十二条的规定以外,还可以包括包装方式、检验标准和方法、结算方式、合同使用的文字及其效力等条款。

　　第一百三十二条　出卖的标的物,应当属于出卖人所有或者出卖人有权处分。

　　法律、行政法规禁止或者限制转让的标的物,依照其规定。

　　第一百三十三条　标的物的所有权自标的物交付时起转移,但法律另有规定或者当事人另有约定的除外。

　　第一百三十四条　当事人可以在买卖合同中约定买受人未履行支付价款或者其他义务的,标的物的所有权属于出卖人。

　　第一百三十五条　出卖人应当履行向买受人交付标的物或者交付提取标的物的单证,并转移标的物所有权的义务。

　　第一百三十六条　出卖人应当按照约定或者交易习惯向买受人交付提取标的物单证以外的有关单证和资料。

　　第一百三十七条　出卖具有知识产权的计算机软件等标的物的,除法律另有规定或者当事人另有约定的以外,该标的物的知识产权不属于买受人。

　　第一百三十八条　出卖人应当按照约定的期限交付标的物。约定交付期间的,出卖人可以在该交付期间内的任何时间交付。

　　第一百三十九条　当事人没有约定标的物的交付期限或者约定不明确的,适用本法第六十一条、第六十二条第(四)项的规定。

　　第一百四十条　标的物在订立合同之前已为买受人占有的,合同生效的时间为交付时间。

　　第一百四十一条　出卖人应当按照约定的地点交付标的物。

当事人没有约定交付地点或者约定不明确,依照本法第六十一条的规定仍不能确定的,适用下列规定:

(一)标的物需要运输的,出卖人应当将标的物交付给第一承运人以运交给买受人;

(二)标的物不需要运输,出卖人和买受人订立合同时知道标的物在某一地点的,出卖人应当在该地点交付标的物;不知道标的物在某一地点的,应当在出卖人订立合同时的营业地交付标的物。

第一百四十二条　标的物毁损、灭失的风险,在标的物交付之前由出卖人承担,交付之后由买受人承担,但法律另有规定或者当事人另有约定的除外。

第一百四十三条　因买受人的原因致使标的物不能按照约定的期限交付的,买受人应当自违反约定之日起承担标的物毁损、灭失的风险。

第一百四十四条　出卖人出卖交由承运人运输的在途标的物,除当事人另有约定的以外,毁损、灭失的风险自合同成立时起由买受人承担。

第一百四十五条　当事人没有约定交付地点或者约定不明确,依照本法第一百四十一条第二款第一项的规定标的物需要运输的,出卖人将标的物交付给第一承运人后,标的物毁损、灭失的风险由买受人承担。

第一百四十六条　出卖人按照约定或者依照本法第一百四十一条第二款第二项的规定将标的物置于交付地点,买受人违反约定没有收取的,标的物毁损、灭失的风险自违反约定之日起由买受人承担。

第一百四十七条　出卖人按照约定未交付有关标的物的单证和资料的,不影响标的物毁损、灭失风险的转移。

第一百四十八条　因标的物质量不符合质量要求,致使不能实现合同目的的,买受人可以拒绝接受标的物或者解除合同。买受人拒绝接受标的物或者解除合同的,标的物毁损、灭失的风险由出卖人承担。

第一百四十九条　标的物毁损、灭失的风险由买受人承担的,不影响因出卖人履行债务不符合约定,买受人要求其承担违约责任的权利。

第一百五十条　出卖人就交付的标的物,负有保证第三人不得向买受人主张任何权利的义务,但法律另有规定的除外。

第一百五十一条　买受人订立合同时知道或者应当知道第三人对买卖的标的物享有权利的,出卖人不承担本法第一百五十条规定的义务。

第一百五十二条　买受人有确切证据证明第三人可能就标的物主张权利的,可以中止支付相应的价款,但出卖人提供适当担保的除外。

第一百五十三条　出卖人应当按照约定的质量要求交付标的物。出卖人提供有关标的物质量说明的,交付的标的物应当符合该说明的质量要求。

第一百五十四条　当事人对标的物的质量要求没有约定或者约定不明确,依照本法第六十一条的规定仍不能确定的,适用本法第六十二条第(一)项的规定。

第一百五十五条　出卖人交付的标的物不符合质量要求的,买受人可以依照本法第一百一十一条的规定要求承担违约责任。

第一百五十六条　出卖人应当按照约定的包装方式交付标的物。对包装方式没有约定或者约定不明确,依照本法第六十一条的规定仍不能确定的,应当按照通用的方式包装,没有通用方式的,应当采取足以保护标的物的包装方式。

第一百五十七条　买受人收到标的物时应当在约定的检验期间内检验。没有约定检验期间的,应当及时检验。

第一百五十八条　当事人约定检验期间的,买受人应当在检验期间内将标的物的数量或者质量不符合约定的情形通知出卖人。买受人怠于通知的,视为标的物的数量或者质量符合约定。

当事人没有约定检验期间的,买受人应当在发现或者应当发现标的物的数量或者质量不符合约定的合理期间内通知出卖人。买受人在合理期间内未通知或者自标的物收到之日起两年内未通知出卖人的,视为标的物的数量或者质量符合约定,但对标的物有质量保证期的,适用质量保证期,不适用该两年的规定。

出卖人知道或者应当知道提供的标的物不符合约定的,买受人不受前两款规定的通知时间的限制。

第一百五十九条　买受人应当按照约定的数额支付价款。对价款没有约定或者约定不明确的,适用本法第六十一条、第六十二条第(二)项的规定。

第一百六十条　买受人应当按照约定的地点支付价款。对支付地点没有约定或者约定不明确,依照本法第六十一条的规定仍不能确定的,买受人应当在出卖人的营业地支付,但约定支付价款以交付标的物或者交付提取标的物单证为条件的,在交付标的物或者交付提取标的物单证的所在地支付。

第一百六十一条　买受人应当按照约定的时间支付价款。对支付时间没有约定或者约定不明确,依照本法第六十一条的规定仍不能确定的,买受人应当在收到标的物或者提取标的物单证的同时支付。

第一百六十二条　出卖人多交标的物的,买受人可以接收或者拒绝接收多交的部分。买受人接收多交部分的,按照合同的价格支付价款;买受人拒绝接收多交部分的,应当及时通知出卖人。

第一百六十三条　标的物在交付之前产生的孳息,归出卖人所有,交付之后产生的孳息,归买受人所有。

第一百六十四条　因标的物的主物不符合约定而解除合同的,解除合同的效力及于从物。因标的物的从物不符合约定被解除的,解除的效力不及于主物。

第一百六十五条　标的物为数物,其中一物不符合约定的,买受人可以就该物解除,但该物与他物分离使标的物的价值显受损害的,当事人可以就数物解除合同。

第一百六十六条　出卖人分批交付标的物的,出卖人对其中一批标的物不交付或者交付不符合约定,致使该批标的物不能实现合同目的,买受人可以就该批标的物解除。

出卖人不交付其中一批标的物或者交付不符合约定,致使今后其他各批标的物的交付不能实现合同目的,买受人可以就该批以及今后其他各批标的物解除。

买受人如果就其中一批标的物解除,该批标的物与其他各批标的物相互依存的,可以就已经交付和未交付的各批标的物解除。

第一百六十七条　分期付款的买受人未支付到期价款的金额达到全部价款的五分之一的,出卖人可以要求买受人支付全部价款或者解除合同。出卖人解除合同的,可以向买受人要求支付该标的物的使用费。

第一百六十八条　凭样品买卖的当事人应当封存样品,并可以对样品质量予以说明。出卖人交付的标的物应当与样品及其说明的质量相同。

第一百六十九条　凭样品买卖的买受人不知道样品有隐蔽瑕疵的,即使交付的标的物与样品相同,出卖人交付的标的物的质量仍然应当符合同种物的通常标准。

第一百七十条　试用买卖的当事人可以约定标的物的试用期间。对试用期间没有约定或者约定不明确,依照本法第六十一条的规定仍不能确定的,由出卖人确定。

第一百七十一条　试用买卖的买受人在试用期内可以购买标的物,也可以拒绝购买。试用期间届满,买受人对是否购买标的物未作表示的,视为购买。

第一百七十二条　招标投标买卖的当事人的权利和义务以及招标投标程序等,依照有关法律、行政法规的规定。

第一百七十三条　拍卖的当事人的权利和义务以及拍卖程序等,依照有关法律、行政法规的规定。

第一百七十四条　法律对其他有偿合同有规定的,依照其规定;没有规定的,参照买卖合同的有关规定。

第一百七十五条　当事人约定易货交易,转移标的物的所有权的,参照买卖合同的有关规定。

第十章　供用电、水、气、热力合同

第一百七十六条　供用电合同是供电人向用电人供电,用电人支付电费的合同。

第一百七十七条　供用电合同的内容包括供电的方式、质量、时间,用电容量、地址、性质,计量方式,电价、电费的结算方式,供用电设施的维护责任等条款。

第一百七十八条　供用电合同的履行地点,按照当事人约定;当事人没有约定或者约定不明确的,供电设施的产权分界处为履行地点。

第一百七十九条　供电人应当按照国家规定的供电质量标准和约定安全供电。供电人未按照国家规定的供电质量标准和约定安全供电,造成用电人损失的,应当承担损害赔偿责任。

第一百八十条　供电人因供电设施计划检修、临时检修、依法限电或者用电人违法用电等原因,需要中断供电时,应当按照国家有关规定事先通知用电人。未事先通知用电人中断供电,造成用电人损失的,应当承担损害赔偿责任。

第一百八十一条　因自然灾害等原因断电,供电人应当按照国家有关规定及时抢修。未及时抢修,造成用电人损失的,应当承担损害赔偿责任。

第一百八十二条　用电人应当按照国家有关规定和当事人的约定及时交付电费。用电人逾期不交付电费的,应当按照约定支付违约金。经催告用电人在合理期限内仍不交付电费和违约金的,供电人可以按照国家规定的程序中止供电。

第一百八十三条　用电人应当按照国家有关规定和当事人的约定安全用电。用电人未按照国家有关规定和当事人的约定安全用电,造成供电人损失的,应当承担损害赔偿责任。

第一百八十四条　供用水、供用气、供用热力合同,参照供用电合同的有关规定。

第十一章　赠　与　合　同

第一百八十五条　赠与合同是赠与人将自己的财产无偿给予受赠人,受赠人表示接受赠与的合同。

第一百八十六条　赠与人在赠与财产的权利转移之前可以撤销赠与。

具有救灾、扶贫等社会公益、道德义务性质的赠与合同或者经过公证的赠与合同,不适用前款规定。

第一百八十七条　赠与的财产依法需要办理登记等手续的,应当办理有关手续。

第一百八十八条　具有救灾、扶贫等社会公益、道德义务性质的赠与合同或者经过公证的赠与合同,赠与人不交付赠与的财产的,受赠人可以要求交付。

第一百八十九条　因赠与人故意或者重大过失致使赠与的财产毁损、灭失的,赠与人应当承担损害赔偿责任。

第一百九十条　赠与可以附义务。

赠与附义务的,受赠人应当按照约定履行义务。

第一百九十一条　赠与的财产有瑕疵的,赠与人不承担责任。附义务的赠与,赠与的财产有瑕疵的,赠与人在附义务的限度内承担与出卖人相同的责任。

赠与人故意不告知瑕疵或者保证无瑕疵,造成受赠人损失的,应当承担损害赔偿责任。

第一百九十二条　受赠人有下列情形之一的,赠与人可以撤销赠与:

(一)严重侵害赠与人或者赠与人的近亲属;

(二)对赠与人有扶养义务而不履行;

(三)不履行赠与合同约定的义务。

赠与人的撤销权,自知道或者应当知道撤销原因之日起一年内行使。

第一百九十三条　因受赠人的违法行为致使赠与人死亡或者丧失民事行为能力的,赠与人的继承人或者法定代理人可以撤销赠与。

赠与人的继承人或者法定代理人的撤销权,自知道或者应当知道撤销原因之日起六个月内行使。

第一百九十四条　撤销权人撤销赠与的,可以向受赠人要求返还赠与的财产。

第一百九十五条　赠与人的经济状况显著恶化,严重影响其生产经营或者家庭生活的,可以不再履行赠与义务。

第十二章　借　款　合　同

第一百九十六条　借款合同是借款人向贷款人借款,到期返还借款并支付利息的合同。

第一百九十七条　借款合同采用书面形式,但自然人之间借款另有约定的除外。

借款合同的内容包括借款种类、币种、用途、数额、利率、期限和还款方式等条款。

第一百九十八条　订立借款合同,贷款人可以要求借款人提供担保。担保依照《中华人民共和国担保法》的规定。

第一百九十九条　订立借款合同,借款人应当按照贷款人的要求提供与借款有关的业务活动和财务状况的真实情况。

第二百条　借款的利息不得预先在本金中扣除。利息预先在本金中扣除的,应当按照实际借款数额返还借款并计算利息。

第二百零一条　贷款人未按照约定的日期、数额提供借款,造成借款人损失的,应当赔偿损失。

借款人未按照约定的日期、数额收取借款的,应当按照约定的日期、数额支付利息。

第二百零二条　贷款人按照约定可以检查、监督借款的使用情况。借款人应当按照约定向贷款人定期提供有关财务会计报表等资料。

第二百零三条　借款人未按照约定的借款用途使用借款的,贷款人可以停止发放借款、提前收回借款或者解除合同。

第二百零四条　办理贷款业务的金融机构贷款的利率,应当按照中国人民银行规定的贷款利率的上下限确定。

第二百零五条　借款人应当按照约定的期限支付利息。对支付利息的期限没有约定或者约定不明确,依照本法第六十一条的规定仍不能确定,借款期间不满一年的,应当在返还借款时一并支付;借款期间一年以上的,应当在每届满一年时支付,剩余期间不满一年的,应当在返还借款时一并支付。

第二百零六条　借款人应当按照约定的期限返还借款。对借款期限没有约定或者约定不明确,依照本法第六十一条的规定仍不能确定的,借款人可以随时返还;贷款人可以催告借款人在合理期限内返还。

第二百零七条　借款人未按照约定的期限返还借款的,应当按照约定或者国家有关规定支付逾期利息。

第二百零八条　借款人提前偿还借款的,除当事人另有约定的以外,应当按照实际借款的期间计算利息。

第二百零九条　借款人可以在还款期限届满之前向贷款人申请展期。贷款人同意的,可以展期。

第二百一十条　自然人之间的借款合同,自贷款人提供借款时生效。

第二百一十一条　自然人之间的借款合同对支付利息没有约定或者约定不明确的,视为不支付利息。

自然人之间的借款合同约定支付利息的,借款的利率不得违反国家有关限制借款利率的规定。

第十三章　租赁合同

第二百一十二条　租赁合同是出租人将租赁物交付承租人使用、收益,承租人支付租金的合同。

第二百一十三条　租赁合同的内容包括租赁物的名称、数量、用途、租赁期限、租金及其支付期限和方式、租赁物维修等条款。

第二百一十四条　租赁期限不得超过二十年。超过二十年的,超过部分无效。

租赁期间届满,当事人可以续订租赁合同,但约定的租赁期限自续订之日起不得超过二十年。

第二百一十五条　租赁期限六个月以上的,应当采用书面形式。当事人未采用书面形式的,视为不定期租赁。

第二百一十六条　出租人应当按照约定将租赁物交付承租人,并在租赁期间保持租赁物符合约定的用途。

第二百一十七条　承租人应当按照约定的方法使用租赁物。对租赁物的使用方法没有约定或者约定不明确,依照本法第六十一条的规定仍不能确定的,应当按照租赁物的性质使用。

第二百一十八条　承租人按照约定的方法或者租赁物的性质使用租赁物,致使租赁物受到损耗的,不承担损害赔偿责任。

第二百一十九条　承租人未按照约定的方法或者租赁物的性质使用租赁物,致使租赁物受到损失的,出租人可以解除合同并要求赔偿损失。

第二百二十条　出租人应当履行租赁物的维修义务,但当事人另有约定的除外。

第二百二十一条　承租人在租赁物需要维修时可以要求出租人在合理期限内维修。出租人未履行维修义务的,承租人可以自行维修,维修费用由出租人负担。因维修租赁物影响承租人使用的,应当相应减少租金或者延长租期。

第二百二十二条　承租人应当妥善保管租赁物,因保管不善造成租赁物毁损、灭失的,应当承担损害赔偿责任。

第二百二十三条　承租人经出租人同意,可以对租赁物进行改善或者增设他物。

承租人未经出租人同意,对租赁物进行改善或者增设他物的,出租人可以要求承租人恢复原状或者赔偿损失。

第二百二十四条　承租人经出租人同意,可以将租赁物转租给第三人。承租人转租的,承租人与出租人之间的租赁合同继续有效,第三人对租赁物造成损失的,承租人应当赔偿损失。

承租人未经出租人同意转租的,出租人可以解除合同。

第二百二十五条　在租赁期间因占有、使用租赁物获得的收益,归承租人所有,但当事人另有约定的除外。

第二百二十六条　承租人应当按照约定的期限支付租金。对支付期限没有约定或者约定不明确,依照本法第六十一条的规定仍不能确定,租赁期间不满一年的,应当在租赁期间届满时支付;租赁期间一年以上的,应当在每届满一年时支付,剩余期间不满一年的,应当在租赁期间届满时支付。

第二百二十七条　承租人无正当理由未支付或者迟延支付租金的,出租人可以要求承租人在合理期限内支付。承租人逾期不支付的,出租人可以解除合同。

第二百二十八条　因第三人主张权利,致使承租人不能对租赁物使用、收益的,承租人可以要求减少租金或者不支付租金。

第三人主张权利的,承租人应当及时通知出租人。

第二百二十九条　租赁物在租赁期间发生所有权变动的,不影响租赁合同的效力。

第二百三十条　出租人出卖租赁房屋的,应当在出卖之前的合理期限内通知承租人,承租人享有以同等条件优先购买的权利。

第二百三十一条　因不可归责于承租人的事由,致使租赁物部分或者全部毁损、灭失的,承租人可以要求减少租金或者不支付租金;因租赁物部分或者全部毁损、灭失,致使不能实现合同目的的,承租人可以解除合同。

第二百三十二条　当事人对租赁期限没有约定或者约定不明确,依照本法第六十一条的规定仍不能确定的,视为不定期租赁。当事人可以随时解除合同,但出租人解除合同应当在合理期限之前通知承租人。

第二百三十三条　租赁物危及承租人的安全或者健康的,即使承租人订立合同时明知该租赁物质量不合格,承租人仍然可以随时解除合同。

第二百三十四条　承租人在房屋租赁期间死亡的,与其生前共同居住的人可以按照原租赁合同租赁该房屋。

第二百三十五条　租赁期间届满,承租人应当返还租赁物。返还的租赁物应当符合按照约定或者租赁物的性质使用后的状态。

第二百三十六条　租赁期间届满,承租人继续使用租赁物,出租人没有提出异议的,原租赁合同继续有效,但租赁期限为不定期。

第十四章　融资租赁合同

第二百三十七条　融资租赁合同是出租人根据承租人对出卖人、租赁物的选择,向出卖人购买租赁物,提供给承租人使用,承租人支付租金的合同。

第二百三十八条　融资租赁合同的内容包括租赁物名称、数量、规格、技术性能、检验方法、租赁期限、租金构成及其支付期限和方式、币种、租赁期间届满租赁物的归属等条款。

融资租赁合同应当采用书面形式。

第二百三十九条　出租人根据承租人对出卖人、租赁物的选择订立的买卖合同,出卖人应当按照约定向承租人交付标的物,承租人享有与受领标的物有关的买受人的权利。

第二百四十条　出租人、出卖人、承租人可以约定,出卖人不履行买卖合同义务的,由承租人行使索赔的权利。承租人行使索赔权利的,出租人应当协助。

第二百四十一条　出租人根据承租人对出卖人、租赁物的选择订立的买卖合同,未经承租人同意,出租人不得变更与承租人有关的合同内容。

第二百四十二条　出租人享有租赁物的所有权。承租人破产的,租赁物不属于破产财产。

第二百四十三条　融资租赁合同的租金,除当事人另有约定的以外,应当根据购买租赁物的大部分或者全部成本以及出租人的合理利润确定。

第二百四十四条　租赁物不符合约定或者不符合使用目的的,出租人不承担责任,但承租人依赖出租人的技能确定租赁物或者出租人干预选择租赁物的除外。

第二百四十五条　出租人应当保证承租人对租赁物的占有和使用。

第二百四十六条　承租人占有租赁物期间,租赁物造成第三人的人身伤害或者财产损害的,出租人不承担责任。

第二百四十七条　承租人应当妥善保管、使用租赁物。

承租人应当履行占有租赁物期间的维修义务。

第二百四十八条　承租人应当按照约定支付租金。承租人经催告后在合理期限内仍不支付租金的,出租人可以要求支付全部租金;也可以解除合同,收回租赁物。

第二百四十九条　当事人约定租赁期间届满租赁物归承租人所有,承租人已经支付大部分租金,但无力支付剩余租金,出租人因此解除合同收回租赁物的,收回的租赁物的价值超过承租人欠付的租金以及其他费用的,承租人可以要求部分返还。

第二百五十条　出租人和承租人可以约定租赁期间届满租赁物的归属。对租赁物的归属没有约定或者约定不明确,依照本法第六十一条的规定仍不能确定的,租赁物的所有权归出租人。

第十五章　承揽合同

第二百五十一条　承揽合同是承揽人按照定作人的要求完成工作,交付工作成果,定作人给付报酬的合同。

承揽包括加工、定作、修理、复制、测试、检验等工作。

第二百五十二条 承揽合同的内容包括承揽的标的、数量、质量、报酬、承揽方式、材料的提供、履行期限、验收标准和方法等条款。

第二百五十三条 承揽人应当以自己的设备、技术和劳力,完成主要工作,但当事人另有约定的除外。

承揽人将其承揽的主要工作交由第三人完成的,应当就该第三人完成的工作成果向定作人负责;未经定作人同意的,定作人也可以解除合同。

第二百五十四条 承揽人可以将其承揽的辅助工作交由第三人完成。承揽人将其承揽的辅助工作交由第三人完成的,应当就该第三人完成的工作成果向定作人负责。

第二百五十五条 承揽人提供材料的,承揽人应当按照约定选用材料,并接受定作人检验。

第二百五十六条 定作人提供材料的,定作人应当按照约定提供材料。承揽人对定作人提供的材料,应当及时检验,发现不符合约定时,应当及时通知定作人更换、补齐或者采取其他补救措施。

承揽人不得擅自更换定作人提供的材料,不得更换不需要修理的零部件。

第二百五十七条 承揽人发现定作人提供的图纸或者技术要求不合理的,应当及时通知定作人。因定作人怠于答复等原因造成承揽人损失的,应当赔偿损失。

第二百五十八条 定作人中途变更承揽工作的要求,造成承揽人损失的,应当赔偿损失。

第二百五十九条 承揽工作需要定作人协助的,定作人有协助的义务。定作人不履行协助义务致使承揽工作不能完成的,承揽人可以催告定作人在合理期限内履行义务,并可以顺延履行期限;定作人逾期不履行的,承揽人可以解除合同。

第二百六十条 承揽人在工作期间,应当接受定作人必要的监督检验。定作人不得因监督检验妨碍承揽人的正常工作。

第二百六十一条 承揽人完成工作的,应当向定作人交付工作成果,并提交必要的技术资料和有关质量证明。定作人应当验收该工作成果。

第二百六十二条 承揽人交付的工作成果不符合质量要求的,定作人可以要求承揽人承担修理、重作、减少报酬、赔偿损失等违约责任。

第二百六十三条 定作人应当按照约定的期限支付报酬。对支付报酬的期限没有约定或者约定不明确,依照本法第六十一条的规定仍不能确定的,定作人应当在承揽人交付工作成果时支付;工作成果部分交付的,定作人应当相应支付。

第二百六十四条 定作人未向承揽人支付报酬或者材料费等价款的,承揽人对完成的工作成果享有留置权,但当事人另有约定的除外。

第二百六十五条 承揽人应当妥善保管定作人提供的材料以及完成的工作成果,因保管不善造成毁损、灭失的,应当承担损害赔偿责任。

第二百六十六条 承揽人应当按照定作人的要求保守秘密,未经定作人许可,不得留存复制品或者技术资料。

第二百六十七条 共同承揽人对定作人承担连带责任,但当事人另有约定的除外。

第二百六十八条 定作人可以随时解除承揽合同,造成承揽人损失的,应当赔偿损失。

第十六章　建设工程合同

第二百六十九条　建设工程合同是承包人进行工程建设,发包人支付价款的合同。

建设工程合同包括工程勘察、设计、施工合同。

第二百七十条　建设工程合同应当采用书面形式。

第二百七十一条　建设工程的招标投标活动,应当依照有关法律的规定公开、公平、公正进行。

第二百七十二条　发包人可以与总承包人订立建设工程合同,也可以分别与勘察人、设计人、施工人订立勘察、设计、施工承包合同。发包人不得将应当由一个承包人完成的建设工程肢解成若干部分发包给几个承包人。

总承包人或者勘察、设计、施工承包人经发包人同意,可以将自己承包的部分工作交由第三人完成。第三人就其完成的工作成果与总承包人或者勘察、设计、施工承包人向发包人承担连带责任。承包人不得将其承包的全部建设工程转包给第三人或者将其承包的全部建设工程肢解以后以分包的名义分别转包给第三人。

禁止承包人将工程分包给不具备相应资质条件的单位。禁止分包单位将其承包的工程再分包。建设工程主体结构的施工必须由承包人自行完成。

第二百七十三条　国家重大建设工程合同,应当按照国家规定的程序和国家批准的投资计划、可行性研究报告等文件订立。

第二百七十四条　勘察、设计合同的内容包括提交有关基础资料和文件(包括概预算)的期限、质量要求、费用以及其他协作条件等条款。

第二百七十五条　施工合同的内容包括工程范围、建设工期、中间交工工程的开工和竣工时间、工程质量、工程造价、技术资料交付时间、材料和设备供应责任、拨款和结算、竣工验收、质量保修范围和质量保证期、双方相互协作等条款。

第二百七十六条　建设工程实行监理的,发包人应当与监理人采用书面形式订立委托监理合同。发包人与监理人的权利和义务以及法律责任,应当依照本法委托合同以及其他有关法律、行政法规的规定。

第二百七十七条　发包人在不妨碍承包人正常作业的情况下,可以随时对作业进度、质量进行检查。

第二百七十八条　隐蔽工程在隐蔽以前,承包人应当通知发包人检查。发包人没有及时检查的,承包人可以顺延工程日期,并有权要求赔偿停工、窝工等损失。

第二百七十九条　建设工程竣工后,发包人应当根据施工图纸及说明书、国家颁发的施工验收规范和质量检验标准及时进行验收。验收合格的,发包人应当按照约定支付价款,并接收该建设工程。

建设工程竣工经验收合格后,方可交付使用;未经验收或者验收不合格的,不得交付使用。

第二百八十条　勘察、设计的质量不符合要求或者未按照期限提交勘察、设计文件拖延工期,造成发包人损失的,勘察人、设计人应当继续完善勘察、设计,减收或者免收勘察、设计费并赔偿损失。

第二百八十一条　因施工人的原因致使建设工程质量不符合约定的,发包人有权要求施工人在合理期限内无偿修理或者返工、改建。经过修理或者返工、改建后,造成逾期交付的,施工人应当承担违约责任。

第二百八十二条　因承包人的原因致使建设工程在合理使用期限内造成人身和财产损害的,承包人应当承担损害赔偿责任。

第二百八十三条　发包人未按照约定的时间和要求提供原材料、设备、场地、资金、技术资料的,承包人可以顺延工程日期,并有权要求赔偿停工、窝工等损失。

第二百八十四条　因发包人的原因致使工程中途停建、缓建的,发包人应当采取措施弥补或者减少损失,赔偿承包人因此造成的停工、窝工、倒运、机械设备调迁、材料和构件积压等损失和实际费用。

第二百八十五条　因发包人变更计划,提供的资料不准确,或者未按照期限提供必需的勘察、设计工作条件而造成勘察、设计的返工、停工或者修改设计,发包人应当按照勘察人、设计人实际消耗的工作量增付费用。

第二百八十六条　发包人未按照约定支付价款的,承包人可以催告发包人在合理期限内支付价款。发包人逾期不支付的,除按照建设工程的性质不宜折价、拍卖的以外,承包人可以与发包人协议将该工程折价,也可以申请人民法院将该工程依法拍卖。建设工程的价款就该工程折价或者拍卖的价款优先受偿。

第二百八十七条　本章没有规定的,适用承揽合同的有关规定。

第十七章　运　输　合　同
第一节　一　般　规　定

第二百八十八条　运输合同是承运人将旅客或者货物从起运地点运输到约定地点,旅客、托运人或者收货人支付票款或者运输费用的合同。

第二百八十九条　从事公共运输的承运人不得拒绝旅客、托运人通常、合理的运输要求。

第二百九十条　承运人应当在约定期间或者合理期间内将旅客、货物安全运输到约定地点。

第二百九十一条　承运人应当按照约定的或者通常的运输路线将旅客、货物运输到约定地点。

第二百九十二条　旅客、托运人或者收货人应当支付票款或者运输费用。承运人未按照约定路线或者通常路线运输增加票款或者运输费用的,旅客、托运人或者收货人可以拒绝支付增加部分的票款或者运输费用。

第二节　客　运　合　同

第二百九十三条　客运合同自承运人向旅客交付客票时成立,但当事人另有约定或者另有交易习惯的除外。

第二百九十四条　旅客应当持有效客票乘运。旅客无票乘运、超程乘运、越级乘运或者持失效客票乘运的,应当补交票款,承运人可以按照规定加收票款。旅客不交付票款的,承运人可以拒绝运输。

第二百九十五条　旅客因自己的原因不能按照客票记载的时间乘坐的,应当在约定的时间内办理退票或者变更手续。逾期办理的,承运人可以不退票款,并不再承担运输义务。

第二百九十六条　旅客在运输中应当按照约定的限量携带行李。超过限量携带行李的,应当办理托运手续。

第二百九十七条 旅客不得随身携带或者在行李中夹带易燃、易爆、有毒、有腐蚀性、有放射性以及有可能危及运输工具上人身和财产安全的危险物品或者其他违禁物品。

旅客违反前款规定的,承运人可以将违禁物品卸下、销毁或者送交有关部门。旅客坚持携带或者夹带违禁物品的,承运人应当拒绝运输。

第二百九十八条 承运人应当向旅客及时告知有关不能正常运输的重要事由和安全运输应当注意的事项。

第二百九十九条 承运人应当按照客票载明的时间和班次运输旅客。承运人迟延运输的,应当根据旅客的要求安排改乘其他班次或者退票。

第三百条 承运人擅自变更运输工具而降低服务标准的,应当根据旅客的要求退票或者减收票款;提高服务标准的,不应当加收票款。

第三百零一条 承运人在运输过程中,应当尽力救助患有急病、分娩、遇险的旅客。

第三百零二条 承运人应当对运输过程中旅客的伤亡承担损害赔偿责任,但伤亡是旅客自身健康原因造成的或者承运人证明伤亡是旅客故意、重大过失造成的除外。

前款规定适用于按照规定免票、持优待票或者经承运人许可搭乘的无票旅客。

第三百零三条 在运输过程中旅客自带物品毁损、灭失,承运人有过错的,应当承担损害赔偿责任。

旅客托运的行李毁损、灭失的,适用货物运输的有关规定。

第三节 货运合同

第三百零四条 托运人办理货物运输,应当向承运人准确表明收货人的名称或者姓名或者凭指示的收货人,货物的名称、性质、重量、数量,收货地点等有关货物运输的必要情况。

因托运人申报不实或者遗漏重要情况,造成承运人损失的,托运人应当承担损害赔偿责任。

第三百零五条 货物运输需要办理审批、检验等手续的,托运人应当将办理完有关手续的文件提交承运人。

第三百零六条 托运人应当按照约定的方式包装货物。对包装方式没有约定或者约定不明确的,适用本法第一百五十六条的规定。

托运人违反前款规定的,承运人可以拒绝运输。

第三百零七条 托运人托运易燃、易爆、有毒、有腐蚀性、有放射性等危险物品的,应当按照国家有关危险物品运输的规定对危险物品妥善包装,作出危险物标志和标签,并将有关危险物品的名称、性质和防范措施的书面材料提交承运人。

托运人违反前款规定的,承运人可以拒绝运输,也可以采取相应措施以避免损失的发生,因此产生的费用由托运人承担。

第三百零八条 在承运人将货物交付收货人之前,托运人可以要求承运人中止运输、返还货物、变更到达地或者将货物交给其他收货人,但应当赔偿承运人因此受到的损失。

第三百零九条 货物运输到达后,承运人知道收货人的,应当及时通知收货人,收货人应当及时提货。收货人逾期提货的,应当向承运人支付保管费等费用。

第三百一十条 收货人提货时应当按照约定的期限检验货物。对检验货物的期限没有约定或者约定不明确,依照本法第六十一条的规定仍不能确定的,应当在合理期限内检验货物。收货人在约定的期限或者合理期限内对货物的数量、毁损等未提出异议的,视为承运人已经按照运输单证的记载交付的初步证据。

第三百一十一条 承运人对运输过程中货物的毁损、灭失承担损害赔偿责任,但承运人证明货物的毁损、灭失是因不可抗力、货物本身的自然性质或者合理损耗以及托运人、收货人的过错造成的,不承担损害赔偿责任。

第三百一十二条 货物的毁损、灭失的赔偿额,当事人有约定的,按照其约定;没有约定或者约定不明确,依照本法第六十一条的规定仍不能确定的,按照交付或者应当交付时货物到达地的市场价格计算。法律、行政法规对赔偿额的计算方法和赔偿限额另有规定的,依照其规定。

第三百一十三条 两个以上承运人以同一运输方式联运的,与托运人订立合同的承运人应当对全程运输承担责任。损失发生在某一运输区段的,与托运人订立合同的承运人和该区段的承运人承担连带责任。

第三百一十四条 货物在运输过程中因不可抗力灭失,未收取运费的,承运人不得要求支付运费;已收取运费的,托运人可以要求返还。

第三百一十五条 托运人或者收货人不支付运费、保管费以及其他运输费用的,承运人对相应的运输货物享有留置权,但当事人另有约定的除外。

第三百一十六条 收货人不明或者收货人无正当理由拒绝受领货物的,依照本法第一百零一条的规定,承运人可以提存货物。

第四节 多式联运合同

第三百一十七条 多式联运经营人负责履行或者组织履行多式联运合同,对全程运输享有承运人的权利,承担承运人的义务。

第三百一十八条 多式联运经营人可以与参加多式联运的各区段承运人就多式联运合同的各区段运输约定相互之间的责任,但该约定不影响多式联运经营人对全程运输承担的义务。

第三百一十九条 多式联运经营人收到托运人交付的货物时,应当签发多式联运单据。按照托运人的要求,多式联运单据可以是可转让单据,也可以是不可转让单据。

第三百二十条 因托运人托运货物时的过错造成多式联运经营人损失的,即使托运人已经转让多式联运单据,托运人仍然应当承担损害赔偿责任。

第三百二十一条 货物的毁损、灭失发生于多式联运的某一运输区段的,多式联运经营人的赔偿责任和责任限额,适用调整该区段运输方式的有关法律规定。货物毁损、灭失发生的运输区段不能确定的,依照本章规定承担损害赔偿责任。

第十八章 技术合同

第一节 一般规定

第三百二十二条 技术合同是当事人就技术开发、转让、咨询或者服务订立的确立相互之间权利和义务的合同。

第三百二十三条 订立技术合同,应当有利于科学技术的进步,加速科学技术成果的转化、应用和推广。

第三百二十四条 技术合同的内容由当事人约定,一般包括以下条款:

(一)项目名称;

(二)标的的内容、范围和要求;

（三）履行的计划、进度、期限、地点、地域和方式；

（四）技术情报和资料的保密；

（五）风险责任的承担；

（六）技术成果的归属和收益的分成办法；

（七）验收标准和方法；

（八）价款、报酬或者使用费及其支付方式；

（九）违约金或者损失赔偿的计算方法；

（十）解决争议的方法；

（十一）名词和术语的解释。

与履行合同有关的技术背景资料、可行性论证和技术评价报告、项目任务书和计划书、技术标准、技术规范、原始设计和工艺文件，以及其他技术文档，按照当事人的约定可以作为合同的组成部分。

技术合同涉及专利的，应当注明发明创造的名称、专利申请人和专利权人、申请日期、申请号、专利号以及专利权的有效期限。

第三百二十五条　技术合同价款、报酬或者使用费的支付方式由当事人约定，可以采取一次总算、一次总付或者一次总算、分期支付，也可以采取提成支付或者提成支付附加预付入门费的方式。

约定提成支付的，可以按照产品价格、实施专利和使用技术秘密后新增的产值、利润或者产品销售额的一定比例提成，也可以按照约定的其他方式计算。提成支付的比例可以采取固定比例、逐年递增比例或者逐年递减比例。

约定提成支付的，当事人应当在合同中约定查阅有关会计账目的办法。

第三百二十六条　职务技术成果的使用权、转让权属于法人或者其他组织的，法人或者其他组织可以就该项职务技术成果订立技术合同。法人或者其他组织应当从使用和转让该项职务技术成果所取得的收益中提取一定比例，对完成该项职务技术成果的个人给予奖励或者报酬。法人或者其他组织订立技术合同转让职务技术成果时，职务技术成果的完成人享有以同等条件优先受让的权利。

职务技术成果是执行法人或者其他组织的工作任务，或者主要是利用法人或者其他组织的物质技术条件所完成的技术成果。

第三百二十七条　非职务技术成果的使用权、转让权属于完成技术成果的个人，完成技术成果的个人可以就该项非职务技术成果订立技术合同。

第三百二十八条　完成技术成果的个人有在有关技术成果文件上写明自己是技术成果完成者的权利和取得荣誉证书、奖励的权利。

第三百二十九条　非法垄断技术、妨碍技术进步或者侵害他人技术成果的技术合同无效。

第二节　技术开发合同

第三百三十条　技术开发合同是指当事人之间就新技术、新产品、新工艺或者新材料及其系统的研究开发所订立的合同。

技术开发合同包括委托开发合同和合作开发合同。

技术开发合同应当采用书面形式。

当事人之间就具有产业应用价值的科技成果实施转化订立的合同,参照技术开发合同的规定。

第三百三十一条 委托开发合同的委托人应当按照约定支付研究开发经费和报酬;提供技术资料、原始数据;完成协作事项;接受研究开发成果。

第三百三十二条 委托开发合同的研究开发人应当按照约定制定和实施研究开发计划;合理使用研究开发经费;按期完成研究开发工作,交付研究开发成果,提供有关的技术资料和必要的技术指导,帮助委托人掌握研究开发成果。

第三百三十三条 委托人违反约定造成研究开发工作停滞、延误或者失败的,应当承担违约责任。

第三百三十四条 研究开发人违反约定造成研究开发工作停滞、延误或者失败的,应当承担违约责任。

第三百三十五条 合作开发合同的当事人应当按照约定进行投资,包括以技术进行投资;分工参与研究开发工作;协作配合研究开发工作。

第三百三十六条 合作开发合同的当事人违反约定造成研究开发工作停滞、延误或者失败的,应当承担违约责任。

第三百三十七条 因作为技术开发合同标的的技术已经由他人公开,致使技术开发合同的履行没有意义的,当事人可以解除合同。

第三百三十八条 在技术开发合同履行过程中,因出现无法克服的技术困难,致使研究开发失败或者部分失败的,该风险责任由当事人约定。没有约定或者约定不明确,依照本法第六十一条的规定仍不能确定的,风险责任由当事人合理分担。

当事人一方发现前款规定的可能致使研究开发失败或者部分失败的情形时,应当及时通知另一方并采取适当措施减少损失。没有及时通知并采取适当措施,致使损失扩大的,应当就扩大的损失承担责任。

第三百三十九条 委托开发完成的发明创造,除当事人另有约定的以外,申请专利的权利属于研究开发人。研究开发人取得专利权的,委托人可以免费实施该专利。

研究开发人转让专利申请权的,委托人享有以同等条件优先受让的权利。

第三百四十条 合作开发完成的发明创造,除当事人另有约定的以外,申请专利的权利属于合作开发的当事人共有。当事人一方转让其共有的专利申请权的,其他各方享有以同等条件优先受让的权利。

合作开发的当事人一方声明放弃其共有的专利申请权的,可以由另一方单独申请或者由其他各方共同申请。申请人取得专利权的,放弃专利申请权的一方可以免费实施该专利。

合作开发的当事人一方不同意申请专利的,另一方或者其他各方不得申请专利。

第三百四十一条 委托开发或者合作开发完成的技术秘密成果的使用权、转让权以及利益的分配办法,由当事人约定。没有约定或者约定不明确,依照本法第六十一条的规定仍不能确定的,当事人均有使用和转让的权利,但委托开发的研究开发人不得在向委托人交付研究开发成果之前,将研究开发成果转让给第三人。

第三节 技术转让合同

第三百四十二条 技术转让合同包括专利权转让、专利申请权转让、技术秘密转让、专利实施许可合同。

技术转让合同应当采用书面形式。

第三百四十三条 技术转让合同可以约定让与人和受让人实施专利或者使用技术秘密的范围,但不得限制技术竞争和技术发展。

第三百四十四条 专利实施许可合同只在该专利权的存续期间内有效。专利权有效期限届满或者专利权被宣布无效的,专利权人不得就该专利与他人订立专利实施许可合同。

第三百四十五条 专利实施许可合同的让与人应当按照约定许可受让人实施专利,交付实施专利有关的技术资料,提供必要的技术指导。

第三百四十六条 专利实施许可合同的受让人应当按照约定实施专利,不得许可约定以外的第三人实施该专利;并按照约定支付使用费。

第三百四十七条 技术秘密转让合同的让与人应当按照约定提供技术资料,进行技术指导,保证技术的实用性、可靠性,承担保密义务。

第三百四十八条 技术秘密转让合同的受让人应当按照约定使用技术,支付使用费,承担保密义务。

第三百四十九条 技术转让合同的让与人应当保证自己是所提供的技术的合法拥有者,并保证所提供的技术完整、无误、有效,能够达到约定的目标。

第三百五十条 技术转让合同的受让人应当按照约定的范围和期限,对让与人提供的技术中尚未公开的秘密部分,承担保密义务。

第三百五十一条 让与人未按照约定转让技术的,应当返还部分或者全部使用费,并应当承担违约责任;实施专利或者使用技术秘密超越约定的范围的,违反约定擅自许可第三人实施该项专利或者使用该项技术秘密的,应当停止违约行为,承担违约责任;违反约定的保密义务的,应当承担违约责任。

第三百五十二条 受让人未按照约定支付使用费的,应当补交使用费并按照约定支付违约金;不补交使用费或者支付违约金的,应当停止实施专利或者使用技术秘密,交还技术资料,承担违约责任;实施专利或者使用技术秘密超越约定的范围的,未经让与人同意擅自许可第三人实施该专利或者使用该技术秘密的,应当停止违约行为,承担违约责任;违反约定的保密义务的,应当承担违约责任。

第三百五十三条 受让人按照约定实施专利、使用技术秘密侵害他人合法权益的,由让与人承担责任,但当事人另有约定的除外。

第三百五十四条 当事人可以按照互利的原则,在技术转让合同中约定实施专利、使用技术秘密后续改进的技术成果的分享办法。没有约定或者约定不明确,依照本法第六十一条的规定仍不能确定的,一方后续改进的技术成果,其他各方无权分享。

第三百五十五条 法律、行政法规对技术进出口合同或者专利、专利申请合同另有规定的,依照其规定。

第四节 技术咨询合同和技术服务合同

第三百五十六条 技术咨询合同包括就特定技术项目提供可行性论证、技术预测、专题技术调查、分析评价报告等合同。

技术服务合同是指当事人一方以技术知识为另一方解决特定技术问题所订立的合同,不包括建设工程合同和承揽合同。

第三百五十七条 技术咨询合同的委托人应当按照约定阐明咨询的问题,提供技术背景材料及有关技术资料、数据；接受受托人的工作成果，支付报酬。

第三百五十八条　技术咨询合同的受托人应当按照约定的期限完成咨询报告或者解答问题；提出的咨询报告应当达到约定的要求。

第三百五十九条　技术咨询合同的委托人未按照约定提供必要的资料和数据，影响工作进度和质量，不接受或者逾期接受工作成果的，支付的报酬不得追回，未支付的报酬应当支付。

技术咨询合同的受托人未按期提出咨询报告或者提出的咨询报告不符合约定的，应当承担减收或者免收报酬等违约责任。

技术咨询合同的委托人按照受托人符合约定要求的咨询报告和意见作出决策所造成的损失，由委托人承担，但当事人另有约定的除外。

第三百六十条　技术服务合同的委托人应当按照约定提供工作条件，完成配合事项；接受工作成果并支付报酬。

第三百六十一条　技术服务合同的受托人应当按照约定完成服务项目，解决技术问题，保证工作质量，并传授解决技术问题的知识。

第三百六十二条　技术服务合同的委托人不履行合同义务或者履行合同义务不符合约定，影响工作进度和质量，不接受或者逾期接受工作成果的，支付的报酬不得追回，未支付的报酬应当支付。

技术服务合同的受托人未按照合同约定完成服务工作的，应当承担免收报酬等违约责任。

第三百六十三条　在技术咨询合同、技术服务合同履行过程中，受托人利用委托人提供的技术资料和工作条件完成的新的技术成果，属于受托人。委托人利用受托人的工作成果完成的新的技术成果，属于委托人。当事人另有约定的，按照其约定。

第三百六十四条　法律、行政法规对技术中介合同、技术培训合同另有规定的，依照其规定。

第十九章　保　管　合　同

第三百六十五条　保管合同是保管人保管寄存人交付的保管物，并返还该物的合同。

第三百六十六条　寄存人应当按照约定向保管人支付保管费。

当事人对保管费没有约定或者约定不明确，依照本法第六十一条的规定仍不能确定的，保管是无偿的。

第三百六十七条　保管合同自保管物交付时成立，但当事人另有约定的除外。

第三百六十八条　寄存人向保管人交付保管物的，保管人应当给付保管凭证，但另有交易习惯的除外。

第三百六十九条　保管人应当妥善保管保管物。

当事人可以约定保管场所或者方法。除紧急情况或者为了维护寄存人利益的以外，不得擅自改变保管场所或者方法。

第三百七十条　寄存人交付的保管物有瑕疵或者按照保管物的性质需要采取特殊保管措施的，寄存人应当将有关情况告知保管人。寄存人未告知，致使保管物受损失的，保管人不承担损害赔偿责任；保管人因此受损失的，除保管人知道或者应当知道并且未采取补救措施的以外，寄存人应当承担损害赔偿责任。

第三百七十一条　保管人不得将保管物转交第三人保管,但当事人另有约定的除外。

保管人违反前款规定,将保管物转交第三人保管,对保管物造成损失的,应当承担损害赔偿责任。

第三百七十二条　保管人不得使用或者许可第三人使用保管物,但当事人另有约定的除外。

第三百七十三条　第三人对保管物主张权利的,除依法对保管物采取保全或者执行的以外,保管人应当履行向寄存人返还保管物的义务。

第三人对保管人提起诉讼或者对保管物申请扣押的,保管人应当及时通知寄存人。

第三百七十四条　保管期间,因保管人保管不善造成保管物毁损、灭失的,保管人应当承担损害赔偿责任,但保管是无偿的,保管人证明自己没有重大过失的,不承担损害赔偿责任。

第三百七十五条　寄存人寄存货币、有价证券或者其他贵重物品的,应当向保管人声明,由保管人验收或者封存。寄存人未声明的,该物品毁损、灭失后,保管人可以按照一般物品予以赔偿。

第三百七十六条　寄存人可以随时领取保管物。

当事人对保管期间没有约定或者约定不明确的,保管人可以随时要求寄存人领取保管物;约定保管期间的,保管人无特别事由,不得要求寄存人提前领取保管物。

第三百七十七条　保管期间届满或者寄存人提前领取保管物的,保管人应当将原物及其孳息归还寄存人。

第三百七十八条　保管人保管货币的,可以返还相同种类、数量的货币。保管其他可替代物的,可以按照约定返还相同种类、品质、数量的物品。

第三百七十九条　有偿的保管合同,寄存人应当按照约定的期限向保管人支付保管费。

当事人对支付期限没有约定或者约定不明确,依照本法第六十一条的规定仍不能确定的,应当在领取保管物的同时支付。

第三百八十条　寄存人未按照约定支付保管费以及其他费用的,保管人对保管物享有留置权,但当事人另有约定的除外。

第二十章　仓 储 合 同

第三百八十一条　仓储合同是保管人储存存货人交付的仓储物,存货人支付仓储费的合同。

第三百八十二条　仓储合同自成立时生效。

第三百八十三条　储存易燃、易爆、有毒、有腐蚀性、有放射性等危险物品或者易变质物品,存货人应当说明该物品的性质,提供有关资料。

存货人违反前款规定的,保管人可以拒收仓储物,也可以采取相应措施以避免损失的发生,因此产生的费用由存货人承担。

保管人储存易燃、易爆、有毒、有腐蚀性、有放射性等危险物品的,应当具备相应的保管条件。

第三百八十四条　保管人应当按照约定对入库仓储物进行验收。保管人验收时发现入库仓储物与约定不符合的,应当及时通知存货人。保管人验收后,发生仓储物的品种、数量、质量不符合约定的,保管人应当承担损害赔偿责任。

第三百八十五条 存货人交付仓储物的,保管人应当给付仓单。

第三百八十六条 保管人应当在仓单上签字或者盖章。仓单包括下列事项:

(一)存货人的名称或者姓名和住所;

(二)仓储物的品种、数量、质量、包装、件数和标记;

(三)仓储物的损耗标准;

(四)储存场所;

(五)储存期间;

(六)仓储费;

(七)仓储物已经办理保险的,其保险金额、期间以及保险人的名称;

(八)填发人、填发地和填发日期。

第三百八十七条 仓单是提取仓储物的凭证。存货人或者仓单持有人在仓单上背书并经保管人签字或者盖章的,可以转让提取仓储物的权利。

第三百八十八条 保管人根据存货人或者仓单持有人的要求,应当同意其检查仓储物或者提取样品。

第三百八十九条 保管人对入库仓储物发现有变质或者其他损坏的,应当及时通知存货人或者仓单持有人。

第三百九十条 保管人对入库仓储物发现有变质或者其他损坏,危及其他仓储物的安全和正常保管的,应当催告存货人或者仓单持有人作出必要的处置。因情况紧急,保管人可以作出必要的处置,但事后应当将该情况及时通知存货人或者仓单持有人。

第三百九十一条 当事人对储存期间没有约定或者约定不明确的,存货人或者仓单持有人可以随时提取仓储物,保管人也可以随时要求存货人或者仓单持有人提取仓储物,但应当给予必要的准备时间。

第三百九十二条 储存期间届满,存货人或者仓单持有人应当凭仓单提取仓储物。存货人或者仓单持有人逾期提取的,应当加收仓储费;提前提取的,不减收仓储费。

第三百九十三条 储存期间届满,存货人或者仓单持有人不提取仓储物的,保管人可以催告其在合理期限内提取,逾期不提取的,保管人可以提存仓储物。

第三百九十四条 储存期间,因保管人保管不善造成仓储物毁损、灭失的,保管人应当承担损害赔偿责任。

因仓储物的性质、包装不符合约定或者超过有效储存期造成仓储物变质、损坏的,保管人不承担损害赔偿责任。

第三百九十五条 本章没有规定的,适用保管合同的有关规定。

第二十一章 委 托 合 同

第三百九十六条 委托合同是委托人和受托人约定,由受托人处理委托人事务的合同。

第三百九十七条 委托人可以特别委托受托人处理一项或者数项事务,也可以概括委托受托人处理一切事务。

第三百九十八条 委托人应当预付处理委托事务的费用。受托人为处理委托事务垫付的必要费用,委托人应当偿还该费用及其利息。

第三百九十九条 受托人应当按照委托人的指示处理委托事务。需要变更委托人指示的,应当经委托人同意;因情况紧急,难以和委托人取得联系的,受托人应当妥善处理委托事务,但事后应当将该情况及时报告委托人。

第四百条　受托人应当亲自处理委托事务。经委托人同意,受托人可以转委托。转委托经同意的,委托人可以就委托事务直接指示转委托的第三人,受托人仅就第三人的选任及其对第三人的指示承担责任。转委托未经同意的,受托人应当对转委托的第三人的行为承担责任,但在紧急情况下受托人为维护委托人的利益需要转委托的除外。

第四百零一条　受托人应当按照委托人的要求,报告委托事务的处理情况。委托合同终止时,受托人应当报告委托事务的结果。

第四百零二条　受托人以自己的名义,在委托人的授权范围内与第三人订立的合同,第三人在订立合同时知道受托人与委托人之间的代理关系的,该合同直接约束委托人和第三人,但有确切证据证明该合同只约束受托人和第三人的除外。

第四百零三条　受托人以自己的名义与第三人订立合同时,第三人不知道受托人与委托人之间的代理关系的,受托人因第三人的原因对委托人不履行义务,受托人应当向委托人披露第三人,委托人因此可以行使受托人对第三人的权利,但第三人与受托人订立合同时如果知道该委托人就不会订立合同的除外。

受托人因委托人的原因对第三人不履行义务,受托人应当向第三人披露委托人,第三人因此可以选择受托人或者委托人作为相对人主张其权利,但第三人不得变更选定的相对人。

委托人行使受托人对第三人的权利的,第三人可以向委托人主张其对受托人的抗辩。第三人选定委托人作为其相对人的,委托人可以向第三人主张其对受托人的抗辩以及受托人对第三人的抗辩。

第四百零四条　受托人处理委托事务取得的财产,应当转交给委托人。

第四百零五条　受托人完成委托事务的,委托人应当向其支付报酬。因不可归责于受托人的事由,委托合同解除或者委托事务不能完成的,委托人应当向受托人支付相应的报酬。当事人另有约定的,按照其约定。

第四百零六条　有偿的委托合同,因受托人的过错给委托人造成损失的,委托人可以要求赔偿损失。无偿的委托合同,因受托人的故意或者重大过失给委托人造成损失的,委托人可以要求赔偿损失。

受托人超越权限给委托人造成损失的,应当赔偿损失。

第四百零七条　受托人处理委托事务时,因不可归责于自己的事由受到损失的,可以向委托人要求赔偿损失。

第四百零八条　委托人经受托人同意,可以在受托人之外委托第三人处理委托事务。因此给受托人造成损失的,受托人可以向委托人要求赔偿损失。

第四百零九条　两个以上的受托人共同处理委托事务的,对委托人承担连带责任。

第四百一十条　委托人或者受托人可以随时解除委托合同。因解除合同给对方造成损失的,除不可归责于该当事人的事由以外,应当赔偿损失。

第四百一十一条　委托人或者受托人死亡、丧失民事行为能力或者破产的,委托合同终止,但当事人另有约定或者根据委托事务的性质不宜终止的除外。

第四百一十二条　因委托人死亡、丧失民事行为能力或者破产,致使委托合同终止将损害委托人利益的,在委托人的继承人、法定代理人或者清算组织承受委托事务之前,受托人应当继续处理委托事务。

第四百一十三条　因受托人死亡、丧失民事行为能力或者破产,致使委托合同终止的,受托人的继承人、法定代理人或者清算组织应当及时通知委托人。因委托合同终止将损害委托人利益的,在委托人作出善后处理之前,受托人的继承人、法定代理人或者清算组织应当采取必要措施。

第二十二章　行 纪 合 同

第四百一十四条　行纪合同是行纪人以自己的名义为委托人从事贸易活动,委托人支付报酬的合同。

第四百一十五条　行纪人处理委托事务支出的费用,由行纪人负担,但当事人另有约定的除外。

第四百一十六条　行纪人占有委托物的,应当妥善保管委托物。

第四百一十七条　委托物交付给行纪人时有瑕疵或者容易腐烂、变质的,经委托人同意,行纪人可以处分该物;和委托人不能及时取得联系的,行纪人可以合理处分。

第四百一十八条　行纪人低于委托人指定的价格卖出或者高于委托人指定的价格买入的,应当经委托人同意。未经委托人同意,行纪人补偿其差额的,该买卖对委托人发生效力。

行纪人高于委托人指定的价格卖出或者低于委托人指定的价格买入的,可以按照约定增加报酬。没有约定或者约定不明确,依照本法第六十一条的规定仍不能确定的,该利益属于委托人。

委托人对价格有特别指示的,行纪人不得违背该指示卖出或者买入。

第四百一十九条　行纪人卖出或者买入具有市场定价的商品,除委托人有相反的意思表示的以外,行纪人自己可以作为买受人或者出卖人。

行纪人有前款规定情形的,仍然可以要求委托人支付报酬。

第四百二十条　行纪人按照约定买入委托物,委托人应当及时受领。经行纪人催告,委托人无正当理由拒绝受领的,行纪人依照本法第一百零一条的规定可以提存委托物。

委托物不能卖出或者委托人撤回出卖,经行纪人催告,委托人不取回或者不处分该物的,行纪人依照本法第一百零一条的规定可以提存委托物。

第四百二十一条　行纪人与第三人订立合同的,行纪人对该合同直接享有权利、承担义务。

第三人不履行义务致使委托人受到损害的,行纪人应当承担损害赔偿责任,但行纪人与委托人另有约定的除外。

第四百二十二条　行纪人完成或者部分完成委托事务的,委托人应当向其支付相应的报酬。委托人逾期不支付报酬的,行纪人对委托物享有留置权,但当事人另有约定的除外。

第四百二十三条　本章没有规定的,适用委托合同的有关规定。

第二十三章　居 间 合 同

第四百二十四条　居间合同是居间人向委托人报告订立合同的机会或者提供订立合同媒介服务,委托人支付报酬的合同。

第四百二十五条　居间人应当就有关订立合同的事项向委托人如实报告。

居间人故意隐瞒与订立合同有关的重要事实或者提供虚假情况,损害委托人利益的,不得要求支付报酬并应当承担损害赔偿责任。

第四百二十六条　居间人促成合同成立的,委托人应当按照约定支付报酬。对居间人的报酬没有约定或者约定不明确,依照本法第六十一条的规定仍不能确定的,根据居间人的劳务合理确定。因居间人提供订立合同的媒介服务而促成合同成立的,由该合同的当事人平均负担居间人的报酬。

居间人促成合同成立的,居间活动的费用,由居间人负担。

第四百二十七条　居间人未促成合同成立的,不得要求支付报酬,但可以要求委托人支付从事居间活动支出的必要费用。

附　　则

第四百二十八条　本法自 1999 年 10 月 1 日起施行,《中华人民共和国经济合同法》《中华人民共和国涉外经济合同法》《中华人民共和国技术合同法》同时废止。

中华人民共和国招标投标法

(1999 年 8 月 30 日第九届全国人民代表大会常务委员会第十一次会议通过)

第一章 总 则

第一条 为了规范招标投标活动,保护国家利益、社会公共利益和招标投标活动当事人的合法权益,提高经济效益,保证项目质量,制定本法。

第二条 在中华人民共和国境内进行招标投标活动,适用本法。

第三条 在中华人民共和国境内进行下列工程建设项目包括项目的勘察、设计、施工、监理以及与工程建设有关的重要设备、材料等的采购,必须进行招标:

(一)大型基础设施、公用事业等关系社会公共利益、公众安全的项目;

(二)全部或者部分使用国有资金投资或者国家融资的项目;

(三)使用国际组织或者外国政府贷款、援助资金的项目。

前款所列项目的具体范围和规模标准,由国务院发展计划部门会同国务院有关部门制订,报国务院批准。

法律或者国务院对必须进行招标的其他项目的范围有规定的,依照其规定。

第四条 任何单位和个人不得将依法必须进行招标的项目化整为零或者以其他任何方式规避招标。

第五条 招标投标活动应当遵循公开、公平、公正和诚实信用的原则。

第六条 依法必须进行招标的项目,其招标投标活动不受地区或者部门的限制。任何单位和个人不得违法限制或者排斥本地区、本系统以外的法人或者其他组织参加投标,不得以任何方式非法干涉招标投标活动。

第七条 招标投标活动及其当事人应当接受依法实施的监督。

有关行政监督部门依法对招标投标活动实施监督,依法查处招标投标活动中的违法行为。

对招标投标活动的行政监督及有关部门的具体职权划分,由国务院规定。

第二章 招 标

第八条 招标人是依照本法规定提出招标项目、进行招标的法人或者其他组织。

第九条 招标项目按照国家有关规定需要履行项目审批手续的,应当先履行审批手续,取得批准。

招标人应当有进行招标项目的相应资金或者资金来源已经落实,并应当在招标文件中如实载明。

第十条　招标分为公开招标和邀请招标。

公开招标，是指招标人以招标公告的方式邀请不特定的法人或者其他组织投标。

邀请招标，是指招标人以投标邀请书的方式邀请特定的法人或者其他组织投标。

第十一条　国务院发展计划部门确定的国家重点项目和省、自治区、直辖市人民政府确定的地方重点项目不适宜公开招标的，经国务院发展计划部门或者省、自治区、直辖市人民政府批准，可以进行邀请招标。

第十二条　招标人有权自行选择招标代理机构，委托其办理招标事宜。任何单位和个人不得以任何方式为招标人指定招标代理机构。

招标人具有编制招标文件和组织评标能力的，可以自行办理招标事宜。任何单位和个人不得强制其委托招标代理机构办理招标事宜。

依法必须进行招标的项目，招标人自行办理招标事宜的，应当向有关行政监督部门备案。

第十三条　招标代理机构是依法设立、从事招标代理业务并提供相关服务的社会中介组织。

招标代理机构应当具备下列条件：

（一）有从事招标代理业务的营业场所和相应资金；

（二）有能够编制招标文件和组织评标的相应专业力量；

（三）有符合本法第三十七条第三款规定条件、可以作为评标委员会成员人选的技术、经济等方面的专家库。

第十四条　从事工程建设项目招标代理业务的招标代理机构，其资格由国务院或者省、自治区、直辖市人民政府的建设行政主管部门认定。具体办法由国务院建设行政主管部门会同国务院有关部门制定。从事其他招标代理业务的招标代理机构，其资格认定的主管部门由国务院规定。

招标代理机构与行政机关和其他国家机关不得存在隶属关系或者其他利益关系。

第十五条　招标代理机构应当在招标人委托的范围内办理招标事宜，并遵守本法关于招标人的规定。

第十六条　招标人采用公开招标方式的，应当发布招标公告。依法必须进行招标的项目的招标公告，应当通过国家指定的报刊、信息网络或者其他媒介发布。

招标公告应当载明招标人的名称和地址、招标项目的性质、数量、实施地点和时间以及获取招标文件的办法等事项。

第十七条　招标人采用邀请招标方式的，应当向三个以上具备承担招标项目的能力、资信良好的特定的法人或者其他组织发出投标邀请书。

投标邀请书应当载明本法第十六条第二款规定的事项。

第十八条　招标人可以根据招标项目本身的要求，在招标公告或者投标邀请书中，要求潜在投标人提供有关资质证明文件和业绩情况，并对潜在投标人进行资格审查；国家对投标人的资格条件有规定的，依照其规定。

招标人不得以不合理的条件限制或者排斥潜在投标人，不得对潜在投标人实行歧视待遇。

第十九条　招标人应当根据招标项目的特点和需要编制招标文件。招标文件应当包括招标项目的技术要求、对投标人资格审查的标准、投标报价要求和评标标准等所有实质性要求和条件以及拟签订合同的主要条款。

国家对招标项目的技术、标准有规定的,招标人应当按照其规定在招标文件中提出相应要求。

招标项目需要划分标段、确定工期的,招标人应当合理划分标段、确定工期,并在招标文件中载明。

第二十条 招标文件不得要求或者标明特定的生产供应者以及含有倾向或者排斥潜在投标人的其他内容。

第二十一条 招标人根据招标项目的具体情况,可以组织潜在投标人踏勘项目现场。

第二十二条 招标人不得向他人透露已获取招标文件的潜在投标人的名称、数量以及可能影响公平竞争的有关招标投标的其他情况。

招标人设有标底的,标底必须保密。

第二十三条 招标人对已发出的招标文件进行必要的澄清或者修改的,应当在招标文件要求提交投标文件截止时间至少十五日前,以书面形式通知所有招标文件收受人。该澄清或者修改的内容为招标文件的组成部分。

第二十四条 招标人应当确定投标人编制投标文件所需要的合理时间;但是,依法必须进行招标的项目,自招标文件开始发出之日起至投标人提交投标文件截止之日止,最短不得少于二十日。

第三章 投 标

第二十五条 投标人是响应招标、参加投标竞争的法人或者其他组织。

依法招标的科研项目允许个人参加投标的,投标的个人适用本法有关投标人的规定。

第二十六条 投标人应当具备承担招标项目的能力;国家有关规定对投标人资格条件或者招标文件对投标人资格条件有规定的,投标人应当具备规定的资格条件。

第二十七条 投标人应当按照招标文件的要求编制投标文件。投标文件应当对招标文件提出的实质性要求和条件作出响应。

招标项目属于建设施工的,投标文件的内容应当包括拟派出的项目负责人与主要技术人员的简历、业绩和拟用于完成招标项目的机械设备等。

第二十八条 投标人应当在招标文件要求提交投标文件的截止时间前,将投标文件送达投标地点。招标人收到投标文件后,应当签收保存,不得开启。投标人少于三个的,招标人应当依照本法重新招标。

在招标文件要求提交投标文件的截止时间后送达的投标文件,招标人应当拒收。

第二十九条 投标人在招标文件要求提交投标文件的截止时间前,可以补充、修改或者撤回已提交的投标文件,并书面通知招标人。补充、修改的内容为投标文件的组成部分。

第三十条 投标人根据招标文件载明的项目实际情况,拟在中标后将中标项目的部分非主体、非关键性工作进行分包的,应当在投标文件中载明。

第三十一条 两个以上法人或者其他组织可以组成一个联合体,以一个投标人的身份共同投标。

联合体各方均应当具备承担招标项目的相应能力;国家有关规定或者招标文件对投标人资格条件有规定的,联合体各方均应当具备规定的相应资格条件。由同一专业的单位组成的联合体,按照资质等级较低的单位确定资质等级。

联合体各方应当签订共同投标协议,明确约定各方拟承担的工作和责任,并将共同投标协议连同投标文件一并提交招标人。联合体中标的,联合体各方应当共同与招标人签订合同,就中标项目向招标人承担连带责任。

招标人不得强制投标人组成联合体共同投标,不得限制投标人之间的竞争。

第三十二条 投标人不得相互串通投标报价,不得排挤其他投标人的公平竞争,损害招标人或者其他投标人的合法权益。

投标人不得与招标人串通投标,损害国家利益、社会公共利益或者他人的合法权益。

禁止投标人以向招标人或者评标委员会成员行贿的手段谋取中标。

第三十三条 投标人不得以低于成本的报价竞标,也不得以他人名义投标或者以其他方式弄虚作假,骗取中标。

第四章 开标、评标和中标

第三十四条 开标应当在招标文件确定的提交投标文件截止时间的同一时间公开进行;开标地点应当为招标文件中预先确定的地点。

第三十五条 开标由招标人主持,邀请所有投标人参加。

第三十六条 开标时,由投标人或者其推选的代表检查投标文件的密封情况,也可以由招标人委托的公证机构检查并公证;经确认无误后,由工作人员当众拆封,宣读投标人名称、投标价格和投标文件的其他主要内容。

招标人在招标文件要求提交投标文件的截止时间前收到的所有投标文件,开标时都应当当众予以拆封、宣读。

开标过程应当记录,并存档备查。

第三十七条 评标由招标人依法组建的评标委员会负责。

依法必须进行招标的项目,其评标委员会由招标人的代表和有关技术、经济等方面的专家组成,成员人数为五人以上单数,其中技术、经济等方面的专家不得少于成员总数的三分之二。

前款专家应当从事相关领域工作满八年并具有高级职称或者具有同等专业水平,由招标人从国务院有关部门或者省、自治区、直辖市人民政府有关部门提供的专家名册或者招标代理机构的专家库内的相关专业的专家名单中确定;一般招标项目可以采取随机抽取方式,特殊招标项目可以由招标人直接确定。

与投标人有利害关系的人不得进入相关项目的评标委员会;已经进入的应当更换。

评标委员会成员的名单在中标结果确定前应当保密。

第三十八条 招标人应当采取必要的措施,保证评标在严格保密的情况下进行。

任何单位和个人不得非法干预、影响评标的过程和结果。

第三十九条 评标委员会可以要求投标人对投标文件中含义不明确的内容作必要的澄清或者说明,但是澄清或者说明不得超出投标文件的范围或者改变投标文件的实质性内容。

第四十条 评标委员会应当按照招标文件确定的评标标准和方法,对投标文件进行评审和比较;设有标底的,应当参考标底。评标委员会完成评标后,应当向招标人提出书面评标报告,并推荐合格的中标候选人。

招标人根据评标委员会提出的书面评标报告和推荐的中标候选人确定中标人。招标人也可以授权评标委员会直接确定中标人。

国务院对特定招标项目的评标有特别规定的,从其规定。

第四十一条　中标人的投标应当符合下列条件之一:

(一)能够最大限度地满足招标文件中规定的各项综合评价标准;

(二)能够满足招标文件的实质性要求,并且经评审的投标价格最低;但是投标价格低于成本的除外。

第四十二条　评标委员会经评审,认为所有投标都不符合招标文件要求的,可以否决所有投标。

依法必须进行招标的项目的所有投标被否决的,招标人应当依照本法重新招标。

第四十三条　在确定中标人前,招标人不得与投标人就投标价格、投标方案等实质性内容进行谈判。

第四十四条　评标委员会成员应当客观、公正地履行职务,遵守职业道德,对所提出的评审意见承担个人责任。

评标委员会成员不得私下接触投标人,不得收受投标人的财物或者其他好处。

评标委员会成员和参与评标的有关工作人员不得透露对投标文件的评审和比较、中标候选人的推荐情况以及与评标有关的其他情况。

第四十五条　中标人确定后,招标人应当向中标人发出中标通知书,并同时将中标结果通知所有未中标的投标人。

中标通知书对招标人和中标人具有法律效力。中标通知书发出后,招标人改变中标结果的,或者中标人放弃中标项目的,应当依法承担法律责任。

第四十六条　招标人和中标人应当自中标通知书发出之日起三十日内,按照招标文件和中标人的投标文件订立书面合同。招标人和中标人不得再行订立背离合同实质性内容的其他协议。

招标文件要求中标人提交履约保证金的,中标人应当提交。

第四十七条　依法必须进行招标的项目,招标人应当自确定中标人之日起十五日内,向有关行政监督部门提交招标投标情况的书面报告。

第四十八条　中标人应当按照合同约定履行义务,完成中标项目。中标人不得向他人转让中标项目,也不得将中标项目肢解后分别向他人转让。

中标人按照合同约定或者经招标人同意,可以将中标项目的部分非主体、非关键性工作分包给他人完成。接受分包的人应当具备相应的资格条件,并不得再次分包。

中标人应当就分包项目向招标人负责,接受分包的人就分包项目承担连带责任。

第五章　法　律　责　任

第四十九条　违反本法规定,必须进行招标的项目而不招标的,将必须进行招标的项目化整为零或者以其他任何方式规避招标的,责令限期改正,可以处项目合同金额千分之五以上千分之十以下的罚款;对全部或者部分使用国有资金的项目,可以暂停项目执行或者暂停资金拨付;对单位直接负责的主管人员和其他直接责任人员依法给予处分。

第五十条　招标代理机构违反本法规定,泄露应当保密的与招标投标活动有关的情况和资料的,或者与招标人、投标人串通损害国家利益、社会公共利益或者他人合法权益的,处五万元以上二十五万元以下的罚款,对单位直接负责的主管人员和其他直接责任人员处单位罚款数额百分之五以上百分之十以下的罚款；有违法所得的，并处没收违法所得；情节严重的，暂停直至取消招标代理资格；构成犯罪的，依法追究刑事责任。给他人造成损失的，依法承担赔偿责任。

前款所列行为影响中标结果的，中标无效。

第五十一条　招标人以不合理的条件限制或者排斥潜在投标人的，对潜在投标人实行歧视待遇的，强制要求投标人组成联合体共同投标的，或者限制投标人之间竞争的，责令改正，可以处一万元以上五万元以下的罚款。

第五十二条　依法必须进行招标的项目的招标人向他人透露已获取招标文件的潜在投标人的名称、数量或者可能影响公平竞争的有关招标投标的其他情况的，或者泄露标底的，给予警告，可以并处一万元以上十万元以下的罚款；对单位直接负责的主管人员和其他直接责任人员依法给予处分；构成犯罪的，依法追究刑事责任。

前款所列行为影响中标结果的，中标无效。

第五十三条　投标人相互串通投标或者与招标人串通投标的，投标人以向招标人或者评标委员会成员行贿的手段谋取中标的，中标无效，处中标项目金额千分之五以上千分之十以下的罚款，对单位直接负责的主管人员和其他直接责任人员处单位罚款数额百分之五以上百分之十以下的罚款；有违法所得的，并处没收违法所得；情节严重的，取消其一年至二年内参加依法必须进行招标的项目的投标资格并予以公告，直至由工商行政管理机关吊销营业执照；构成犯罪的，依法追究刑事责任。给他人造成损失的，依法承担赔偿责任。

第五十四条　投标人以他人名义投标或者以其他方式弄虚作假，骗取中标的，中标无效，给招标人造成损失的，依法承担赔偿责任；构成犯罪的，依法追究刑事责任。

依法必须进行招标的项目的投标人有前款所列行为尚未构成犯罪的，处中标项目金额千分之五以上千分之十以下的罚款，对单位直接负责的主管人员和其他直接责任人员处单位罚款数额百分之五以上百分之十以下的罚款；有违法所得的，并处没收违法所得；情节严重的，取消其一年至三年内参加依法必须进行招标的项目的投标资格并予以公告，直至由工商行政管理机关吊销营业执照。

第五十五条　依法必须进行招标的项目，招标人违反本法规定，与投标人就投标价格、投标方案等实质性内容进行谈判的，给予警告，对单位直接负责的主管人员和其他直接责任人员依法给予处分。

前款所列行为影响中标结果的，中标无效。

第五十六条　评标委员会成员收受投标人的财物或者其他好处的，评标委员会成员或者参加评标的有关工作人员向他人透露对投标文件的评审和比较、中标候选人的推荐以及与评标有关的其他情况的，给予警告，没收收受的财物，可以并处三千元以上五万元以下的罚款，对有所列违法行为的评标委员会成员取消担任评标委员会成员的资格，不得再参加任何依法必须进行招标的项目的评标；构成犯罪的，依法追究刑事责任。

第五十七条　招标人在评标委员会依法推荐的中标候选人以外确定中标人的，依法必须进行招标的项目在所有投标被评标委员会否决后自行确定中标人的，中标无效。责令改正，可以处中标项目金额千分之五以上千分之十以下的罚款；对单位直接负责的主管人员和其他直接责任人员依法给予处分。

第五十八条　中标人将中标项目转让给他人的，将中标项目肢解后分别转让给他人的，违反本法规定将中标项目的部分主体、关键性工作分包给他人的,或者分包人再次分包的,转让、分包无效,处转让、分包项目金额千分之五以上千分之十以下的罚款;有违法所得的,并处没收违法所得;可以责令停业整顿;情节严重的,由工商行政管理机关吊销营业执照。

第五十九条　招标人与中标人不按照招标文件和中标人的投标文件订立合同的,或者招标人、中标人订立背离合同实质性内容的协议的,责令改正;可以处中标项目金额千分之五以上千分之十以下的罚款。

第六十条　中标人不履行与招标人订立的合同的,履约保证金不予退还,给招标人造成的损失超过履约保证金数额的,还应当对超过部分予以赔偿;没有提交履约保证金的,应当对招标人的损失承担赔偿责任。

中标人不按照与招标人订立的合同履行义务,情节严重的,取消其二年至五年内参加依法必须进行招标的项目的投标资格并予以公告,直至由工商行政管理机关吊销营业执照。

因不可抗力不能履行合同的,不适用前两款规定。

第六十一条　本章规定的行政处罚,由国务院规定的有关行政监督部门决定。本法已对实施行政处罚的机关作出规定的除外。

第六十二条　任何单位违反本法规定,限制或者排斥本地区、本系统以外的法人或者其他组织参加投标的,为招标人指定招标代理机构的,强制招标人委托招标代理机构办理招标事宜的,或者以其他方式干涉招标投标活动的,责令改正;对单位直接负责的主管人员和其他直接责任人员依法给予警告、记过、记大过的处分,情节较重的,依法给予降级、撤职、开除的处分。

个人利用职权进行前款违法行为的,依照前款规定追究责任。

第六十三条　对招标投标活动依法负有行政监督职责的国家机关工作人员徇私舞弊、滥用职权或者玩忽职守,构成犯罪的,依法追究刑事责任;不构成犯罪的,依法给予行政处分。

第六十四条　依法必须进行招标的项目违反本法规定,中标无效的,应当依照本法规定的中标条件从其余投标人中重新确定中标人或者依照本法重新进行招标。

第六章　附　　则

第六十五条　投标人和其他利害关系人认为招标投标活动不符合本法有关规定的,有权向招标人提出异议或者依法向有关行政监督部门投诉。

第六十六条　涉及国家安全、国家秘密、抢险救灾或者属于利用扶贫资金实行以工代赈、需要使用农民工等特殊情况,不适宜进行招标的项目,按照国家有关规定可以不进行招标。

第六十七条　使用国际组织或者外国政府贷款、援助资金的项目进行招标,贷款方、资金提供方对招标投标的具体条件和程序有不同规定的,可以适用其规定,但违背中华人民共和国的社会公共利益的除外。

第六十八条　本法自2000年1月1日起施行。

中华人民共和国政府采购法

(2002 年 6 月 29 日第九届全国人民代表大会常务委员会第二十八次会议通过)

第一章 总 则

第一条 为了规范政府采购行为,提高政府采购资金的使用效益,维护国家利益和社会公共利益,保护政府采购当事人的合法权益,促进廉政建设,制定本法。

第二条 在中华人民共和国境内进行的政府采购适用本法。

本法所称政府采购,是指各级国家机关、事业单位和团体组织,使用财政性资金采购依法制定的集中采购目录以内的或者采购限额标准以上的货物、工程和服务的行为。

政府集中采购目录和采购限额标准依照本法规定的权限制定。

本法所称采购,是指以合同方式有偿取得货物、工程和服务的行为,包括购买、租赁、委托、雇用等。

本法所称货物,是指各种形态和种类的物品,包括原材料、燃料、设备、产品等。

本法所称工程,是指建设工程,包括建筑物和构筑物的新建、改建、扩建、装修、拆除、修缮等。

本法所称服务,是指除货物和工程以外的其他政府采购对象。

第三条 政府采购应当遵循公开透明原则、公平竞争原则、公正原则和诚实信用原则。

第四条 政府采购工程进行招标投标的,适用招标投标法。

第五条 任何单位和个人不得采用任何方式,阻挠和限制供应商自由进入本地区和本行业的政府采购市场。

第六条 政府采购应当严格按照批准的预算执行。

第七条 政府采购实行集中采购和分散采购相结合。集中采购的范围由省级以上人民政府公布的集中采购目录确定。

属于中央预算的政府采购项目,其集中采购目录由国务院确定并公布;属于地方预算的政府采购项目,其集中采购目录由省、自治区、直辖市人民政府或者其授权的机构确定并公布。

纳入集中采购目录的政府采购项目,应当实行集中采购。

第八条 政府采购限额标准,属于中央预算的政府采购项目,由国务院确定并公布;属于地方预算的政府采购项目,由省、自治区、直辖市人民政府或者其授权的机构确定并公布。

第九条 政府采购应当有助于实现国家的经济和社会发展政策目标,包括保护环境,扶持不发达地区和少数民族地区,促进中小企业发展等。

第十条　政府采购应当采购本国货物、工程和服务。但有下列情形之一的除外：

（一）需要采购的货物、工程或者服务在中国境内无法获取或者无法以合理的商业条件获取的；

（二）为在中国境外使用而进行采购的；

（三）其他法律、行政法规另有规定的。

前款所称本国货物、工程和服务的界定，依照国务院有关规定执行。

第十一条　政府采购的信息应当在政府采购监督管理部门指定的媒体上及时向社会公开发布，但涉及商业秘密的除外。

第十二条　在政府采购活动中，采购人员及相关人员与供应商有利害关系的，必须回避。供应商认为采购人员及相关人员与其他供应商有利害关系的，可以申请其回避。

前款所称相关人员，包括招标采购中评标委员会的组成人员，竞争性谈判采购中谈判小组的组成人员，询价采购中询价小组的组成人员等。

第十三条　各级人民政府财政部门是负责政府采购监督管理的部门，依法履行对政府采购活动的监督管理职责。

各级人民政府其他有关部门依法履行与政府采购活动有关的监督管理职责。

第二章　政府采购当事人

第十四条　政府采购当事人是指在政府采购活动中享有权利和承担义务的各类主体，包括采购人、供应商和采购代理机构等。

第十五条　采购人是指依法进行政府采购的国家机关、事业单位、团体组织。

第十六条　集中采购机构为采购代理机构。设区的市、自治州以上人民政府根据本级政府采购项目组织集中采购的需要设立集中采购机构。

集中采购机构是非营利事业法人，根据采购人的委托办理采购事宜。

第十七条　集中采购机构进行政府采购活动，应当符合采购价格低于市场平均价格、采购效率更高、采购质量优良和服务良好的要求。

第十八条　采购人采购纳入集中采购目录的政府采购项目，必须委托集中采购机构代理采购；采购未纳入集中采购目录的政府采购项目，可以自行采购，也可以委托集中采购机构在委托的范围内代理采购。

纳入集中采购目录属于通用的政府采购项目的，应当委托集中采购机构代理采购；属于本部门、本系统有特殊要求的项目，应当实行部门集中采购；属于本单位有特殊要求的项目，经省级以上人民政府批准，可以自行采购。

第十九条　采购人可以委托经国务院有关部门或者省级人民政府有关部门认定资格的采购代理机构，在委托的范围内办理政府采购事宜。

采购人有权自行选择采购代理机构，任何单位和个人不得以任何方式为采购人指定采购代理机构。

第二十条　采购人依法委托采购代理机构办理采购事宜的，应当由采购人与采购代理机构签订委托代理协议，依法确定委托代理的事项，约定双方的权利义务。

第二十一条　供应商是指向采购人提供货物、工程或者服务的法人、其他组织或者自然人。

第二十二条　供应商参加政府采购活动应当具备下列条件：

（一）具有独立承担民事责任的能力；

（二）具有良好的商业信誉和健全的财务会计制度；

（三）具有履行合同所必需的设备和专业技术能力；

（四）有依法缴纳税收和社会保障资金的良好记录；

（五）参加政府采购活动前三年内，在经营活动中没有重大违法记录；

（六）法律、行政法规规定的其他条件。

采购人可以根据采购项目的特殊要求，规定供应商的特定条件，但不得以不合理的条件对供应商实行差别待遇或者歧视待遇。

第二十三条　采购人可以要求参加政府采购的供应商提供有关资质证明文件和业绩情况，并根据本法规定的供应商条件和采购项目对供应商的特定要求，对供应商的资格进行审查。

第二十四条　两个以上的自然人、法人或者其他组织可以组成一个联合体，以一个供应商的身份共同参加政府采购。

以联合体形式进行政府采购的，参加联合体的供应商均应当具备本法第二十二条规定的条件，并应当向采购人提交联合协议，载明联合体各方承担的工作和义务。联合体各方应当共同与采购人签订采购合同，就采购合同约定的事项对采购人承担连带责任。

第二十五条　政府采购当事人不得相互串通损害国家利益、社会公共利益和其他当事人的合法权益；不得以任何手段排斥其他供应商参与竞争。

供应商不得以向采购人、采购代理机构、评标委员会的组成人员、竞争性谈判小组的组成人员、询价小组的组成人员行贿或者采取其他不正当手段谋取中标或者成交。

采购代理机构不得以向采购人行贿或者采取其他不正当手段谋取非法利益。

第三章　政府采购方式

第二十六条　政府采购采用以下方式：

（一）公开招标；

（二）邀请招标；

（三）竞争性谈判；

（四）单一来源采购；

（五）询价；

（六）国务院政府采购监督管理部门认定的其他采购方式。

公开招标应作为政府采购的主要采购方式。

第二十七条　采购人采购货物或者服务应当采用公开招标方式的，其具体数额标准，属于中央预算的政府采购项目，由国务院规定；属于地方预算的政府采购项目，由省、自治区、直辖市人民政府规定；因特殊情况需要采用公开招标以外的采购方式的，应当在采购活动开始前获得设区的市、自治州以上人民政府采购监督管理部门的批准。

第二十八条　采购人不得将应当以公开招标方式采购的货物或者服务化整为零或者以其他任何方式规避公开招标采购。

第二十九条　符合下列情形之一的货物或者服务，可以依照本法采用邀请招标方式采购：

（一）具有特殊性，只能从有限范围的供应商处采购的；

（二）采用公开招标方式的费用占政府采购项目总价值的比例过大的。

第三十条　符合下列情形之一的货物或者服务，可以依照本法采用竞争性谈判方式采购：

（一）招标后没有供应商投标或者没有合格标的或者重新招标未能成立的；

（二）技术复杂或者性质特殊，不能确定详细规格或者具体要求的；

（三）采用招标所需时间不能满足用户紧急需要的；

（四）不能事先计算出价格总额的。

第三十一条　符合下列情形之一的货物或者服务，可以依照本法采用单一来源方式采购：

（一）只能从唯一供应商处采购的；

（二）发生了不可预见的紧急情况不能从其他供应商处采购的；

（三）必须保证原有采购项目一致性或者服务配套的要求，需要继续从原供应商处添购，且添购资金总额不超过原合同采购金额百分之十的。

第三十二条　采购的货物规格、标准统一、现货货源充足且价格变化幅度小的政府采购项目，可以依照本法采用询价方式采购。

第四章　政府采购程序

第三十三条　负有编制部门预算职责的部门在编制下一财政年度部门预算时，应当将该财政年度政府采购的项目及资金预算列出，报本级财政部门汇总。部门预算的审批，按预算管理权限和程序进行。

第三十四条　货物或者服务项目采取邀请招标方式采购的，采购人应当从符合相应资格条件的供应商中，通过随机方式选择三家以上的供应商，并向其发出投标邀请书。

第三十五条　货物和服务项目实行招标方式采购的，自招标文件开始发出之日起至投标人提交投标文件截止之日止，不得少于二十日。

第三十六条　在招标采购中，出现下列情形之一的，应予废标：

（一）符合专业条件的供应商或者对招标文件作实质响应的供应商不足三家的；

（二）出现影响采购公正的违法、违规行为的；

（三）投标人的报价均超过了采购预算，采购人不能支付的；

（四）因重大变故，采购任务取消的。

废标后，采购人应当将废标理由通知所有投标人。

第三十七条　废标后，除采购任务取消情形外，应当重新组织招标；需要采取其他方式采购的，应当在采购活动开始前获得设区的市、自治州以上人民政府采购监督管理部门或者政府有关部门批准。

第三十八条　采用竞争性谈判方式采购的，应当遵循下列程序：

（一）成立谈判小组。谈判小组由采购人的代表和有关专家共三人以上的单数组成，其中专家的人数不得少于成员总数的三分之二。

（二）制定谈判文件。谈判文件应当明确谈判程序、谈判内容、合同草案的条款以及评定成交的标准等事项。

（三）确定邀请参加谈判的供应商名单。谈判小组从符合相应资格条件的供应商名单中确定不少于三家的供应商参加谈判，并向其提供谈判文件。

（四）谈判。谈判小组所有成员集中与单一供应商分别进行谈判。在谈判中,谈判的任何一方不得透露与谈判有关的其他供应商的技术资料、价格和其他信息。谈判文件有实质性变动的,谈判小组应当以书面形式通知所有参加谈判的供应商。

（五）确定成交供应商。谈判结束后,谈判小组应当要求所有参加谈判的供应商在规定时间内进行最后报价,采购人从谈判小组提出的成交候选人中根据符合采购需求、质量和服务相等且报价最低的原则确定成交供应商,并将结果通知所有参加谈判的未成交的供应商。

第三十九条　采取单一来源方式采购的,采购人与供应商应当遵循本法规定的原则,在保证采购项目质量和双方商定合理价格的基础上进行采购。

第四十条　采取询价方式采购的,应当遵循下列程序:

（一）成立询价小组。询价小组由采购人的代表和有关专家共三人以上的单数组成,其中专家的人数不得少于成员总数的三分之二。询价小组应当对采购项目的价格构成和评定成交的标准等事项作出规定。

（二）确定被询价的供应商名单。询价小组根据采购需求,从符合相应资格条件的供应商名单中确定不少于三家的供应商,并向其发出询价通知书让其报价。

（三）询价。询价小组要求被询价的供应商一次报出不得更改的价格。

（四）确定成交供应商。采购人根据符合采购需求、质量和服务相等且报价最低的原则确定成交供应商,并将结果通知所有被询价的未成交的供应商。

第四十一条　采购人或者其委托的采购代理机构应当组织对供应商履约的验收。大型或者复杂的政府采购项目,应当邀请国家认可的质量检测机构参加验收工作。验收方成员应当在验收书上签字,并承担相应的法律责任。

第四十二条　采购人、采购代理机构对政府采购项目每项采购活动的采购文件应当妥善保存,不得伪造、变造、隐匿或者销毁。采购文件的保存期限为从采购结束之日起至少保存十五年。

采购文件包括采购活动记录、采购预算、招标文件、投标文件、评标标准、评估报告、定标文件、合同文本、验收证明、质疑答复、投诉处理决定及其他有关文件、资料。

采购活动记录至少应当包括下列内容:

（一）采购项目类别、名称;

（二）采购项目预算、资金构成和合同价格;

（三）采购方式,采用公开招标以外的采购方式的,应当载明原因;

（四）邀请和选择供应商的条件及原因;

（五）评标标准及确定中标人的原因;

（六）废标的原因;

（七）采用招标以外采购方式的相应记载。

第五章　政府采购合同

第四十三条　政府采购合同适用合同法。采购人和供应商之间的权利和义务,应当按照平等、自愿的原则以合同方式约定。

采购人可以委托采购代理机构代表其与供应商签订政府采购合同。由采购代理机构以采购人名义签订合同的,应当提交采购人的授权委托书,作为合同附件。

第四十四条 政府采购合同应当采用书面形式。

第四十五条 国务院政府采购监督管理部门应当会同国务院有关部门,规定政府采购合同必须具备的条款。

第四十六条 采购人与中标、成交供应商应当在中标、成交通知书发出之日起三十日内,按照采购文件确定的事项签订政府采购合同。

中标、成交通知书对采购人和中标、成交供应商均具有法律效力。中标、成交通知书发出后,采购人改变中标、成交结果的,或者中标、成交供应商放弃中标、成交项目的,应当依法承担法律责任。

第四十七条 政府采购项目的采购合同自签订之日起七个工作日内,采购人应当将合同副本报同级政府采购监督管理部门和有关部门备案。

第四十八条 经采购人同意,中标、成交供应商可以依法采取分包方式履行合同。

政府采购合同分包履行的,中标、成交供应商就采购项目和分包项目向采购人负责,分包供应商就分包项目承担责任。

第四十九条 政府采购合同履行中,采购人需追加与合同标的相同的货物、工程或者服务的,在不改变合同其他条款的前提下,可以与供应商协商签订补充合同,但所有补充合同的采购金额不得超过原合同采购金额的百分之十。

第五十条 政府采购合同的双方当事人不得擅自变更、中止或者终止合同。

政府采购合同继续履行将损害国家利益和社会公共利益的,双方当事人应当变更、中止或者终止合同。有过错的一方应当承担赔偿责任,双方都有过错的,各自承担相应的责任。

第六章 质疑与投诉

第五十一条 供应商对政府采购活动事项有疑问的,可以向采购人提出询问,采购人应当及时作出答复,但答复的内容不得涉及商业秘密。

第五十二条 供应商认为采购文件、采购过程和中标、成交结果使自己的权益受到损害的,可以在知道或者应知其权益受到损害之日起七个工作日内,以书面形式向采购人提出质疑。

第五十三条 采购人应当在收到供应商的书面质疑后七个工作日内作出答复,并以书面形式通知质疑供应商和其他有关供应商,但答复的内容不得涉及商业秘密。

第五十四条 采购人委托采购代理机构采购的,供应商可以向采购代理机构提出询问或者质疑,采购代理机构应当依照本法第五十一条、第五十三条的规定就采购人委托授权范围内的事项作出答复。

第五十五条 质疑供应商对采购人、采购代理机构的答复不满意或者采购人、采购代理机构未在规定的时间内作出答复的,可以在答复期满后十五个工作日内向同级政府采购监督管理部门投诉。

第五十六条 政府采购监督管理部门应当在收到投诉后三十个工作日内,对投诉事项作出处理决定,并以书面形式通知投诉人和与投诉事项有关的当事人。

第五十七条 政府采购监督管理部门在处理投诉事项期间,可以视具体情况书面通知采购人暂停采购活动,但暂停时间最长不得超过三十日。

第五十八条 投诉人对政府采购监督管理部门的投诉处理决定不服或者政府采购监督管理部门逾期未作处理的,可以依法申请行政复议或者向人民法院提起行政诉讼。

第七章　监 督 检 查

第五十九条　政府采购监督管理部门应当加强对政府采购活动及集中采购机构的监督检查。

监督检查的主要内容是：

（一）有关政府采购的法律、行政法规和规章的执行情况；

（二）采购范围、采购方式和采购程序的执行情况；

（三）政府采购人员的职业素质和专业技能。

第六十条　政府采购监督管理部门不得设置集中采购机构，不得参与政府采购项目的采购活动。

采购代理机构与行政机关不得存在隶属关系或者其他利益关系。

第六十一条　集中采购机构应当建立健全内部监督管理制度。采购活动的决策和执行程序应当明确，并相互监督、相互制约。经办采购的人员与负责采购合同审核、验收人员的职责权限应当明确，并相互分离。

第六十二条　集中采购机构的采购人员应当具有相关职业素质和专业技能，符合政府采购监督管理部门规定的专业岗位任职要求。

集中采购机构对其工作人员应当加强教育和培训；对采购人员的专业水平、工作实绩和职业道德状况定期进行考核。采购人员经考核不合格的，不得继续任职。

第六十三条　政府采购项目的采购标准应当公开。

采用本法规定的采购方式的，采购人在采购活动完成后，应当将采购结果予以公布。

第六十四条　采购人必须按照本法规定的采购方式和采购程序进行采购。

任何单位和个人不得违反本法规定，要求采购人或者采购工作人员向其指定的供应商进行采购。

第六十五条　政府采购监督管理部门应当对政府采购项目的采购活动进行检查，政府采购当事人应当如实反映情况，提供有关材料。

第六十六条　政府采购监督管理部门应当对集中采购机构的采购价格、节约资金效果、服务质量、信誉状况、有无违法行为等事项进行考核，并定期如实公布考核结果。

第六十七条　依照法律、行政法规的规定对政府采购负有行政监督职责的政府有关部门，应当按照其职责分工，加强对政府采购活动的监督。

第六十八条　审计机关应当对政府采购进行审计监督。政府采购监督管理部门、政府采购各当事人有关政府采购活动，应当接受审计机关的审计监督。

第六十九条　监察机关应当加强对参与政府采购活动的国家机关、国家公务员和国家行政机关任命的其他人员实施监察。

第七十条　任何单位和个人对政府采购活动中的违法行为，有权控告和检举，有关部门、机关应当依照各自职责及时处理。

第八章　法 律 责 任

第七十一条　采购人、采购代理机构有下列情形之一的，责令限期改正，给予警告，可以并处罚款，对直接负责的主管人员和其他直接责任人员，由其行政主管部门或者有关机关给予处分，并予通报：

（一）应当采用公开招标方式而擅自采用其他方式采购的；

（二）擅自提高采购标准的；

（三）委托不具备政府采购业务代理资格的机构办理采购事务的；

（四）以不合理的条件对供应商实行差别待遇或者歧视待遇的；

（五）在招标采购过程中与投标人进行协商谈判的；

（六）中标、成交通知书发出后不与中标、成交供应商签订采购合同的；

（七）拒绝有关部门依法实施监督检查的。

第七十二条　采购人、采购代理机构及其工作人员有下列情形之一，构成犯罪的，依法追究刑事责任；尚不构成犯罪的，处以罚款，有违法所得的，并处没收违法所得，属于国家机关工作人员的，依法给予行政处分：

（一）与供应商或者采购代理机构恶意串通的；

（二）在采购过程中接受贿赂或者获取其他不正当利益的；

（三）在有关部门依法实施的监督检查中提供虚假情况的；

（四）开标前泄露标底的。

第七十三条　有前两条违法行为之一影响中标、成交结果或者可能影响中标、成交结果的，按下列情况分别处理：

（一）未确定中标、成交供应商的，终止采购活动；

（二）中标、成交供应商已经确定但采购合同尚未履行的，撤销合同，从合格的中标、成交候选人中另行确定中标、成交供应商；

（三）采购合同已经履行的，给采购人、供应商造成损失的，由责任人承担赔偿责任。

第七十四条　采购人对应当实行集中采购的政府采购项目，不委托集中采购机构实行集中采购的，由政府采购监督管理部门责令改正；拒不改正的，停止按预算向其支付资金，由其上级行政主管部门或者有关机关依法给予其直接负责的主管人员和其他直接责任人员处分。

第七十五条　采购人未依法公布政府采购项目的采购标准和采购结果的，责令改正，对直接负责的主管人员依法给予处分。

第七十六条　采购人、采购代理机构违反本法规定隐匿、销毁应当保存的采购文件或者伪造、变造采购文件的，由政府采购监督管理部门处以二万元以上十万元以下的罚款，对其直接负责的主管人员和其他直接责任人员依法给予处分；构成犯罪的，依法追究刑事责任。

第七十七条　供应商有下列情形之一的，处以采购金额千分之五以上千分之十以下的罚款，列入不良行为记录名单，在一至三年内禁止参加政府采购活动，有违法所得的，并处没收违法所得，情节严重的，由工商行政管理机关吊销营业执照；构成犯罪的，依法追究刑事责任：

（一）提供虚假材料谋取中标、成交的；

（二）采取不正当手段诋毁、排挤其他供应商的；

（三）与采购人、其他供应商或者采购代理机构恶意串通的；

（四）向采购人、采购代理机构行贿或者提供其他不正当利益的；

（五）在招标采购过程中与采购人进行协商谈判的；

（六）拒绝有关部门监督检查或者提供虚假情况的。

供应商有前款第（一）至（五）项情形之一的，中标、成交无效。

第七十八条　采购代理机构在代理政府采购业务中有违法行为的,按照有关法律规定处以罚款,可以依法取消其进行相关业务的资格,构成犯罪的,依法追究刑事责任。

第七十九条　政府采购当事人有本法第七十一条、第七十二条、第七十七条违法行为之一,给他人造成损失的,并应依照有关民事法律规定承担民事责任。

第八十条　政府采购监督管理部门的工作人员在实施监督检查中违反本法规定滥用职权,玩忽职守,徇私舞弊的,依法给予行政处分;构成犯罪的,依法追究刑事责任。

第八十一条　政府采购监督管理部门对供应商的投诉逾期未作处理的,给予直接负责的主管人员和其他直接责任人员行政处分。

第八十二条　政府采购监督管理部门对集中采购机构业绩的考核,有虚假陈述,隐瞒真实情况的,或者不作定期考核和公布考核结果的,应当及时纠正,由其上级机关或者监察机关对其负责人进行通报,并对直接负责的人员依法给予行政处分。

集中采购机构在政府采购监督管理部门考核中,虚报业绩,隐瞒真实情况的,处以二万元以上二十万元以下的罚款,并予以通报;情节严重的,取消其代理采购的资格。

第八十三条　任何单位或者个人阻挠和限制供应商进入本地区或者本行业政府采购市场的,责令限期改正;拒不改正的,由该单位、个人的上级行政主管部门或者有关机关给予单位责任人或者个人处分。

第九章　附　　则

第八十四条　使用国际组织和外国政府贷款进行的政府采购,贷款方、资金提供方与中方达成的协议对采购的具体条件另有规定的,可以适用其规定,但不得损害国家利益和社会公共利益。

第八十五条　对因严重自然灾害和其他不可抗力事件所实施的紧急采购和涉及国家安全和秘密的采购,不适用本法。

第八十六条　军事采购法规由中央军事委员会另行制定。

第八十七条　本法实施的具体步骤和办法由国务院规定。

第八十八条　本法自 2003 年 1 月 1 日起施行。

附录 D

信息系统工程监理暂行规定

第一章 总 则

第一条 为推进国民经济和社会信息化建设,确保信息系统工程的安全和质量,规范信息系统工程监理行为,依据国家有关规定,制定本规定。

第二条 在中华人民共和国境内从事信息系统工程监理活动,必须遵守本规定。

第三条 本规定所称信息系统工程是指信息化工程建设中的信息网络系统、信息资源系统、信息应用系统的新建、升级、改造工程。

(一)信息网络系统是指以信息技术为主要手段建立的信息处理、传输、交换和分发的计算机网络系统;

(二)信息资源系统是指以信息技术为主要手段建立的信息资源采集、存储、处理的资源系统;

(三)信息应用系统是指以信息技术为主要手段建立的各类业务管理的应用系统。

第四条 本规定所称信息系统工程监理是指依法设立且具备相应资质的信息系统工程监理单位(以下简称监理单位),受业主单位委托,依据国家有关法律法规、技术标准和信息系统工程监理合同,对信息系统工程项目实施的监督管理。

第五条 本规定所称监理单位是指具有独立企业法人资格,并具备规定数量的监理工程师和注册资金、必要的软硬件设备、完善的管理制度和质量保证体系、固定的工作场所和相关的监理工作业绩,取得信息产业部颁发的《信息系统工程监理资质证书》,从事信息系统工程监理业务的单位。

监理单位资质分为甲、乙、丙三级。

第二章 主管部门及其职责

第六条 信息产业部负责全国信息系统工程监理的管理工作,其主要职责是:

(一)制定、发布信息系统工程监理法规,并监督实施;

(二)审批及管理甲级、乙级信息系统工程监理单位资质;

(三)负责信息系统监理工程师的资格管理;

(四)监督并指导全国信息系统工程监理工作。

第七条 省、自治区、直辖市信息产业主管部门负责本行政区域内信息系统工程监理的管理工作,其主要职责是:

(一)执行国家信息系统工程监理法规和行政规章;

(二)审批及管理本行政区域内丙级信息系统工程监理单位资质,初审本行政区域内甲级、乙级信息系统工程监理单位;

（三）负责本行政区域内信息系统工程监理工程师的管理工作；

（四）监督本行政区域内的信息系统工程监理工作。

第三章　监理范围和监理内容

第八条　下列信息系统工程应当实施监理：

（一）国家级、省部级、地市级的信息系统工程；

（二）使用国家政策性银行或者国有商业银行贷款，规定需要实施监理的信息系统工程；

（三）使用国家财政性资金的信息系统工程；

（四）涉及国家安全、生产安全的信息系统工程；

（五）国家法律、法规规定应当实施监理的其他信息系统工程。

第九条　监理的主要内容是对信息系统工程的质量、进度和投资进行监督，对项目合同和文档资料进行管理，协调有关单位间的工作关系。

第四章　监理活动

第十条　从事信息系统工程监理活动，应当遵循守法、公平、公正、独立的原则。

第十一条　信息系统工程监理业务可以由业主单位直接委托监理单位承担，也可以采用招标方式选择监理单位。

第十二条　监理单位承担信息系统工程监理业务，应当与业主单位签订监理合同，合同内容包括：

（一）监理业务内容；

（二）双方的权利和义务；

（三）监理费用的计取和支付方式；

（四）违约责任及争议的解决办法；

（五）双方约定的其他事项。

第十三条　监理费用计取标准应当结合信息系统工程监理的特点，由双方协商确定。

第十四条　信息系统工程实行总监理工程师负责制。总监理工程师行使合同赋予监理单位的权限，全面负责受委托的监理工作。

第十五条　信息系统工程监理按下列程序进行：

（一）组建信息系统工程监理机构。监理机构由总监理工师、监理工程师和其他监理人员组成；

（二）编制监理计划，并与业主单位协商确认；

（三）编制工程阶段监理细则；

（四）实施监理；

（五）参与工程验收并签署监理意见；

（六）监理业务完成后，向业主单位提交最终监理档案资料。

第十六条　实施监理前，业主单位应将所委托的监理单位、监理机构、监理内容书面通知承建单位。承建单位应当提供必要的资料，为监理工作的开展提供方便。

第十七条　监理活动中产生的争议，应当依据监理合同相关条款协商解决，或者依法进行仲裁，或者依法提起诉讼。

第五章　监理单位和监理工程师

第十八条　监理单位的权利和义务：

（一）应按照"守法、公平、公正、独立"的原则，开展信息系统工程监理工作，维护业主单位与承建单位的合法权益；

（二）按照监理合同取得监理收入；

（三）不得承包信息系统工程；

（四）不得与被监理项目的承建单位存在隶属关系和利益关系，不得作为其投资者或合伙经营者；

（五）不得以任何形式侵害业主单位和承建单位的知识产权；

（六）在监理过程中因违犯国家法律、法规，造成重大质量、安全事故的，应承担相应的经济责任和法律责任。

第十九条　信息系统工程监理工程师应当是经培训考试合格、并取得《信息系统工程监理工程师资格证书》的专业技术人员。

第二十条　监理工程师的权利和义务：

（一）根据监理合同独立执行工程监理业务；

（二）保守承建单位的技术秘密和商业秘密；

（三）不得同时从事与被监理项目相关的技术和业务活动。

第六章　附　　则

第二十一条　信息系统工程监理单位资质管理办法和信息系统工程监理工程师资格管理办法另行制定。

第二十二条　本规定自 2002 年 12 月 15 日起实施。

参 考 文 献

[1] 解相吾. 通信工程概预算与项目管理[M]. 北京：电子工业出版社，2014.
[2] 成虎，陈群. 工程项目管理[M]. 3版. 北京：中国建筑工业出版社，2009.
[3] 王祖和. 现代工程项目管理[M]. 2版. 北京：电子工业出版社，2013.
[4] 丛培经. 工程项目管理[M]. 3版. 北京：中国建筑工业出版社，2006.
[5] 于润伟. 通信工程管理[M]. 2版. 北京：机械工业出版社，2012.

图 书 资 源 支 持

感谢您一直以来对清华版图书的支持和爱护。为了配合本书的使用，本书提供配套的资源，有需求的读者请扫描下方的"书圈"微信公众号二维码，在图书专区下载，也可以拨打电话或发送电子邮件咨询。

如果您在使用本书的过程中遇到了什么问题，或者有相关图书出版计划，也请您发邮件告诉我们，以便我们更好地为您服务。

我们的联系方式：

地　　址：北京海淀区双清路学研大厦 A 座 707

邮　　编：100084

电　　话：010－62770175－4604

资源下载：http://www.tup.com.cn

电子邮件：weijj@tup.tsinghua.edu.cn

QQ：883604(请写明您的单位和姓名)

用微信扫一扫右边的二维码，即可关注清华大学出版社公众号"书圈"。

资源下载、样书申请

书 圈